RISC-V TO CHISEL DE MANABU HAJIMETE NO CPU JISAKU -OPEN SOURCE MEIREI SET NI YORU CUSTOM CPU JISSO ENO DAIIPPO
by Yutaro Nishiyama, Kenta Ida

RISC-VとChiselで学ぶ　はじめてのCPU自作——オープンソース命令セットによるカスタムCPU実装への第一歩
西山悠太朗　井田健太　株式会社技術評論社　2021

著者简介

西山悠太朗

出生于1991年，毕业于东京大学，现任Fixstars RISC-V研究所研究员，Westberg株式会社董事长。拥有媒体和教育出版等多个行业的业务经验。基于大数据分析和网络营销，为从上市公司到创业公司的服务对象提供广泛业务支持。得益于经营个人计算机制造商的契机，对计算机产生了浓厚的兴趣，目前致力于RISC-V研究。著作有《跟一线专家学到的SEO技术圣经》（Mynavi）、《职位描述：你在玩什么游戏》（土日出版）。

井田健太

出生于1986年，现任Fixstars RISC-V研究所研究员。硕士毕业后入职一家半导体后处理设备公司，从事嵌入式软件开发工作。后就职于Fixstars株式会社，主要从事FPGA逻辑设计和FPGA控制软件开发工作。爱好电子制作和微控制器编程，在杂志上发表了相关文章并出版了人物志。著作有《从基础学起：嵌入式Rust》（C&R研究所）。

声　明

本书提供的信息仅供参考。读者须自行判断如何运用并自担责任，出版者和作译者不对使用本书信息的结果负任何责任。

本书记载的信息截止于2021年7月30日，阅读时相关信息可能发生了变化。

此外，软件的相关说明以2021年7月30日之前的最新版本为准，除非另有说明。软件升级可能导致功能和屏幕显示不同，购买本书前请检查所用软件的版本。

请在充分理解上述内容的前提下阅读本书，请恕出版者和作译者无法提供相关咨询。

本文提及的所有产品名称均为相关组织、公司的商标或注册商标。

电子工程关键共性技术

CPU 制作入门

基于 RISC-V 和 Chisel

〔日〕西山悠太朗　井田健太　著

蒋　萌　译

慕意豪　审校

科学出版社

北　京

图字：01-2023-5704号

内 容 简 介

本书基于RISC-V和Chisel讲解自定义CPU的实现。全书分为5个部分，立足于CPU、存储器、计算机架构等基础知识，逐步带领读者实现简单的加减法、分支、比较等基础指令，理解流水线对于CPU高速化的重要意义及实现，最后应用向量扩展语言实现自定义CPU。要提醒的是，本书所指的“CPU制作”仅限于软件上的设计和模拟，不涉及FPGA上的实现。

本书适用于RISC-V初学者，想了解CPU、指令集等底层实现的软件工程师，工科院校微电子技术、信息技术、计算机科学相关专业的学生。

图书在版编目（CIP）数据

CPU制作入门：基于RISC-V和Chisel/(日)西山悠太朗，(日)井田健太著；蒋萌译.—北京：科学出版社，2024.1

ISBN 978-7-03-076965-7

Ⅰ.①C… Ⅱ.①西… ②井… ③蒋… Ⅲ.①微处理器-系统设计 Ⅳ.①TP332

中国版本图书馆CIP数据核字（2023）第217728号

责任编辑：喻永光 杨 凯 / 责任制作：周 密 魏 谨
责任印制：肖 兴 / 封面设计：郭 媛
北京东方科龙图文有限公司 制作

科 学 出 版 社 出版
北京东黄城根北街16号
邮政编码：100717
http：//www.sciencep.com
天津市新科印刷有限公司 印刷
科学出版社发行 各地新华书店经销

*

2024年1月第 一 版 开本：787×1092 1/16
2024年1月第一次印刷 印张：21 1/2
字数：360 000

定价：98.00元
（如有印装质量问题，我社负责调换）

致　谢

本书的写作得到了多方协助，在此深表感谢。

· 七夕雅俊（审阅）

· 田宫直人（审阅）

· Fixstars 株式会社的员工（写作支持）

前　言

People who are really serious about software should make their own hardware.

真正重视软件的人，应该自己做硬件。

这是个人计算机之父艾伦·凯（Alan·Kay）的一句名言。硬件的制造成本极高，自己开发并非易事。然而，世界上领先的企业，如Google、Apple、Tesla、Facebook、Amazon等，都在持续推动半导体芯片的自主化。

毫无疑问，自主化的进程会越来越快，开源指令集“RISC-V”就是背后的驱动力之一。

指令集架构市场几乎被Intel和ARM垄断，芯片制造商乃至终端用户一直在向它们支付高昂的费用。RISC-V免版税且支持自定义，也许能改变这个市场。

当然，仅靠指令集是远远不够的，还要配套齐全周边软硬件，才能发挥其优势。正因为RISC-V是开源的，在加利福尼亚大学伯克利分校和RISC-V风投企业SiFive公司的推动下，全世界的开发人员在为RISC-V生态系统的发展做贡献。而且开发出的许多周边工具是开源的，我们可以免费使用。这本使用RISC-V制作CPU的书能够出版，也得益于此。

就这样，RISC-V在世界范围内不断扩大影响，近年来甚至出现在了商业刊物上。不过，它的普及还需要一段时间。希望本书能够激发读者对RISC-V的兴趣，对开源的发展贡献一分力量。

本书内容

· CPU的原理

· 计算机架构

- Scala 和 Chisel 的基本语法
- Chisel 中的 CPU 实现
- RISC-V 的基本整数指令、向量扩展指令、自定义指令
- RISC-V 在现代处理器行业中的价值

以上均为面向初学者的基础知识。另外，本书所说的“CPU 制作”的范围仅限于软件上的设计和模拟。一般意义上的“CPU 制作”多指将设计写入 FPGA 并运行，但这在很大程度上依赖特定环境，本书不涉及在 FPGA 上的实现。

读者对象

- 对 RISC-V 感兴趣的初学者
- 想了解 CPU、指令集等底层的软件工程师
- 信息、计算机相关专业的学生
- 对自定义 CPU、DSA[①] 感兴趣的读者

本书也许无法令下列读者满意：

- 具备 HDL[②] 处理器设计基础知识的读者
- 能够充分理解官方文档的读者

必备知识

- Linux 的基本操作
- 简单的编程经验

Linux、Docker、汇编语言、C、Scala、Chisel、Shell 脚本等技术元素都将在正文中登场。笔者会尽可能讲解每一个新概念，但如果读者没有任何编程经验，那么仍有可能无法理解某些内容。

① DSA：domain specific architecture，特定领域架构。

② HDL：hardware description language，硬件描述语言。

内容安排

本书分为5个主要部分。

■ 第Ⅰ部分 CPU制作的基础知识

第Ⅰ部分将介绍CPU和计算机的原理，以及能够描述CPU的HDL（Chisel），如图0.1所示。

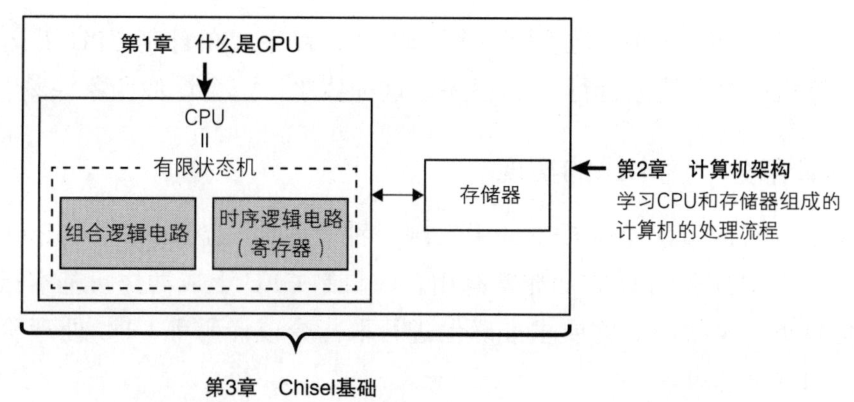

图 0.1 第Ⅰ部分 CPU制作的基础知识

虽然第1章“什么是CPU”和第2章“计算机架构”都是概念性讲解，但它们是CPU制作的基础知识。

笔者尝试循序渐进地说明，以便初学者理解。本文按顺序进行详细说明，但对初次接触电路的读者来说，新概念较多，刚开始也许会觉得晦涩难懂。不过，不必要求一开始就能理解所有内容，也许在阅读第Ⅱ部分“简单的CPU实现”的过程中，便理解第Ⅰ部分的知识了。笔者也是在CPU制作的过程中不断试错，才逐渐理解了许多抽象概念。因此，读者不必心急，先通读第Ⅰ部分，暂且放过不明白的问题。

当然，学习过这方面专业知识的读者可以跳过这部分，直接阅读第3章“Chisel基础”或第Ⅱ部分“简单的CPU实现”。

第Ⅱ部分　简单的CPU实现

第Ⅱ部分将带领读者挑战部分 RISC-V 基本整数指令和 CSR[①] 指令的 Chisel 实现，从加载 / 存储等访存指令开始，逐一实现加减法、比较、分支等基本指令。在阅读第Ⅱ部分的同时动手操作，有助于深入理解第Ⅰ部分介绍的 CPU 和计算机的原理。

实现基本指令后，可用名为 **riscv-tests** 的开源测试代码集检查正确性。

最后，在自制的 CPU 上运行一个简单的 C 程序。在自制 CPU 上运行通常在个人计算机或服务器上运行的 C 程序，这种体验一定会让你印象深刻。

第Ⅲ部分　流水线的实现

第Ⅲ部分将带领读者在 Chisel 上实现一种被称为“流水线”（pipeline）的硬件机制，它在加速 CPU 方面非常有用。在自制 CPU 上成功执行基本指令后，流水线化是下一个挑战。它要求准确地进行取指令或译码等 CPU 处理阶段的工作，需要加深理解。

第Ⅳ部分　向量扩展指令的实现

第Ⅳ部分将介绍向量扩展指令，这是 RISC-V 的特征之一。根据向量运算的内容和意义，用 Chisel 加以实现。对于接触过 **SIMD**[②] 指令的程序员，这部分内容非常有趣。

第Ⅴ部分　自定义指令的实现

第Ⅴ部分将带领读者挑战自定义指令的 CPU 实现。自定义指令是体现 RISC-V 价值的关键所在，与近年备受关注的 DSA 密切相关。软件工程师对于原生函数肯定屡见不鲜，这里我们尝试在硬件层面实现原生指令。用 GCC[③] 编译自定义指令，并在自制 CPU 上运行的一瞬间，可以说是实现自制 CPU 时所能感受到的最大震撼。

---

①CSR：contrlo and state register，控制和状态寄存器。

②**SIMD**：single instruction/multi data，单指令处理多数据。

③GCC：GNU compiler collection，GUN编译器集合。

各部分的关系如图 0.2 所示。

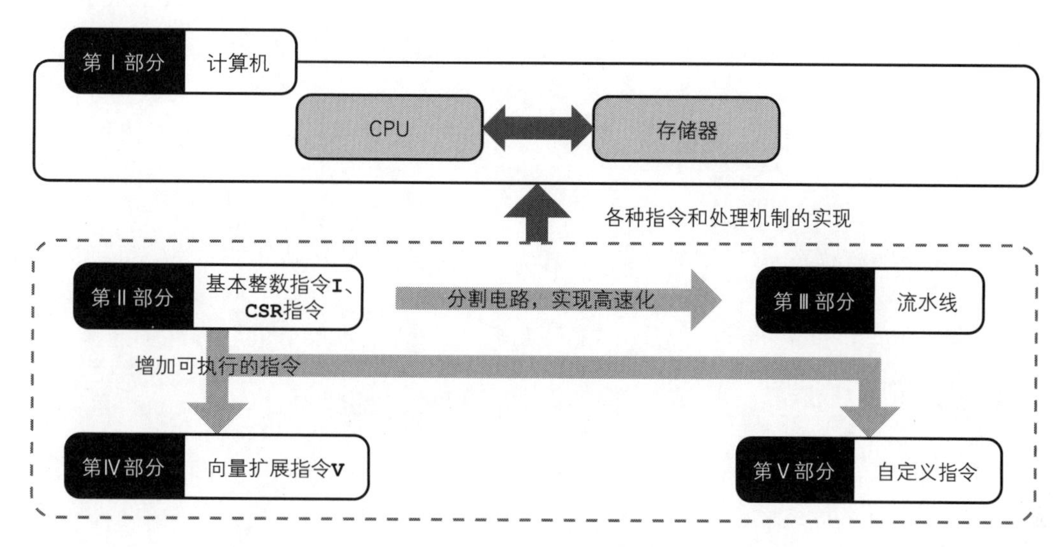

图 0.2 各部分的关系

附录 RISC-V的价值

在本书的最后，我们将总结 RISC-V 的价值。也许有些读者会觉得很奇怪，RISC-V 是本书的主题，却放在最后介绍。然而，想要真正理解 RISC-V 的意义，必须了解 RISC-V 在 CPU 实现中的地位。因此，本书通过实现过程带领读者体会 RISC-V 在 CPU 制作中所扮演的角色，并在最后总结 RISC-V 的价值。

本书的源代码

本书所用的源代码可通过以下链接下载：

https://www.demosharer.com/download-resources/clo6qhp3g000008l410y368c0

新出现的代码基本上会罗列在正文中，但受篇幅所限，无法在每次需要时都罗列出来，故在各章节有所省略。考虑到通读完整的源代码有助于理解，请读者在阅读本书时适当参照源代码。

本书是笔者回顾初次学习 CPU 制作和 RISC-V 时最想要了解的知识，希望能帮助读者快速入门。

目　录

第 I 部分　CPU 制作的基础知识

第II部分　简单的CPU实现

附 录 RISC-V 的价值

第 I 部分

CPU 制作的基础知识

第1章 什么是 CPU

本书的主题是“CPU 制作”。也许大家听说过 CPU，但并不清楚它的具体结构和处理流程。既然本书是为初学者准备的，我们就从“什么是 CPU”说起。

CPU 是“central processing unit”的缩写，指的是中央处理器。它被视为计算机的大脑，根据程序进行运算处理。

例如，1+1 = 2 对于学过数学的人非常简单，但要让 CPU 进行运算，原理就不那么简单了。

为了方便读者理解 CPU 的运算处理原理，本章将依次介绍电路是怎样描述逻辑的，以及怎样通过组合逻辑实现灵活的运算装置——CPU。读完本章后，你会理解以下 3 点最基本的 CPU 制作知识。

- CPU 是通过电路描述的逻辑组合产物
- CPU 是在组合逻辑的基础上，利用时钟同步时序逻辑电路的有限状态机
- CPU 内的记忆装置寄存器由多个 D 触发器（DFF[①]）并联组成，在时钟的上升沿或下降沿更新数值

在制作 CPU 时，无须深入了解电路图的细节，大致理解即可。

① DFF：delayed flip-flop，延迟触发器。

1.1　电路能够描述逻辑的理由

物理电路可以通过图 1.1 所示的抽象化步骤来描述逻辑。

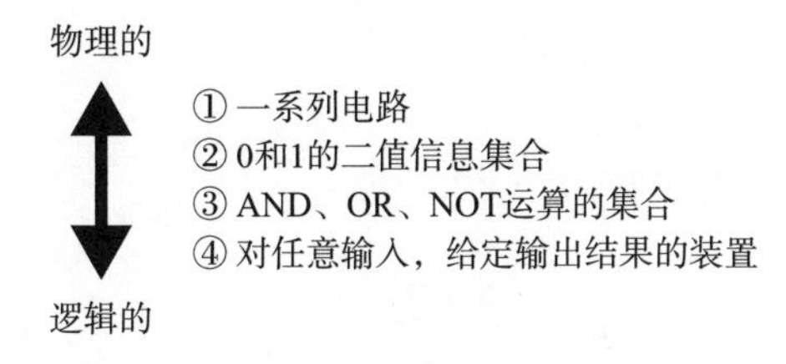

图 1.1　电路的抽象化步骤

CPU 听上去像是复杂的机器，而它实际上不过是一系列电路。那么，单纯的电路是怎样进行加减乘除和分支处理的呢？

1.1.1　转换为数字信号

在图 1.1 中，将①“一系列电路”抽象化为②“0 和 1 的二值信息集合”，利用的是 “高电位状态为 1，低电位状态为 0”的概念。

电位是带电粒子（电荷）的势能，正电荷具有从高电位向低电位移动的特性。日常使用的电池有提高电位的能力，用导体连接电池的正负极后，正电荷从正极向负极移动（形成电流）。

开头提到的概念，是指以特定值为阈值，将数值连续变化的电位（模拟信号）转换为 0 和 1 两个离散值（数字信号），如图 1.2 所示。

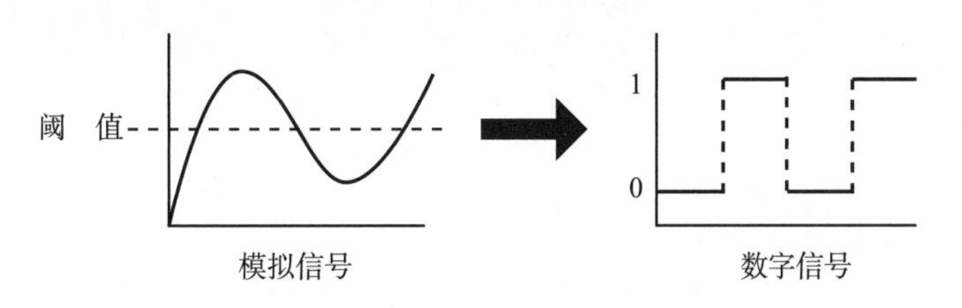

图 1.2　模拟信号转换为数字信号

处理模拟信号这种精细值（连续值）时，即使是微小变化，也会产生直接影响。而处理数字信号这种概略值（离散值）时，微小信号偏差会在数字化过程中被吸收。对精度要求很高的 CPU，处理电信号应尽可能容许偏差。

总之，CPU 是利用 0 和 1 这两个数字信号实现各种运算的。

此外，等电位连续线路中信息量的单位用位（bit）表示。1 位取 0 或 1，2 位可以表示 4 个值（00、01、10、11）。如图 1.3 所示，电池的负极电位为 0V，正极电位为 1.5V，分别解释为 0 和 1。

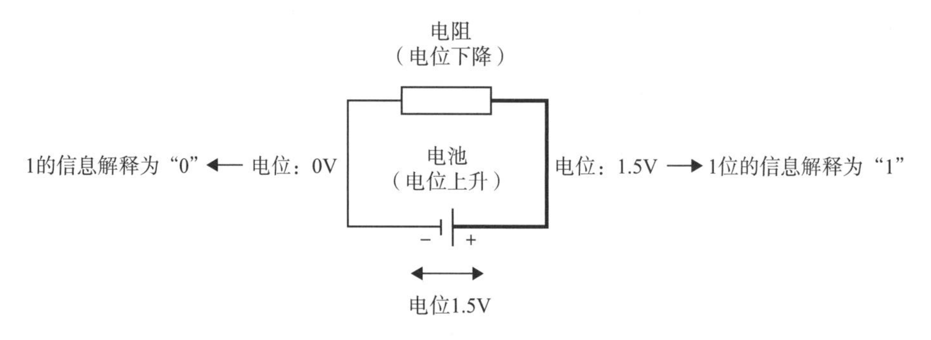

图 1.3　电路和位

1.1.2　描述逻辑运算的电路

图 1.1 所示“电路的抽象化步骤”中的②“0 和 1 的二值信息集合”抽象化为③“AND、OR、NOT 运算的集合”，利用的是布尔代数。

布尔代数是仅处理 0 和 1 两个值的逻辑体系，定义了 AND、OR、NOT，3 种基本逻辑运算。每种逻辑运算针对输入模式输出一个固定值。

AND 逻辑在输入值均为 1 时输出 1，其他情况下输出 0，见表 1.1。

表 1.1　AND 逻辑

输入 *A*	输入 *B*	输　出
1	1	1
1	0	0
0	1	0
0	0	0

OR 逻辑在一个输入值为 1 时输出 1，其他情况下输出 0，见表 1.2。

NOT 逻辑在输入值为 1 时输出 0，输入值为 0 时输出 1，见表 1.3。

表 1.2　OR 逻辑

输入 *A*	输入 *B*	输　出
1	1	1
1	0	1
0	1	1
0	0	0

表 1.3　NOT 逻辑

输　入	输　出
1	0
0	1

这种输入和输出相对应的表被称为真值表[①]，输入决定输出的逻辑被称为组合逻辑。

重点是，这 3 种逻辑运算可以用表示 0 和 1 的电路来描述。在观察各种电路之前，我们先来了解一个关键元件——晶体管。

晶体管是半导体元件，结合了导体和绝缘体两种特性。具体来说，如果输入（基极）的电位为 1（高于特定电位），集电极和发射极就会导通；如果电位是 0，则集电极和发射极绝缘，如图 1.4 所示。一般来说，集电极接正极，发射极接负极，电流从集电极流向发射极。可以说，晶体管是通过基极电位操作的开关电路。

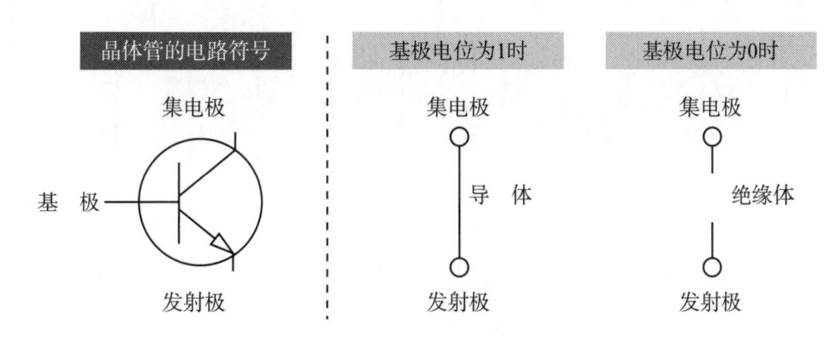

图 1.4　晶体管的电路符号及动作

利用晶体管，AND、OR、NOT 电路可被分别描述为图 1.5 ~ 图 1.7：左侧为电路图，右侧为各种输入对应的动作。

① “1”可以写作“真”，“0”可以写作“假”。

在图 1.1 所示的 4 个抽象化级别中，从②过渡到③利用的就是这些电路。

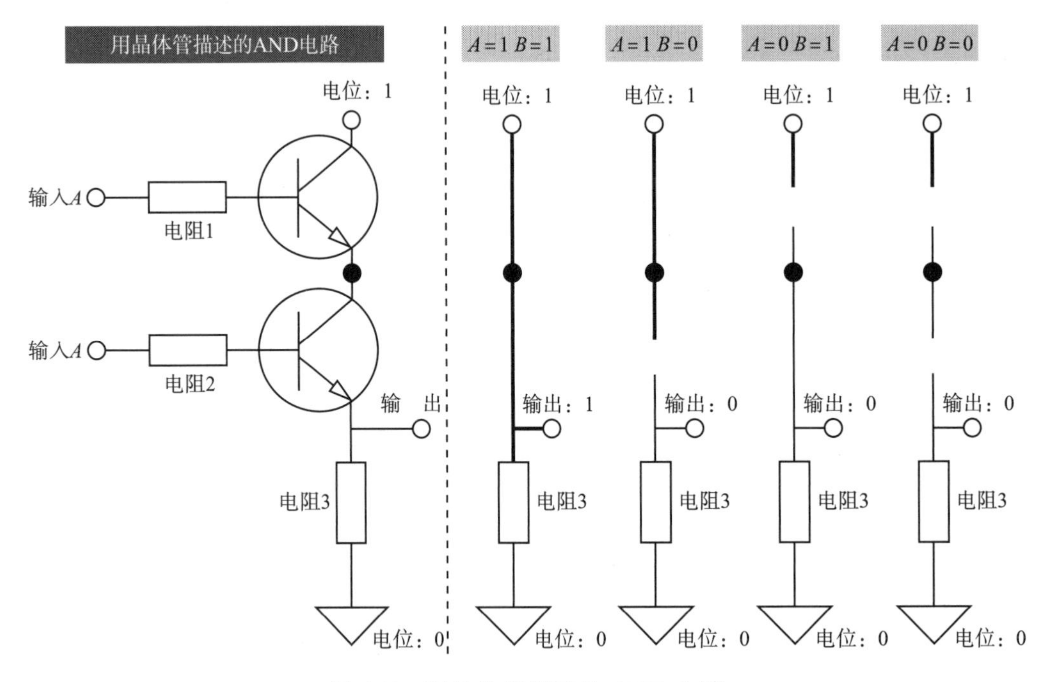

图 1.5　用晶体管描述的 AND 电路

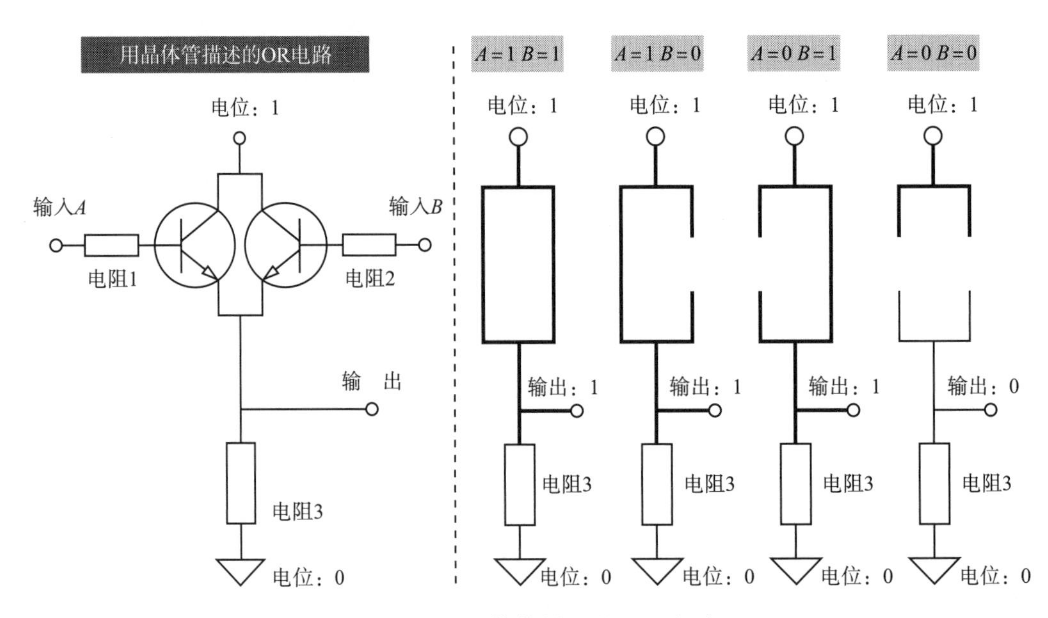

图 1.6　用晶体管描述的 OR 电路

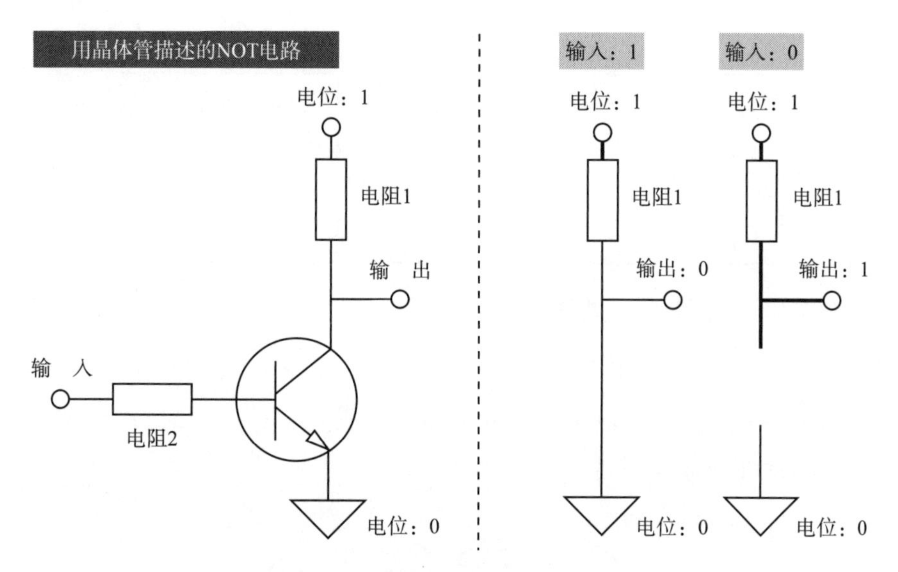

图 1.7　用晶体管描述的 NOT 电路

1.1.3　可以描述任何真值表的基本逻辑电路

图 1.1 中的③“AND、OR、NOT 运算的集合”抽象化为④“对任意输入，给定输出结果的装置”，利用的是“任何真值表都可以用 AND 和 NOT 这两种基本逻辑运算来描述”。对于任意输入模式，无论是多么复杂的输出模式，都可以用 AND 和 NOT 实现。

OR逻辑的描述

例如，OR 可以用 AND 和 NOT 描述，见清单 1.1。

清单1.1　OR的描述

```
A OR B = NOT(NOT(A) AND NOT(B))
```

文氏图如图 1.8 所示。

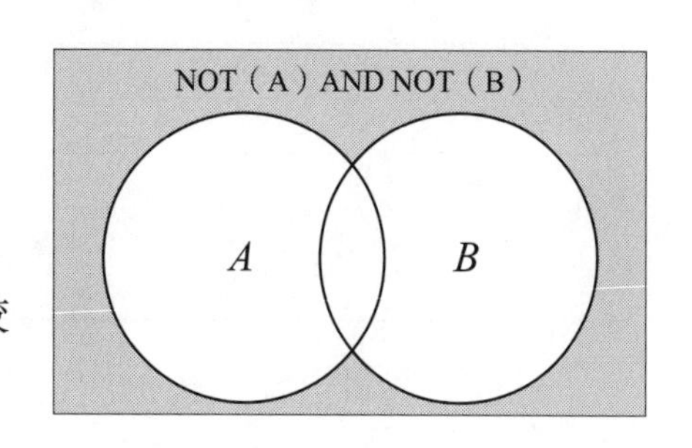

图 1.8　OR 逻辑的文氏图

比较逻辑的描述

比较 A 和 B，相等则输出 0 的比较逻辑，也可以用 AND 和 NOT 描述。表 1.4 就是比较逻辑的真值表。

表 1.4　比较逻辑的真值表

输入 *A*	输入 *B*	输　出
0	0	0
0	1	1
1	0	1
1	1	0

用基本逻辑运算描述，见清单 1.2。

清单1.2　用基本逻辑运算描述的比较逻辑（为了简化，使用OR）

```
输出 = (A AND NOT(B)) OR (NOT(A) AND B)
```

文氏图如图 1.9 所示。

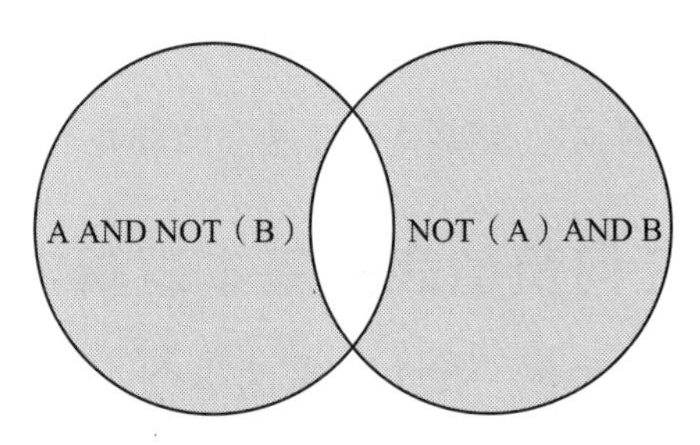

图 1.9　比较逻辑的文氏图

这种比较逻辑被称为异或逻辑，表示为 XOR（Exclusive OR）。当输入 A 和 B 相等时，XOR 结果为 0；不等时，为 1，异或逻辑起到了比较运算符 Not Equal 的作用。对于大量使用比较运算的计算机，XOR 是不可或缺的存在。

加法逻辑的描述

1 位的加法逻辑同样可以用真值表描述，见表 1.5。

表 1.5　加法逻辑的真值表

输入 *A*	输入 *B*	和 *S*（Sum）	进位 *C*（Carry）	计算内容
0	0	0	0	0+0＝0
0	1	1	0	0+1＝1
1	0	1	0	1+0＝1
1	1	0	1	1+1＝10

用基本逻辑运算描述加法逻辑，见清单 1.3。

清单1.3　用基本逻辑运算描述加法逻辑

```
S = (A OR B) AND NOT(A AND B)
C = A AND B
```

表 1.5 中的进位表示当加法的结果超出该位所能表示的数时，向高位进位。对于二进制数，1 位能表示的最大数为 1，超过这个数即发生进位。具体来说，当两个 1 位数都是 1 时，相加的结果为二进制数 10（十进制数 2），所以和 S 为 0，进位 C 为 1。

这种 1 位的加法逻辑被称为半加器，组合使用多个半加器可以实现多位加法，也就是全加器的功能。

利用这种可以描述 AND 和 NOT 的电路，能够对任意数字输入给定数字输出。图 1.1 中的抽象化级别③“AND、OR、NOT 运算的集合” 过渡到④“对任意输入，给定输出结果的装置”，利用的就是这种电路。

可见，用一系列电路描述组合逻辑，可对任意输入给定输出结果。描述这种组合逻辑的电路被称为组合逻辑电路，是 CPU 的基础。

1.2　为何能用基本逻辑电路实现CPU

前面讲过，组合逻辑电路本身就可以对任意输入给定预期的输出。实际上，如果只有组合逻辑电路，那么一个电路只能处理一种运算。

例如，对输入 A 和输入 B 做一次加法的运算单元，可以只用组合逻辑电路实现。但是，该单元无法重复执行两次加法。

这时就轮到时序逻辑登场了。逻辑电路可以描述的逻辑有以下两种。

· 组合逻辑：输出值仅由当前输入值决定

· 时序逻辑：根据当前的输入值和输出值决定最终输出值

组合逻辑就像上述 AND 电路和 OR 电路，从输入到输出是单向的，仅根据输入值来决定输出值。而时序逻辑将输出值作为输入值之一进行循环，决定输出值，如图 1.10 所示。

输 入

逻辑电路

输 出

图 1.10　时序逻辑电路

前面说过，组合逻辑电路能够描述各种运算。本节将引入时序逻辑电路，我们一起看看能得到哪些新的运算能力。

双极晶体管和 CMOS

为便于理解，上文有所省略。CPU 的基本单元是 NAND（NOT AND）、NOR（NOT OR）、NOT 这 3 种逻辑运算电路。电路符号如图 1.11 所示。

逻辑电路涉及的晶体管是双极晶体管，目前的 CPU 的基本元件是 CMOS 电路。CMOS 是由 MOSFET 元件组成的电路，效率高于双极晶体管，且在结构上比 AND 和 OR 更容易描述 NAND 和 NOR。

正如 AND 电路和 NOT 电路能够描述各种真值表，CPU 可以仅由 NAND 电路和 NOT 电路组成。但是，比起用 NOT（NOT(A)NAND NOT(B)）描述 NOR，用一个 NOR 电路来描述的电路效率更高，所以 NAND、NOR、NOT 这 3 种电路是基本单元。

但请放心，NAND 和 NOR 只是在 AND 和 OR 上加了 NOT，并没有偏离本章的讲解。

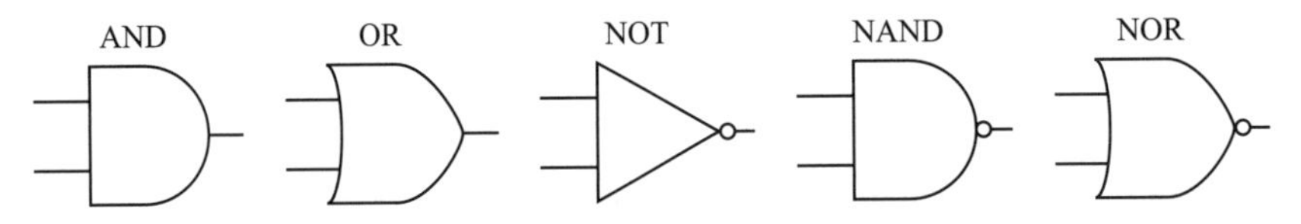

图 1.11　电路符号（输出端的○表示否定，即 NOT）

1.2.1　时序逻辑电路：锁存器

将输出值作为输入值进行循环，这一概念过于抽象，不易理解。下面来看看被称为 SR 锁存器的时序逻辑电路的示例，如图 1.12 所示。

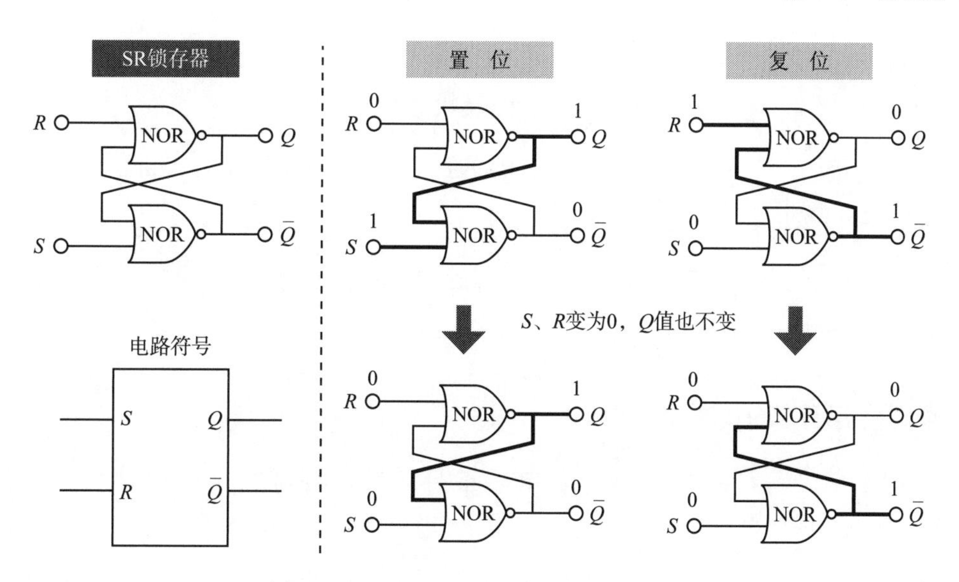

图 1.12　SR 锁存器的电路符号及动作

SR 锁存器的状态迁移表，见表 1.6。

表 1.6　SR 锁存器的状态迁移表

S	*R*	*Q*
0	0	前一个状态的 *Q*
0	1	0
1	0	1
1	1	0

最应该注意的特性是，*S* 和 *R* 都为 0 时，*Q* 始终保持前一个状态的值，也就是具有“记忆”功能。

SR 锁存器在 $S = 1$ 时将输出 *Q* 置位为 1，$R = 1$ 时将输出 *Q* 复位为 0（*S* 和 *R* 都为 1 的输入没有意义）。“锁存”即锁住输出值，能够保持 1 位信息的电路统称为锁存器。*N* 个锁存器并联可以记忆 *N* 位。

这种含有交叉形态的反馈回路的时序逻辑电路能够实现“记忆”功能。

1.2.2　有限状态机

时序逻辑电路的记忆功能本身就很有价值。但是，将组合逻辑电路和时序逻辑电路（锁存器）组合起来更有价值，如图 1.13 所示，这种组合起来的电路被称为有限状态机（有限自动机），是 CPU 的基本形态。“状态”指的是时序逻辑电路存储的信号模式。记忆 N 位的锁存器的模式数量为 2^N，是有限的，因此得名“有限状态机”。

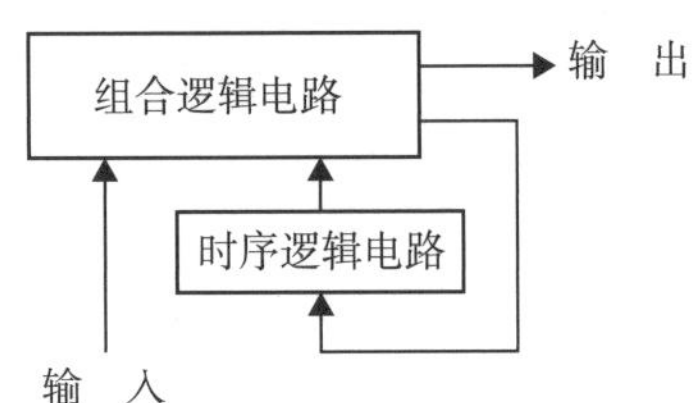

图 1.13　有限状态机

与单独的组合逻辑电路相比，有限状态机有两个优点。

· 增加支持的运算种类

· 减小电路尺寸

增加支持的运算种类

正如本节开头所述，组合逻辑电路本身只支持处理特定的运算。而有限状态机可以实现一个电路处理多种运算。

例如，用图 1.13 所示的组合逻辑电路执行一次加法，用时序逻辑电路记忆加法结果。

只进行一次加法时，不经过时序逻辑电路就能得到预期的结果，流程如图 1.14 所示。

```
① 输入
② 加法（使用组合逻辑电路）
③ 输出
```

图 1.14　进行一次加法的流程

想进行连续两次加法时，流程如图 1.15 所示。

```
① 输入
② 加法（使用组合逻辑电路）
③ 记忆加法结果（使用时序逻辑电路）
④ 加法（使用组合逻辑电路）
⑤ 输出
```

图 1.15　进行连续两次加法的流程

组合逻辑电路第 1 次加法的结果被时序逻辑电路记忆后，组合逻辑电路还可以进行第 2 次加法。

如果要进行减法，就在组合逻辑电路部分增加减法电路，进行减法的流程如图 1.16 所示。

① 输入
② 减法（使用组合逻辑电路）
③ 输出

图 1.16　进行减法的流程

该电路还可以处理不同类型的连续运算，如先加后减，流程如图 1.17 所示。

① 输入
② 加法（使用组合逻辑电路）
③ 记忆加法结果（使用时序逻辑电路）
④ 减法（使用组合逻辑电路）
⑤ 输出

图 1.17　进行先加后减的流程

这样在组合逻辑电路之间插入记忆电路，就可以灵活应对各种处理了。

减小电路尺寸

有限状态机还能减小电路尺寸。

例如，考虑一下连续进行 100 次加法处理的专用装置的实现。如果只用组合逻辑电路，则需要串联 100 个加法器。而有限状态机可以重复使用加法器，只要一个加法器，经过时序逻辑电路，就可以重复进行 100 次加法。

1.2.3　通过时钟信号同步

事实上，仅凭目前的设定，有限状态机的输出完全不受控制。例如，重复进行两次或三次加法的结果什么时候输出？又如，图 1.18 中的第 1 步和第 2 步之间，以及第 2 步和第 3 步之间的时序逻辑电路的状态更新时机完全未知。

利用时钟信号可以解决这个问题。时钟信号是有序显示 0 和 1 的电信号，用于同步多个电路间收发信号的时机。

顾名思义，“时钟”在电路中起计时的作用。时钟信号由晶振生成，电路中的晶振在日本被称为“工业之盐”。

同步时钟信号，并通过时序逻辑电路进行记忆（状态更新），就能解决时机问题。具体来说，用时序逻辑将记忆输入的时机限定为时钟沿。“沿”指的是信号切换的时机，其中 0 变为 1 的时机被称为上升沿，1 变为 0 的时机被称为下降沿。

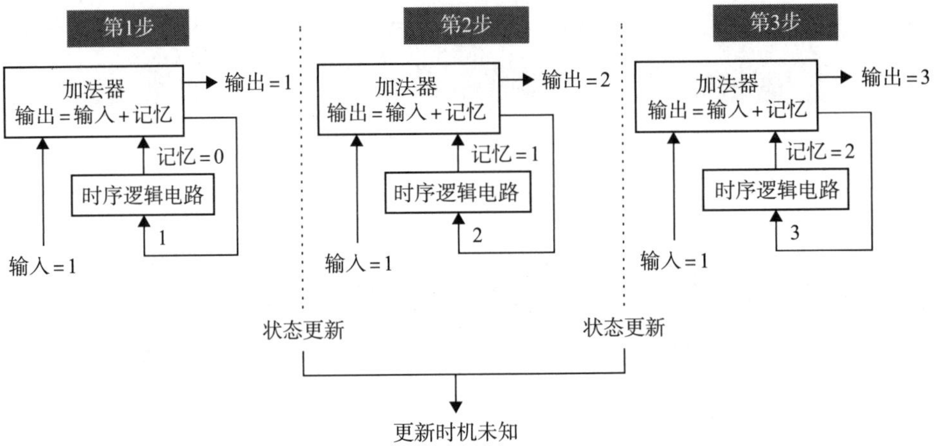

第1步
加法器
输出 = 输入 + 记忆
输出 = 1
记忆 = 0
时序逻辑电路
1
输入 = 1

第2步
加法器
输出 = 输入 + 记忆
输出 = 2
记忆 = 1
时序逻辑电路
2
输入 = 1

第3步
加法器
输出 = 输入 + 记忆
输出 = 3
记忆 = 2
时序逻辑电路
3
输入 = 1

状态更新
状态更新
更新时机未知

图 1.18 时机问题

例如，对于只在上升沿更新值的时序电路，如果要获得两次或三次加法的结果，就要分别获取第 2 个或第 3 个时钟的输出，如图 1.19 所示。

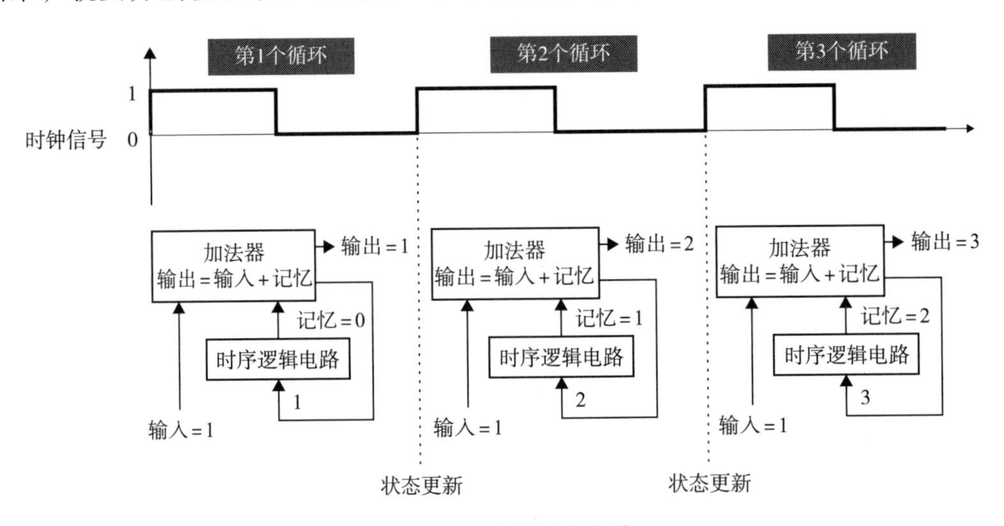

图 1.19 时钟同步电路

上述 SR 锁存器与时钟不同步，用 D 锁存器可以解决时钟同步问题。如图 1.20 所示，*D* 表示输入数据，CLK 表示时钟信号，*Q* 表示输出。

D 锁存器中的“D”表示延迟（delay），D 锁存器能把时钟信号为 0 时的输入延迟传输到时钟信号为 1 的下一个循环。但是，当时钟信号为 1 时，输入总是无延迟地反映给输出。因此，要想只在上升沿更新值，可以用两个 D 锁存器组成 D 触发器，如图 1.21 所示。

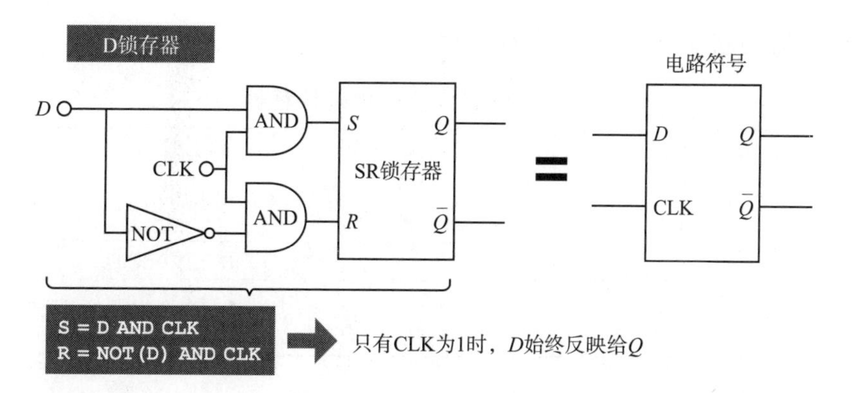

图 1.20　D 锁存器

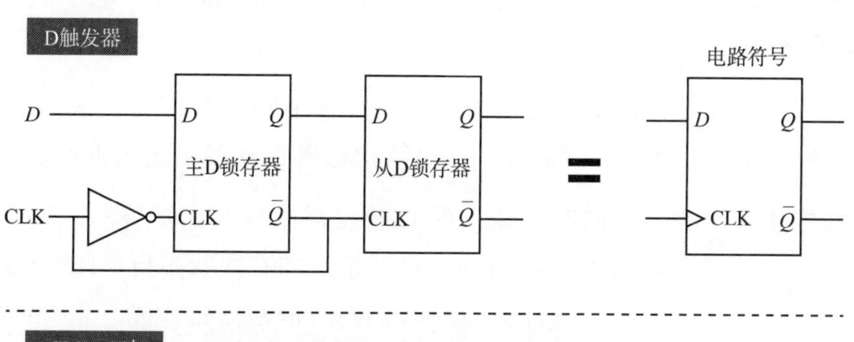

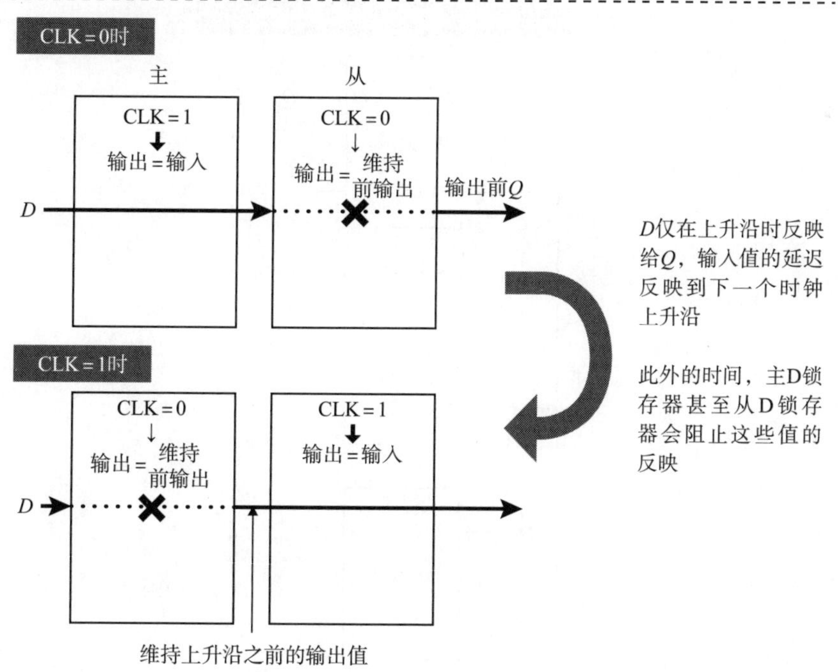

D仅在上升沿时反映给Q，输入值的延迟反映到下一个时钟上升沿

此外的时间，主D锁存器甚至从D锁存器会阻止这些值的反映

图 1.21　D 触发器

D 触发器的状态迁移表，见表 1.7。

表 1.7 D 触发器的状态迁移表

D	CLK	Q
0	上升沿	0
1	上升沿	1
×	1	上一个状态的 Q
×	0	上一个状态的 Q
×	下降沿	上一个状态的 Q

Q 在时钟的上升沿更新为与 D 相同的值，否则（CLK = 1，CLK = 0，下降沿）保持不变。由于输入反映到输出的时机不同，因此 D 锁存器对电平敏感，D 触发器对边沿敏感。

D 触发器缩写为 DFF，其中“FF”是“flip-flop”的缩写，表示人字拖发出的啪嗒声，引申为观点不停翻转。这里特指输出在 0 和 1 之间不停翻转。

CPU 中由多个具有共同时钟输入的 D 触发器组成的记忆装置，被称为寄存器。可以说，CPU 就是组合逻辑电路和寄存器组成的有限状态机。如图 1.22 所示，

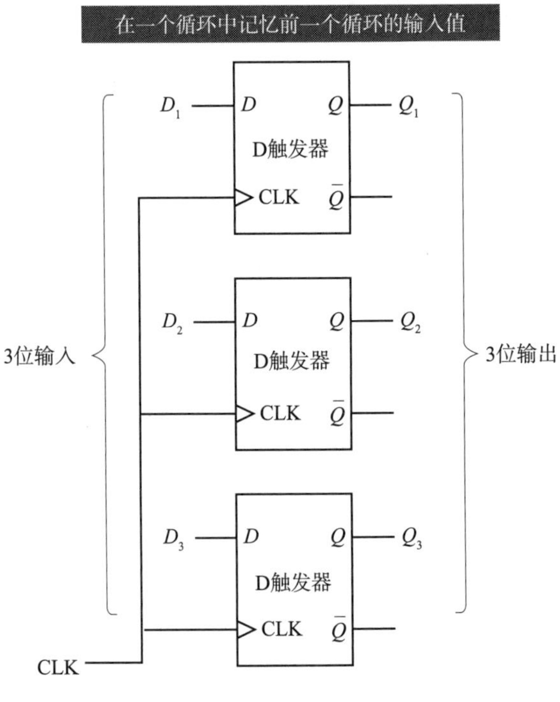

图 1.22 由 3 个 D 触发器组成的 3 位寄存器

3 个 D 触发器组成的 3 位寄存器，能够在一个循环中记忆前一个循环的 3 个输入值。

通过用晶体管具象化的组合逻辑电路、时序逻辑电路和时钟信号，就可以制成在预期时机输出预期数据的有限状态机——CPU。

此外，为了减少晶体管数量，实际逻辑电路采用的是传输门和非门组成的 D 触发器，而不是前文所述的 SR 锁存器和组合逻辑电路。

1.3　CPU的制造流程

CPU 的制造流程如图 1.23 所示，我们来通过这张图回顾前面的内容。

① 逻辑设计：逻辑电平的电路设计
② 物理设计：片上电路配置（布局图形）设计
③ 光掩模生产
④ 在硅晶片上印制电路
⑤ 从硅晶片上分割芯片状电路

图 1.23　CPU 的制造流程

一般来说，①和②由芯片设计者完成，③ ~ ⑤委托给芯片代工厂。台湾积体电路制造股份有限公司（TSMC，简称台积电）和格芯公司（GloFo）是有名的代工厂。

①“逻辑设计”在逻辑电平上决定了对输入进行什么样的运算，输出什么样的结果。正如 1.2 节所述，用组合逻辑进行什么运算，使时序逻辑电路（寄存器）记忆什么。这种描述层级被称为寄存器传输级（RTL[①]），此外还有直接描述 AND 电路或 OR 电路等组合逻辑电路本身的门级的描述层级。AND 电路、OR 电路、NOT 电路等基本逻辑电路被称为门电路，因此有了“门”这种描述。逻辑设计一般用硬件描述语言来描述。

②“物理设计”决定了经逻辑设计后的电路如何在实际芯片上布局和布线。这就是 1.1 节中晶体管级的内容。

① RTL：register transfer level，寄存器传输级。

接下来是代工厂的制造。

首先，在透明玻璃板的表面绘制电路图形，也就是光掩模。

然后，通过光掩模对涂有感光剂的硅晶圆表面进行曝光，用这种类似于洗照片的方法在硅晶圆上印制电路图形。

最后，由于一片硅晶圆上有多个芯片，将其分割成一个个并封装，就成了 CPU 芯片。代工厂洁净室的清洁度是手术室的 10 万倍，因为制造芯片的环境中不允许任何灰尘存在。

本书着眼于①逻辑设计部分，暂不考虑②物理设计之后的硬件（物理）部分，研究对象是用软件设计 CPU 处理器的逻辑。

本章围绕 CPU 进行了讲解，但计算机除了需要 CPU，还需要主存储器和输入 / 输出装置等外围设备协同工作。下一章，我们将探讨包括 CPU 和存储器在内的计算机整体处理流程（计算机架构）。

第2章

计算机架构

在上一章中，我们了解到数字电路可以用来实现各种运算和记忆功能，并可以组成有限状态机（CPU）。本章，我们将目光转向更高的层次，看看包含 CPU 在内的计算机是怎样工作的。

如图 2.1 所示，计算机包含以下 5 个组成元素。

· 输入

· 输出

· 存储器（记忆）

· 数据通路

· 控制通路

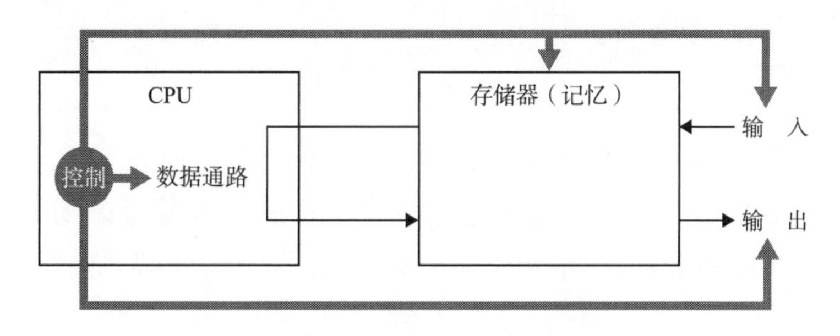

图 2.1 计算机的基本架构

上述 5 个元素的处理内容如下。

① 输入设备向存储器写入数据。

② CPU 从存储器读取指令和数据。

③ CPU 执行运算。

④ CPU 将运算结果写入存储器。

⑤ 输出设备从存储器读取数据。

数据通路指的是 CPU 和存储器之间的数据路径，CPU 内的控制生成的信号决定了其他元素的动作。

其中，②～④是 CPU 处理的核心，而存储器必不可少，因此本书除将实现 CPU 外，还将实现存储器。下面，我们先介绍存储器的原理，然后讲解计算机整体的处理。

2.1 存储器

前面说过，寄存器是 CPU 内部的记忆装置，实际上计算机有许多类型的记忆装置（存储器）。为便于理解，我们选取常见的个人计算机结构，总结存储器的层级，见表 2.1。

表 2.1 常见的个人计算机中的存储器层级

存储器类型	关键技术	易失性 / 非易失性
寄存器	DFF（时序逻辑电路）	易失性
缓 存	SRAM[①]（时序逻辑电路）	易失性
主 存	DRAM[②]（晶体管 + 电容器）	易失性
存储器	HDD[③]（磁性材料）	非易失性
	SSD[④]（NAND 闪存）	

表 2.1 中，层级越高的存储器离 CPU 越近，访问速度越快，但制造成本越高，容量越小。一切处理都用高速寄存器完成自然最好，但是考虑到成本，目前的计算机还是区别使用多种存储器的。具体来说，只有最近需要的数据保存在寄

① SRAM：static random access memory，静态随机存取存储器。

② DRAM：dynamic random access memory，动态随机存取存储器。

③ HDD：hard disk drive，硬盘驱动器。

④ SSD：solid state disk，固态硬盘。

存器中，其他数据保存在缓存以下的存储器层级。高层级存储器就像书桌抽屉，容量虽小，但可以快速访问；而低层级存储器就像书柜，容量很大，但需要花长时间访问。

此外，从寄存器到主存的 3 个高层级的记忆在断电后就会消失（易失性）。而存储器即使断电也会维持记忆（非易失性）。因此 CPU 通电后，要先将数据从存储器中顺次写入主存→缓存→寄存器。

不过，本书要实现的存储器是最基本的寄存器和主存。

2.1.1　寄存器

寄存器由多个 D 触发器组成。CPU 上大量集成的寄存器集被称为寄存器堆，其结构因架构而异。

一个寄存器可记忆的数据量

一个寄存器能够记忆的数据量因架构而异，如 32 位（32 个 D 触发器）、64 位（64 个 D 触发器）等。个人计算机多为 64 位，而电器和车载嵌入式系统的微处理器是 32 位甚至是 8 位架构。32 位和 64 位的实现方法几乎相同，为便于理解，本书实现的自制 CPU 采用 32 位架构。

寄存器数量

寄存器数量也因架构而异，RISC-V 固定为 32 个寄存器，每个寄存器 32 位，如图 2.2 所示，因此 RISC-V 共能记忆 1024 位数据。

此外，寄存器堆中的每个寄存器都有 0 ~ 31 的唯一编号。例如，访问第 3 个寄存器时可以对应为 2 号寄存器。

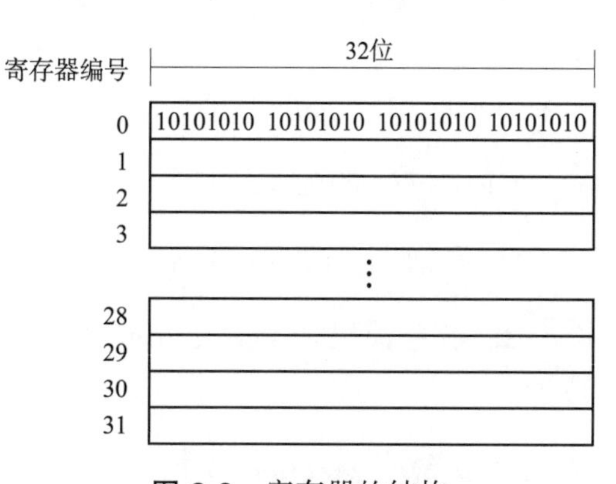

图 2.2　寄存器的结构

2.1.2　主　存

DRAM 是典型的主存（以下简称存储器），除了使用晶体管，还使用电容器这种蓄电装置，根据电荷的有无，记忆 1 位信息。其结构与使用时序逻辑电路的寄存器不同，但本书的 CPU 设计视它们为相同的记忆装置。

不过，实现时要注意存储器中每个地址的位数。寄存器为每个地址分配 32 位（4 字节），而存储器以 8 位（1 字节）为单位分配地址，如图 2.3 所示。

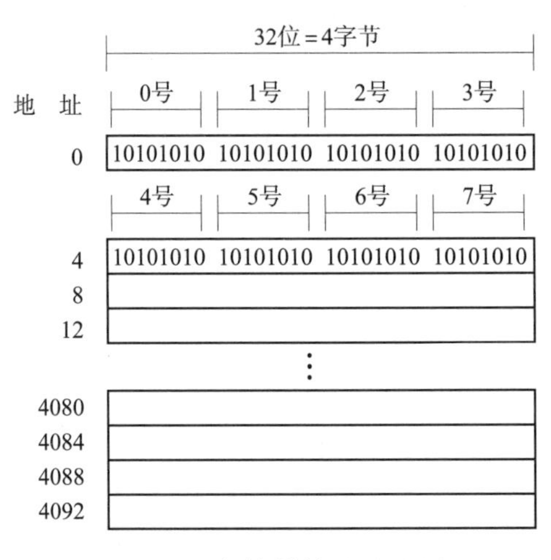

图 2.3　存储器的地址配置

因此处理 32 位数据时，寄存器一次向上计数一个地址，而存储器一次向上计数 4 个地址。

2.2　计算机的基本处理流程

至此，我们对由组合逻辑电路、时序逻辑电路（寄存器）组成的 CPU 和由 DRAM 组成的存储器有了大致的了解。接下来，让我们看看由 CPU 和存储器组成的计算机整体的处理流程。

CPU 与存储器协同工作，分 5 个阶段处理每一条指令。

① 取指令（instruction fetch，IF）：从存储器中读取指令。

② 指令译码（instruction decode，ID）：译码指令，从寄存器中读取所需数据。

③ 运算（execute，EX）：进行计算。

④ 访存（memory access，MEM）：从存储器中读取数据（加载），将处理结果写入存储器（存储）。

⑤ 回写（writeback，WB）：将运算结果或存储器加载数据写入寄存器。

指令和数据起初均存放在存储器中。但是，每次与访问速度较慢的存储器交互是低效的。因此，有必要将数据从存储器读取到寄存器，再由 CPU 进行运算。

下面，进一步介绍每个阶段的具体处理内容。

2.2.1　取指令（IF）

IF 阶段获取记忆在存储器中的指令。要获取的存储器地址保存在 CPU 内的寄存器——程序计数器（program counter，PC[①]）中。

指令基本上按照执行顺序存放在存储器中。RISC–V 指令是 32 位的，所以每获取一条指令，PC 向上计数 4（32 位 = 4 字节）。“计数器”这个名字就源自这种计数处理。不同架构的 PC 初始值不同，如果从存储器的 0 号地址开始存放指令，则获取指令数据的顺序就是 0 → 4 → 8。

此外，除了 32 个寄存器，RISC–V 还有一个 PC 专用寄存器。有目的地操作 PC 的指令，包括移动到不连续地址的分支指令和跳转指令等。如果在普通寄存器内记忆 PC 值，则需要用更复杂的硬件进行控制，因为对任何寄存器的回写指令都可以是分支 / 跳转指令。鉴于此，RISC–V 单独实现 PC 专用寄存器，从而简化硬件。

2.2.2　指令译码（ID）

取出的指令不过是 0 和 1 的位罗列（机器语言），所以必须在 ID 阶段对指令的含义进行译码。这时就需要指令集架构（instruction set architecture，ISA）和 RISC–V 发挥作用了。

指令集作为硬件和软件的接口，定义 CPU（硬件）的处理内容和机器语言（软件）的对应规则。因此，指令集不同，对应的硬件也不同。

① PC又称指令指针，这个别名也许更直观。

著名的指令集包括英特尔 x86 和 x64，主要用于个人计算机和服务器；ARMv8，主要用于智能手机。本书的主题 RISC-V 是近年来备受关注的开源指令集。

RISC-V 定义了几种指令格式，如图 2.4 所示。第 0 ~ 6 位的 **opcode**（操作码）对所有格式通用，第 7 位以后的根据 **opcode** 分为几种模式。

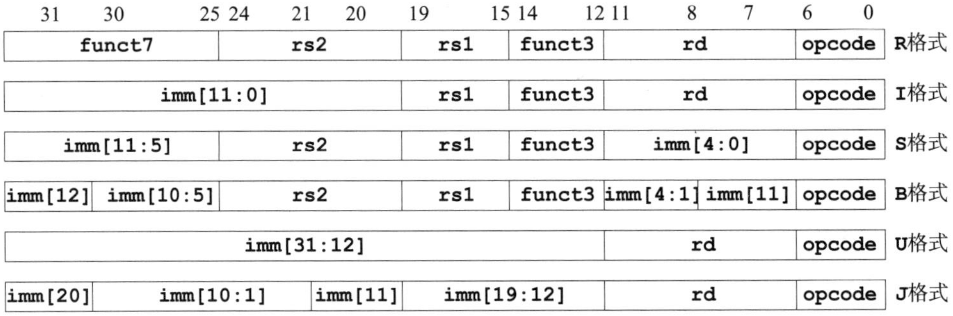

31	30 ~ 25	24 ~ 21	20	19 ~ 15	14 ~ 12	11 ~ 8	7	6 ~ 0	
funct7		rs2		rs1	funct3	rd		opcode	R格式
imm[11:0]				rs1	funct3	rd		opcode	I格式
imm[11:5]		rs2		rs1	funct3	imm[4:0]		opcode	S格式
imm[12]	imm[10:5]	rs2		rs1	funct3	imm[4:1]	imm[11]	opcode	B格式
imm[31:12]						rd		opcode	U格式
imm[20]	imm[10:1]		imm[11]	imm[19:12]		rd		opcode	J格式

图 2.4　RISC-V 的指令格式

每条指令用 32 位描述，**funct7/tunct3/opcode** 是特征值，**rs1/rs2/imm** 是可变值。除了 **opcode**，其他值的有无取决于指令格式。

指令类型的译码

译码器根据特征值的位列来判断指令类型。例如，RISC-V 定义的 **ADD** 指令（加法指令）的机器语言见表 2.2。

表 2.2　RISC-V 的 **ADD** 指令（**R** 格式）

位	31 ~ 25	24 ~ 20	19 ~ 15	14 ~ 12	11 ~ 7	6 ~ 0
值	指令特征值	可变值	可变值	指令特征值	可变值	指令特征值
含　义	funct7	rs2	rs1	funct3	rd	opcode
机器语言	0000000	00001	00000	000	00010	110011

这里，**funct7 = 0000000**、**funct3 = 000**、**opcode = 110011** 条件成立，取出的指令被识别为 **ADD** 指令。如果 **funct3**、**opcode** 和 **ADD** 指令相同，**funct7 = 0100000**，则译码为 **SUB** 指令（减法指令）。**funct7** 和 **funct3** 只是一种命名，无须考究来源。

操作数的译码

变量值 **rs1/rs2/rd/imm** 是操作数，其中 **rs1/rs2/imm** 对应指令执行的

数据源，**rd** 对应数据写入目的地址。**rs** 是“register source”的缩写，表示存放作为运算源的数据的寄存器编号。数据源有 **rs1**、**rs2**，共两个。**rs** 描述为 5 位的寄存器编号，实际指令使用的就是该寄存器中存放的数据（32 位架构为 32 位）。5 位的宽度可以描述 0 ~ 31 的值，共 $2^5 = 32$ 个值，这足以指向 32 个寄存器。

ADD 指令利用上述操作数，对 **rs1** 寄存器中存放的数据和 **rs2** 寄存器中存放的数据进行加法处理。

另一个数据源 **imm** 是“immediate”的缩写，指的是嵌入指令位列中的目标数据本身。该值被称为立即数。**rs** 表示寄存器编号，**imm** 指的是要运算的值本身。例如，除了 **R** 格式的 **ADD** 指令，还有 **I** 格式的 **ADDI** 指令。**ADDI** 指令利用 **rs1** 中存储的数据和 **imm** 数据，直接与 **imm** 做加法：**rs1** 寄存器中存放的数据 +**imm**。

立即数是嵌在指令位列中的，无须另从存储器中读取，故可用于常量的描述。然而，32 位架构有一个缺点，寄存器可描述 32 位数据，但立即数只能描述 12 位数据。

rd 是“register destination”的缩写，表示写入运算结果的目标寄存器编号。也就是说，译码器的工作就是将表 2.2 中的机器语言译码为加法处理——“将寄存器 00000 号地址的值和寄存器 00001 号地址的值相加，结果写入寄存器 00010 号地址”，如图 2.5 所示。

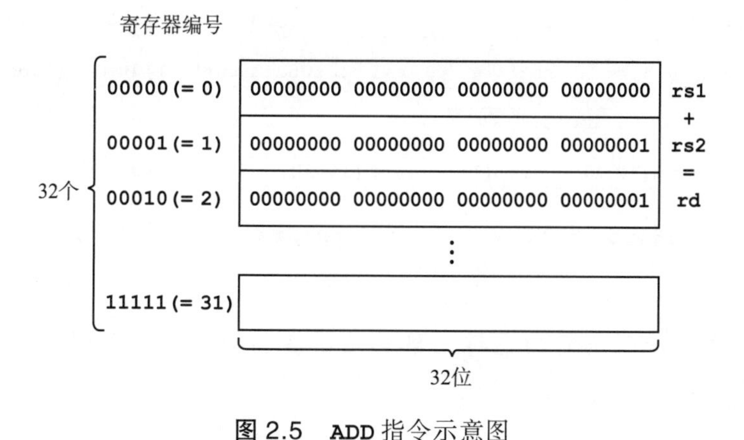

图 2.5　**ADD** 指令示意图

ID 阶段常常负责在译码寄存器编号后读取 **rs** 数据，本书中也有相应的实现。

译码处理的简化

下面两点对译码处理内容有明显影响。

· 指令集的长度

· 操作数的位址

指令集大致可分为 RISC[①] 和 CISC[②] 两类。RISC 指令集中的指令多为定长的，而 CISC 指令集中的指令多为变长的。英特尔 x86 指令集是典型的 CISC 指令集。而 RISC-V 正如其名，用的是基于 RISC 的定长指令。进行译码处理时，CISC 指令需要在译码前知道指令长度，而 RISC 指令可以直接开始译码，无须预处理。

此外，如果操作数的位址固定，那么这部分译码所需的逻辑电路便可共用。例如，RISC-V 中定义了 **R/I/S/B/U/J** 类型和多种指令格式，但每条指令位列中 **rs1/rs2/rd** 的位址都是对齐的（不对 **rs1/rs2/rd** 中的任一个编码的指令，用立即数 **imm** 填充），如图 2.6 所示。所以，在 RISC-V 中，寄存器译码所需的逻辑电路可在各指令类型之间共用。

31	30–25	24–21	20	19–15	14–12	11–8	7	6–0	
funct7		rs2		rs1	funct3	rd		opcode	R格式
imm[11:0]				rs1	funct3	rd		opcode	I格式
imm[11:5]		rs2		rs1	funct3	imm[4:0]		opcode	S格式
imm[12]	imm[10:5]	rs2		rs1	funct3	imm[4:1]	imm[11]	opcode	B格式
imm[31:12]						rd		opcode	U格式
imm[20]	imm[10:1]		imm[11]	imm[19:12]		rd		opcode	J格式

图 2.6　RTSC-V 指令格式中 **rs1/rs2/rd** 的位址对齐

在 ARM 指令集中，有的指令的相同字段既是读取源，也是写入目标。这样，寄存器译码所需的逻辑电路就无法在各指令类型之间共用，逻辑电路规模被迫增大。

---

① RISC：reduced instruction set computer，精简指令集计算机。

② CISC：complex instruction set computer，复杂指令集计算机。

2.2.3 运算（EX）

指令译码揭示了应该对哪些数据执行哪些操作。根据结果，在 EX 阶段进行加减乘除等算术运算，或移位的移位运算等处理。

2.2.4 访存（MEM）

MEM 阶段执行存储器的写入或读取。

也许有人认为应该在运算前，而不是运算后进行存储器访问。的确，我们需要事先从存储器获取用于运算的数据。

但在 RISC-V 中，对数据存储器的访问仅限于加载和存储指令，算术运算和移位运算等指令不能访存。换言之，在 RISC-V 中不能用一条指令实现存储器加载→运算。因此，处理存储器中的数据时，要依次执行加载指令和运算指令。

对于访存的加载 / 存储指令，存储器地址的计算是在 EX 阶段进行的。在 MEM 阶段，加载 / 存储指令根据 EX 阶段计算的存储器地址执行。当然，MEM 阶段仅限加载 / 存储指令操作。

2.2.5 回　写

最后的处理是对寄存器的回写，将运算结果和从存储器加载的数据写入寄存器，使用该寄存器数据执行下一个循环的指令。

以上就是计算机的基本处理流程。CPU 制作就是在该流程的基础上实现各个阶段。

RISC 和 CISC

在计算机的早期，CISC 是首选，原因如下。

- 存储器的制造成本高，需要压缩指令数据
- 访存比进行各种计算的 ID（指令译码）、EX（运算）阶段更费时，需要降低频次

在 CISC 中，可以通过去除不需要的位来压缩指令列。而在 RISC 中，需要分成多条指令的复杂指令可以编码成一条长指令。

随着存储器技术的进步，存储器成本急剧降低，访存所需的时间也大幅度缩短了。相反，运算速度成了发展瓶颈，擅长流水线处理的 RISC 现在很受欢迎。

在这个背景下，CISC 英特尔 x86 架构采用了微操作方式。具体来说，指令还是 CISC 指令，但在 CPU 内部转换为 RISC 指令（微操作）后处理。当然，微操作的转换处理要进行指令长度检测和复杂的操作数处理等，功耗也水涨船高。英特尔对此采取了一些措施，如为微操作提供专用缓存，但不可否认的是其效率较低。

寄存器和存储器的处理

根据 EX 阶段处理的数据（操作数）的记忆位置，指令集可分为 3 种形式。

- 寄存器 – 寄存器
- 寄存器 – 存储器
- 存储器 – 存储器

寄存器 – 寄存器形式正如 RISC–V 和 ARM 指令集，操作数只针对寄存器。这种类型需要加载 / 存储指令，也叫“加载 – 存储”型。

寄存器 – 存储器形式如英特尔 x86 指令集，寄存器和存储器可以用操作数描述。这种类型的指令集在 EX 阶段前读取存储器，在 EX 阶段后写入存储器。它的优点是不需要预先加载指令，可以减少指令数。它的缺点是指令位必须包含能够判断操作数的对象是寄存器还是存储器的信息，这会使译码处理变复杂。

存储器 – 存储器形式的操作数只有存储器，不涉及寄存器。例如，1970 年上市的微型计算机 VAX，它的指令集不能高速访问寄存器，现在几乎没人用了。

RISC 型指令集基本采用寄存器 – 寄存器形式。与寄存器相比，存储器容量更大，地址范围更广，因此寻址所需的位也更多。出于这个原因，存储器指令往往比寄存器指令更长。鉴于这一特征与定长指令的 RISC 不兼容，现在很少使用寄存器 – 存储器形式。

第3章 Chisel 基础

了解 CPU 和计算机的原理后，我们来学习 CPU 设计的基本语言——硬件描述语言（hardware description language，HDL），这是 CPU 制作的基础知识。

起初采取的方法是制作输入输出对照表，也就是真值表，作为组合逻辑，制作表示状态变化的迁移表作为时序逻辑，之后设计实现两种逻辑的电路图。例如，2 输入 2 输出的真值表见表 3.1。

表 3.1　2 输入 2 输出的真值表

输入 *A*	输入 *B*	输出 *A*	输出 *B*
0	0	0	0
1	0	0	1
0	1	0	1
1	1	1	1

该真值表对应的电路如图 3.1 所示。

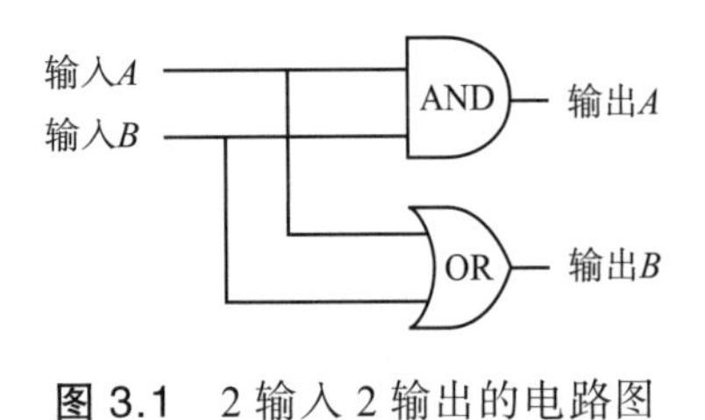

图 3.1　2 输入 2 输出的电路图

但是如今，基本逻辑电路的数量动辄几十万，这么做就不现实了。

这时，HDL 出现了。上述示例可用 Verilog（一种 HDL）描述，见清单 3.1。

清单3.1　Verilog描述

```
outputA = inputA & inputB
outputB = inputA | inputB
```

使用综合工具就可以根据该HDL自动生成逻辑电路数据（Xilinx、Synopsys等半导体设计公司都提供逻辑合成工具，但本书在逻辑设计范围内未使用）。

比起根据真值表绘制电路图，这种方式简便多了。

3.1 什么是Chisel

HDL有许多类型，但在RISC-V生态系统中，将Verilog抽象化的Chisel①最为活跃。

作为HDL，Verilog和VHDL从20世纪80年代一直沿用至今。由Verilog扩展而来的SystemVerilog开发于2002年，如今仍活跃在第一线。然而，与日新月异的编程语言相比，其描述内容的抽象化程度较低，且不擅长参数化的描述。“参数化”的意思是用不同参数生成相似的电路。

在此背景下，加利福尼亚大学伯克利分校于2012年开发出了名为Chisel的HDL。作为Scala的DSL②实现，Chisel是一种Scala库。Chisel源自“constructing hardware in a scala embedded language”，意思是“用Scala嵌入式语言构建硬件”。鉴于此，Chisel能够使用Scala的新功能，发挥高效能。

Scala是一种多范式语言，它集成了在Java虚拟机器上运行的面向对象语言和函数式语言的特点。Scala还可以使用面向对象语言Java丰富的库，定位为“Java+函数式语言”。

下面介绍Chisel作为Scala的DSL实现的主要原因。

- 可以使用Java丰富的库
- 数字电路是同类模块重复组合的结构，与面向对象的兼容性高
- Scala支持定义专用运算符，很容易用作DSL

① Chisel提供的功能比HDL更广泛，其官方定义为硬件构建语言（hardware construction language）或硬件设计语言（hardware design language），但本书取广义的HDL。

② DSL：domain specific language，领域特定语言。

但是 Chisel 和 Verilog 的关系不对等，Chisel 代码被编译成 Verilog，而 Verilog 代码被简化为逻辑电路数据。也就是说，Chisel 可视为 Verilog 进一步抽象化后的硬件描述语言。

本书运用 Chisel 进行 CPU 逻辑设计。本章重点关注本书中出现的语法，介绍 Scala 和 Chisel 的基本语法，是后续章节的基础。

3.2 什么是面向对象

在讨论 Scala 和 Chisel 的基本语法之前，有必要先了解一下设计的前提——面向对象。

3.2.1 类和实例

对象是具有固有属性数据和行为方法的“事物”。面向对象是一种通过组合对象来构建整个系统的方法。具体来说，定义类为对象的蓝图，根据类生成实例。

下面以两种车型的设计和制造为例进行说明。

一种方式是分别进行需求定义和制造。首先，根据 A 车的座位数和颜色等属性，以及加速和制动等行为进行需求定义，然后根据需求制造 A 车。接下来，同样对 B 车的各个属性和行为进行需求定义并制造。诚然，A 车和 B 车的颜色和座位数不同，但它们的行为是通用的，重复进行两次需求定义是低效之举。

因此，我们生成车类作为蓝图，并为其赋予下列属性。

· 颜色

· 座位数

同样，使其具备下列行为。

· 前进

· 停止

· 转弯

使用车类实例化 A 车和 B 车，见清单 3.2。

清单3.2　车类的实例化

```
A 车 = 车（颜色 = 白，座位数 = 4）
B 车 = 车（颜色 = 黑，座位数 = 7）
```

A 车和 B 车的颜色和座位数属性不同，但都可以执行前进、停止、转弯等行为。利用这种通用蓝图，可以高效地生成多种车（实例），如图 3.2 所示。

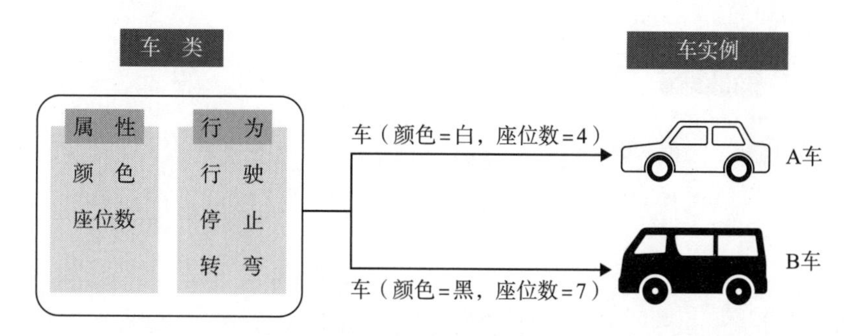

图 3.2　车类的实例化

当然，我们不是要在计算机的世界里造车，实例化是指在存储器中生成数据。存储器中的数据可以被 CPU 直接操作，对 CPU 来说，实例是“可触摸的实体”，如图 3.3 所示。

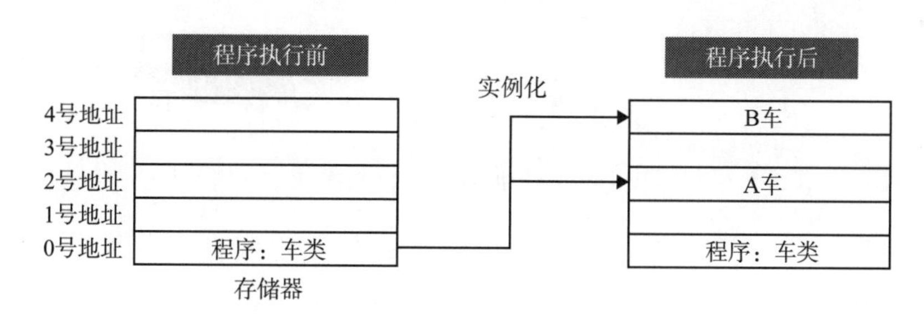

图 3.3　存储器中的实例

3.2.2　继　承

通过类的继承，子类可以使用父类的属性和行为。

例如，制造一辆出租车，从头开始设计自然非常困难。如果在已有车型的基础上增加“计费”这一行为，那就简单多了。

这可以用面向对象的语言进行如下的描述。

· 出租车类继承车类

· 在出租车类中增加“计费”的行为

在出租车类中，颜色和座位数等属性，以及前进、停止等行为并未明确实现。但是，继承车类的出租车类可以直接使用车类中定义的属性和行为，如图 3.4 所示。

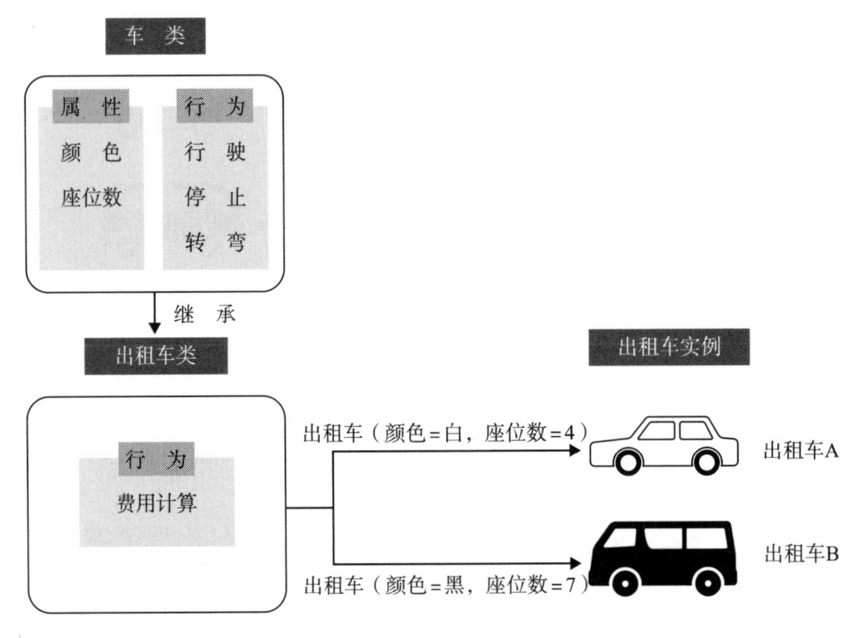

图 3.4 继承车类的出租车类

在现实世界中，许多事物具有通用结构，彼此之间存在某种父子关系。面向对象就是在编程世界中描述这种关系的工具。电路设计中经常会出现相同事物，这与面向对象如出一辙。

3.3 Scala的基本语法

本书内容几乎不涉及 Scala 的特殊语法。因此，本章的目的不是学习 Scala 本身，而是了解使用 Chisel 所需的基础知识。

3.3.1　变量var和val

Scala 中有两种类型的变量[①]声明：可重新赋值的 **var** 和不可重新赋值的 **val**，见清单 3.3。**var** 和 **val** 定义的对象的属性数据被称为字段。

从代码的可读性和可维护性角度来看，Scala 追求不变性，基本上使用 **val**。尤其是用 Chisel 定义的电路硬件（参考下文），均作为 **val** 处理。

清单3.3　var和val

```
var num = i * 8
val hardware1 = Module(instance)// 右边是 Chisel 的硬件
```

3.3.2　方法：def()

def 关键字定义了对象具有的行为，见清单 3.4。

清单3.4　def()方法

```
scala> def sampleAddOne(i: Int) = i + 1
sampleAddOne: (i: Int)Int

scala> sampleAddOne(2)
3
```

定义行为被称为方法，字段和方法并称对象的成员。

3.3.3　集合：Seq

在 Scala 中，集合被定义为类似数组的对象，**Seq** 是典型的类，见清单 3.5。

清单3.5　Seq

```
scala> val a = Seq(1,2,3)
res: Seq[Int] = List(1, 2, 3)

scala> a(0)
res: Int = 1

scala> a(1)
res: Int = 2
```

① 在英语中，**var**和**val**都表示变量（variable）。在日语中，**var**表示变量，**val**表示值。尽管本书将它们统称为“变量”，但**val**是不可变变量。

```
scala> a(2)
res: Int = 3
```

Seq 是一个有序的集合，从 0 开始按顺序索引。这不是本书的重点，但 Scala 中分别定义了不可变值集合 **immutable** 和可变值集合 **mutable**。Scala 旨在尽可能地定义它们的不可变性，且默认声明为 **immutable** 的 **Seq**（子类 **List**）。

下面介绍两个有用的方法：**tabulate()** 和 **reverse()**。

tabulate()方法

tabulate() 方法用第 1 个参数指定元素数，第 2 个参数指定函数，返回 **Seq** 中从 0 开始的连续整数通过函数的结果，见清单 3.6。“tabulate”是一个英语单词，意思是制表、汇总。

像这样，同为函数式语言的 Scala 允许我们定义以函数为参数的方法，以简洁的方式描述复杂的行为。

清单3.6　tabulate()方法

```
scala> val b = Seq.tabulate(5)(n => n * n)
b: Seq[Int] = List(0, 1, 4, 9, 16) // 对 0~4 的 5 个元素分别作平方运算
```

reverse()方法

reverse() 方法返回元素逆向排列的 **Seq**，见清单 3.7。

清单3.7　reverse()方法

```
scala> b.reverse
res0: Seq[Int] = List(16, 9, 4, 1, 0)
```

3.3.4　for表达式

见清单 3.8，**for** 表达式的内容与其他语言的 **for** 语句相同。

清单3.8　for表达式

```
scala> for (i <- 0 to 5) println(i)//println: 输出参数表达式的结果
0
1
2
```

```
3
4
5
```

补充说明，Scala 中的 **for** 不是语句，而是表达式。**for** 表达式在求值后会转换为一个值，可以赋给变量。这是 Scala 的函数式语言特征。将 **for** 表达式定义为返回特定值的表达式，而不是语句，可以与其他表达式相结合，使代码描述更简洁。

不过，本书中并没有涉及 **for** 表达式的场景，在此就不深究了。

3.3.5 对　象

接下来，我们来看一看面向对象的相关语法。

■ 类（class）

见清单 3.9。

清单3.9　class

```
//类的定义
class Car {···}

//类的实例化
val sedan   = new Car
val minivan = new Car
```

此外，可以在类的声明后使用 **extends** 关键字来继承其他类，见清单 3.10。

清单3.10　class的继承

```
class Taxi extends Car {···}
```

但是，只能继承一个类。如果允许多个父类（多重继承），那么串行的父子关系就会崩溃，从而导致设计复杂和模糊的情况发生。

■ 特征（trait）

类不允许多重继承，但是我们常需要在一个类中实现分割的多个功能模块。例如，我们设计了油门相关的加速器（**Accelerator**）模块和制动器相关的刹车（**Brake**）模块，想在车（**Car**）类中实现。

这时就轮到 **trait** 登场了，见清单 3.11。**trait** 用于在类之间共享字段和方法（类似 Java 接口，但 **trait** 可以有实现体）。**trait** 只起提取类中部分功能的作用，不能单独实例化。

清单3.11 trait的定义

```
trait Accelerator { 定义油门相关的字段和方法 }
trait Brake { 定义制动器相关的字段和方法 }
```

通过这种方式利用 **trait** 的多重继承，**Car** 类和摩托车（**Motorbike**）类可以分别共享油门功能和制动器功能。这样，创建一个只需要制动器功能的自行车（**Bicycle**）类时，其只继承 **Car** 类的 **Brake** 即可实现所需功能。

但是，**trait** 之间可能会出现字段和方法的重复。在这种情况下，Scala 优先继承右侧 **trait**，以避免重复。见清单 3.12，**Brake** 的字段和方法优先于 **Accelerator** 的，因为前者在后者的右侧。

清单3.12 trait的继承

```
# 第 2 个之后的 trait 用 with 连接
class Car extends Accelerator with Brake {···}
class Motorbike extends Accelerator with Brake {···}
```

单例对象（object）

单例对象是只有一个实例的类，用 **object** 关键字来定义（这里的 **object** 不同于面向对象的对象概念），见清单 3.13。

清单3.13 单例对象的定义方法

```
object SingletonObject {
  def apply = {···}
  ...
}
```

在 Java 中，可通过 **static** 关键字定义在应用程序中只存在一次的字段和方法。对应地，Scala 使用单例对象，而不是 **static**。

此外，单例对象常被用作含工厂方法的伴生对象，见清单 3.14。生成实例的方法被称为工厂方法，在同一文件内定义的与类同名的单例对象被称为伴生对象。

清单3.14　含工厂方法的伴生对象示例

```
class Example (a:Int) {
  val hoge = a
}

object Example {
  def apply(a:Int) = {
    new Example(a)
  }
}
```

上面的示例为 **Example** 类定义了同名的 **Example** 对象（单例对象），而且 **Example** 对象定义了用 **new** 实例化 **Example** 类的 **apply()** 方法（工厂方法），见清单 3.15。

清单3.15　**apply()** 方法生成实例

```
scala> val x = Example.apply(1)
x: Example = Example@392b892a
```

此外，在 Scala 中，**apply()** 方法比较特殊，可以省略其描述，见清单 3.16。

清单3.16　**apply()** 方法的省略

```
scala> val y = Example(2)
y: Example = Example@6ce0119c
```

通过这种方式，省略单例对象的 **apply()** 方法，恰好可以用类似函数的描述来生成实例。Chisel 利用通过 **apply()** 方法进行实例生成的伴生对象，简化了代码。

伴生对象也保留了 **static** 元素，每个实例的固有成员定义为类、通用成员定义为伴生对象。在伴生对象中定义的字段和方法可用于所有实例。

这样可能会像 **new Example(1)** 一样直接从 **Example** 类实例化。为了避免发生这种情况，对类的构造参数赋予 **private**，禁止外部访问，见清单 3.17。伴生对象可以访问对应类的 **private** 变量，工厂方法仍然有效。

清单3.17　构造参数的**private**化

```
# 类定义
class Example private (a:Int) {
  val hoge = a
```

```
}

#Scala 执行示例
scala> val x = new Example(1)
<console>:13: error: constructor Example in class Example cannot be accessed
  in object $iw
  val x = new Example(1)

scala> val x = Example.apply(1)
x: Example = Example@392b892a
```

综上，伴生对象的优点是，可以通过对每个成员赋予 **private** 和 **protected**[①]，将类的实现细节隐藏在内部（仅对外部公开接口）。

一切都是对象

至此，我们了解了对象相关的 Scala 语法。实际上，在 Scala 中，一切都被定义为对象。例如，所有数值和字符被定义为对象（类），整数的加法（+）和减法（-）等运算符被定义为 **Int** 类的方法。**1+1** 不简写，就变成了 **1.+(1)**，执行的是 **Int** 类的字面量 **1** 的方法 **+**（参数 1）。

实际上，**for** 表达式中出现的 **to** 也不是 **for** 的语法，它被定义为 **Int** 类的方法，返还表示范围的 **Range** 类的实例，见清单 3.18。

清单3.18　to() 方法

```
scala> 0 to 5
res: scala.collection.immutable.Range.Inclusive = Range(0, 1, 2, 3, 4, 5)
```

3.3.6　命名空间

命名空间指的是“所有不重复元素命名对应识别的范围”，它有以下两个优点。

- 减少命名冲突的可能性

---

① **private**关键字用于声明私有成员，**protected**关键字用于声明保护成员。两者的区别是派生类的成员函数和伴生对象可以访问**protected**成员，但无法访问**private**成员。

· 便于参照

例如，日本的东京都和广岛县各有一个府中市，如果你只说“府中市”，就无法准确辨别是哪一个。这时就要在市级前面定义都、道、府、县级的命名空间。

· 东京都 . 府中市

· 广岛县 . 府中市

这样一来，谁都能准确辨别府中市（优点 1）。而且在“广岛县”的命名空间内，不必称其为“广岛县 . 府中市”，只说“府中市”就能准确传达“广岛县 . 府中市”的意思（优点 2）。

package（包）

在 Scala 中，每个文件开头都有特定的 **package** 名（**package** 的声明），指定文件所属的命名空间，见清单 3.19。

清单3.19　**package**的声明

```
package hoge
class Fuga {···}
```

其他 **package** 成员（类和方法等），可以通过指定 **package** 名来引用，见清单 3.20。

清单3.20　其他**package**成员的引用

```
package hogehoge
val piyo = new hoge.Fuga
```

import语句

使用 **import** 语句，可以在不使用 **package** 名的情况下访问其他 **package** 成员，见清单 3.21。“_”表示 **package** 内的所有成员（通配符）。

清单3.21　使用**import**语句访问其他**package**成员

```
import hoge._
val fuga = new Fuga
```

作为Scala的DSL，Chisel是以**package**的形式提供的。所以，使用Chisel时，

要用 **import** 语句描述导入 **chisel3._**（这是一切的基础），以及定义基本成员的 **chisel3.util._**，见清单 3.22。

清单3.22 在使用Chisel时**import**语句需要导入的内容

```
import chisel3._
import chisel3.util._
```

由此，可以引用 **package chisel3** 中定义的 **when** 对象，见清单 3.23。

清单3.23 **when**的访问示例

```
// 导入的对象，可单独通过对象名引用
when

// 没有导入的对象，必须指定 [package 名 . 成员名]
chisel3.when
```

作为理解 Chisel 的基础，Scala 基本语法的讲解到此结束。

3.4 Chisel的基本语法

接下来介绍具体定义电路的 HDL——Chisel 的基本语法。

3.4.1 位值的基本类型

本书中出现的 Chisel 位值的基本类型有以下 3 种。

- **UInt**
- **SInt**
- **Bool**

整数型UInt/SInt对象

在 Chisel，**UInt** 对象声明无符号整数型信号，**SInt** 对象声明有符号整数型信号，见清单 3.24。

清单3.24 整数型变量的声明

```
// 声明 a,b 为 32 位宽的整数型变量。具体值未定。
val a = UInt(32.W) // 0 ~ 4,294,967,295
val b = SInt(32.W) // -2,147,483,648 ~ 2,147,483,647
```

UInt() 类似函数描述，不过是 **apply()** 方法的省略形式，下文出现的 Chisel 对象也基本是省略了 **apply()** 方法的描述。而且，参数以“自然数 .W”的形式指定位宽。**W** 是返回表示位宽的 **Width** 型的方法。

此外，变量声明不使用 **var**，而使用 **val**。Chisel 型定义的变量基本上表示某种电路，尽管信号值有变化，但电路本身是不变的，所以用 **val** 声明。例如，上述变量 **a**、**b** 可以理解为定义 32 条线。

为了定义含有具体值的变量，我们将 Scala 的 **Int** 型转换为 **UInt/SInt** 型，见清单 3.25。

清单3.25　Int型转换为UInt/SInt型

```
// 无符号整数信号
val b = 2.U(32.W) // 32 位宽
val c = 2.U // 自动推理位宽

// 有符号整数信号
val e = -2.S(32.W) // 32 位宽
val f = -2.S // 自动推理位宽
```

U() 是将 Scala **Int** 型转换为 Chisel **UInt** 型的方法。与 **UInt** 相同，用参数指定位宽。

Chisel 的编译器有位宽推理功能，无须指定。但本书从学习角度出发，为了便于读者具体理解 CPU 内的信号流，位宽基本上是指定的。

顺便一提，Scala **Int** 型转换为 Chisel **UInt**（**SInt**）型的方法有 **U()** 和 **asUInt()**［**S()** 和 **asSInt()**］两种，见清单 3.26。Chisel 官方文档中指出：推荐前者用于常数，后者用于变量。

清单3.26　U()和asUInt()

```
// 常数的 UInt 转换
val a = 2.U(32.W)

// 变量的 UInt 转换
val b = 2
val c = b.asUInt(32.W)
```

此外，对 Chisel 的整数型提取指定位址的数据，要使用位选择运算符：变量名（最高位，最低位），见清单 3.27。最低位设为 0。

清单3.27　位选择运算符

```
// 前缀为 b 的字符串表示的是二进制数，可以用 U() 方法转换为 UInt 型
val a = "b11000".U
val b = a(3,0) // "b1000".U
val c = a(4,2) // "b110".U
```

Bool型Bool对象

Bool 对象生成 **Bool** 型信号，表示 **true**、**false**，见清单 3.28。

清单3.28　Bool型

```
// 声明 Chisel 的 Bool 型信号。值未定。
val a = Bool()

// 将 Scala Boolean 型（true/false）转换为 Chisel Bool 型
val b = true.B
val c = false.B
```

Bool 型的转换方法与 **UInt** 型的一样，有 **B()** 和 **asBool()** 两种，建议前者用于常数，后者用于变量。顺便一提，**Bool** 类继承自 **UInt** 类，同样可以使用 **UInt** 型的各种方法，如接下来介绍的运算符。

3.4.2　运算符

Chisel 的基本运算符有以下 4 种。

- 四则运算符
- 比较运算符
- 逻辑运算符
- 移位运算符

四则运算符

Chisel 的四则运算符与其他编程语言使用相同的符号，见表 3.2。**UInt** 型和 **SInt** 型对操作数都有效，返回值与操作数是同一类型。

比较运算符

见表 3.3。**UInt** 型和 **SInt** 型对操作数都有效，返回值是 **Bool** 型的。

表 3.2　Chisel 的四则运算符

运算符	含　义
a + b	加
a - b	减
a * b	乘
a / b	除（商）
a % b	余

表 3.3　Chisel 的比较运算符

运算符	返回 true.B 的条件
a > b	a 大于 b
a >= b	a 大于等于 b
a < b	a 小于 b
a <= b	a 小于等于 b
a === b	a 等于 b
a =/= b	a 不等于 b

逻辑运算符

Chisel 的逻辑运算分为 **Bool** 型和位型两种。

当操作数 **a** 和 **b** 都是 **Bool** 型时，可以使用 **Bool** 型逻辑运算符，返回值也是 **Bool** 型，见表 3.4 和清单 3.29。

表 3.4　Bool 型的逻辑运算符

运算符	含　义
a && b	逻辑与（AND）
a || b	逻辑或（OR）
! a	逻辑非（NOT）

清单3.29　**Bool**型的逻辑运算符示例

```
true.B && false.B // false.B
true.B || false.B // true.B
!true.B           // false.B
```

而位逻辑运算符将操作数 **a**、**b** 相同位的逻辑运算结果输出到返回值的相同位，见表 3.5 和清单 3.30。返回值的类型与操作数相同。

表 3.5　位逻辑运算符

<table>
<tr><th>运算符</th><th>含　义</th></tr>
<tr><td>a & b</td><td>与（AND）</td></tr>
<tr><td>a | b</td><td>或（OR）</td></tr>
<tr><td>~ a</td><td>非（NOT）</td></tr>
<tr><td>a ^ b</td><td>异或（XOR）</td></tr>
</table>

清单3.30　位逻辑运算符示例

```
"b1010".U & "b1100".U = "b1000".U
"b1010".U | "b1100".U = "b1110".U
~"b1010".U            = "b0101".U
"b1010".U ^ "b1100".U = "b0110".U
```

移位运算符

移位运算是向右或向左移位的运算，见表 3.6。操作数 **a** 是 **UInt** 或 **SInt** 型，**b** 是 **UInt** 型，返回值是 **Bits** 型。**Bits** 型是 **UInt** 和 **SInt** 的父类，位操作的方法是在 **Bits** 型中定义的。本书范围内，**Bits** 仅作为移位运算的返回值出现，因此未列入前述基本类型中。

表 3.6　移位运算符

运算符	含　义
a << b	逻辑左移
a >> b	逻辑右移

对于右移运算，左边为 **UInt** 型就是逻辑右移，左边为 **SInt** 型就是算术右移。例如，4 位宽的“1011”的移位运算如图 3.5 所示。

移位运算会导致溢出位丢失。对于逻辑移位，所有空位都会用 0 补齐。而对于算术右移，正负保持不变，左侧的空位将用操作数的最高位补齐。具体来说，正整数的最高位是 0，始终用 0 补齐；而负整数最高位是 1，始终用 1 补齐。

每改变一位，十进制数的值会变成 10 倍或 1/10，而二进制数的值会变成 2 倍或 1/2。也就是说，通过移动 N 位，左移运算通过会使原数变为 2^N 倍，见表 3.7；右移运算会使原数变为 2^{-N} 倍，见表 3.8。尽管所有运算是共用的，但如果发生溢位（overflow），就无法得到预期的结果。

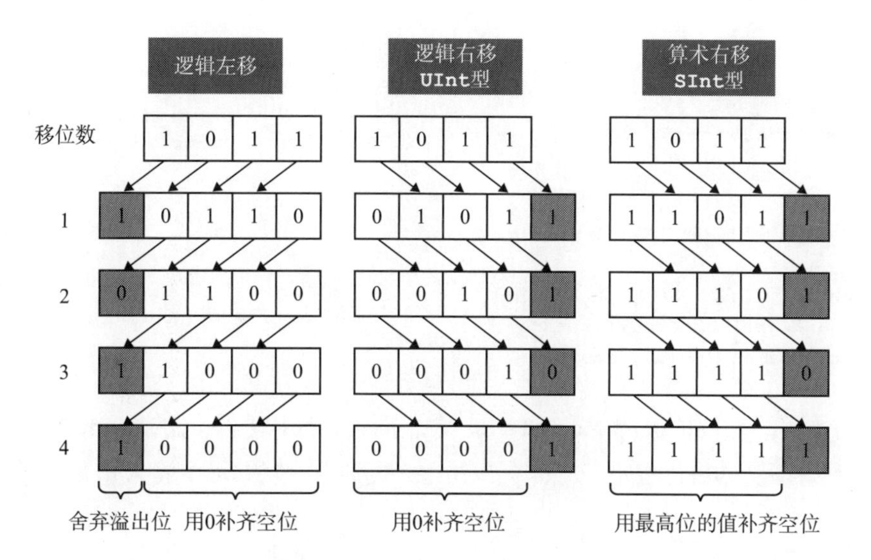

图 3.5　“1010”的移位运算

表 3.7　逻辑左移

移位数	位　列	十进制数
0	0001	1
1	0010	2
2	0100	4
3	1000	8
4	0000	0

表 3.8　逻辑右移

移位数	位　列	十进制数
0	1000	8
1	0100	4
2	0010	2
3	0001	1
4	0000	0

顺便一提，算术左移在定义上与逻辑左移是一样的。

3.4.3　Module类

定义电路的类均继承自 **Module** 类。继承 **Module** 类的类，在 Scala 中实例化，并进行 Chisel 硬件化，见清单 3.31。

清单3.31 Module类

```
// 定义电路的 Sample 类的声明
class Sample extends Module {···}

// 在 Scala 中实例化
val instance = new Sample()

// Chisel 硬件化← Module 对象的 apply 方法
val hardware1 = Module(instance)
val hardware2 = Module(instance)
```

要注意的是，继承源 **Module** 是类，而 Chisel 硬件化的 **Module** 是对象。将 Chisel 编译为 Verilog 时，只有“Chisel 硬件”被提取并放入电路。

3.4.4 IO对象

在 **Module** 类中，必须为 **val io** 定义 **IO** 对象，见清单 3.32。

清单3.32 io的声明示例

```
val io = IO(new Bundle {
  val input = Input(UInt(32.W))
  val output = Output(UInt(32.W))
})
```

下面依次讲解上述代码中新出现的语法。

Input/Output对象

Input 对象定义输入信号，**Output** 对象定义输出信号。它们分别用参数定义信号类型，本例为 32 位宽 **UInt** 型。

Bundle类

Bundle 类将不同信号捆绑在一起。了解 C 语言的读者可以将其理解为结构体（struct）。本例生成了一个将 **Input** 和 **Output** 捆绑在一起的 **Bundle** 实例。

IO对象

IO 对象定义 I/O 端口，将 **Bundle** 实例作为参数传递。

clock/reset信号

在 **Module** 继承类的 **IO** 中，默认定义了 **clock** 信号和 **reset** 信号，信号之间是自动互连的。因此，在本书实现范围内无须关注 **clock/reset** 信号。

例如，将上述含 **io** 的 **Module** 编译为 **Verilog**，见清单 3.33。

清单3.33　**Module IO**的Verilog示例

```
module Sample (
  input clock,
  input reset,
  input [31:0] io_in,
  output [31:0] io_out
);
endmodule
```

由此可见，尽管未在 **io** 中指定 **clock** 和 **reset**，但 Verilog 中还是生成了 **clock** 和 **reset** 的输入信号。

3.4.5　Flipped对象

Flipped 对象使参数的 **Bundle** 实例输入输出翻转。输入端口和输出端口是对应的，I/O 既是接收方也是发送方，这就需要翻转端口。如果连接了多个端口，就可以应用 **Flipped** 对象批量生成翻转端口，见清单 3.34，其过程示意如图 3.6 所示。

清单3.34　**Flipped**对象的应用示例

```
// 仅提取 IO 定义的类 IoX 和 IoY 的定义
class IoX extends Bundle {
  val a = Output(UInt(32.W))
  val b = Output(UInt(32.W))
}

class IoY extends Bundle {
  val c = Output(UInt(32.W))
  val d = Output(UInt(32.W))
}

// 两个发送方 SenderA 和 SenderB 的定义
class SenderA extends Module {
  val io = IO(new Bundle {
    val x = new IoX()
```

```
  })
}

class SenderB extends Module {
  val io = IO(new Bundle {
    val y = new IoY()
  })
}

// 接收 SenderA 和 SenderB 发来的信号的 Receiver 类的定义
class Receiver extends Module {
  val io = IO(new Bundle {
    val x = Flipped(new IoX())
    val y = Flipped(new IoY())
  })
}
```

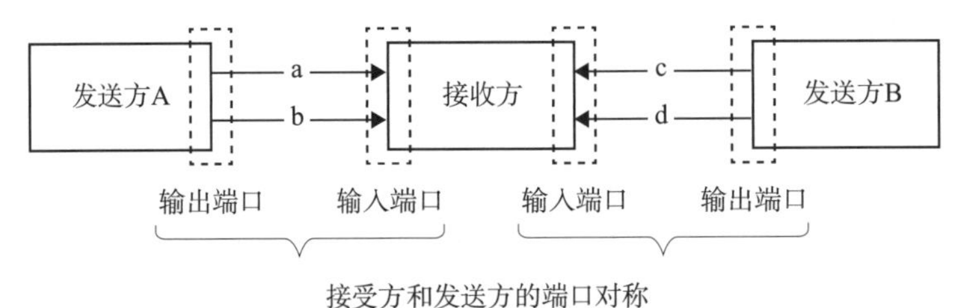

图 3.6　接收方和发送方的对称示意图

3.4.6　信号连接

:= 从右向左连接信号。如果 **Flipped** 对象中的 **IO** 是相互对称的，则左右端口可以用 **<>** 批量连接，见清单 3.35。

清单3.35　信号连接

```
Class Top extends Module {
  val io       = IO(···)
  val senderA  = Module(new SenderA())
  val senderB  = Module(new SenderB())
  val receiver = Module(new Receiver())

  // 单信号连接
  receiver.io.x.a := senderA.io.x.a
  receiver.io.x.b := senderA.io.x.b
  receiver.io.y.c := senderB.io.y.c
  receiver.io.y.d := senderB.io.y.d
```

```
  // 多信号批量连接
  senderA.io <> receiver.io
  senderB.io <> receiver.io
}
```

3.4.7 组合逻辑电路：Wire/WireDefault

有限状态机 CPU 由组合逻辑电路和时序逻辑电路组成。描述组合逻辑电路的 Chisel 硬件用 **Wire/WireDefault** 对象定义，见清单 3.36。

清单3.36 Wire/WireDefault对象

```
val a = Wire(UInt(32.W)) // 32 位宽的配线
val b = WireDefault(0.U(32.W)) // 0.U 从头开始连接
```

在连接目标尚未确定的情况下，要事先确保 Chisel 硬件，可以使用 **Wire** 对象，见清单 3.37。

清单3.37 事先确保硬件的Wire声明示例

```
val a = Wire(UInt(32.W)) // 事先确保硬件。a 的连接目标尚未确定
...
a := ··· // a 的连接目标在这里确定
```

3.4.8 时序逻辑电路：RegInit

时序逻辑电路（寄存器）用 **RegInit** 对象描述，初始值由参数设定，见清单 3.38 和清单 3.39。

清单3.38 RegInit对象

```
val reg = RegInit(0.U(32.W))//32 位宽，初始值为 0.U 的寄存器
```

清单3.39 寄存器的更新示例

```
reg := 1.U(32.W) // 寄存器值在下一个时钟上升沿更新为 1
reg := reg + 1.U(32.W)// reg 的值在每个时钟上升沿递增 1
```

定义时序逻辑电路的对象还有无初始值的 **Reg**，以及将直接其他信号作为参数的 **RegNext**，本书不涉及相关内容，故省略说明。

I
II
III
IV
V
附录

3.4.9 用Mem定义寄存器文件

RegInit 定义的是单个寄存器，而 RISC-V 32 位 CPU 需要实现 32 个 32 位宽寄存器。寄存器文件可以解释为 32 个寄存器的数组，用 **Mem** 对象生成，见清单 3.40。

清单3.40 用**Mem**定义寄存器

```
val regfile = Mem(32, UInt(32.W)) //32 个 32 位宽的 UInt 型寄存器
```

数据的读取，要在 **Mem** 实例的参数中指定寄存器编号，见清单 3.41。

清单3.41 数据的读取

```
// 读取 1 号寄存器的数据
val read_data = regfile(1.U)
```

而数据的写入，是将写入数据连接到在参数中指定寄存器编号的 **Mem** 实例，见清单 3.42。

清单3.42 存储器的写入

```
// 向 1 号寄存器写入数据
regfile(1.U) := < 写入数据 >
```

在本书中，除了寄存器，计算机所需的最小主存也由 **Mem** 对象定义，见清单 3.43。

清单3.43 用**Mem**定义存储器

```
val mem = Mem(16384, UInt(8.W))
```

这定义的是每个地址 8 位、地址编号 0 ~ 16383 的存储器。此外，还可以用 **loadMemoryFromFile** 对象将程序数据保存在 **Mem** 型存储器中，见清单 3.44。

清单3.44 **loadMemoryFromFile**对象

```
import chisel3.util.experimental.loadMemoryFromFile // 需要导入相应的包
loadMemoryFromFile(mem, "mem.hex") // 文件为 hex（十六进制）格式
```

3.4.10 控制电路

下面介绍根据条件进行电路分支的控制电路描述方法。

BitPat对象

先看经常用作条件表达式的 **BitPat** 对象。**BitPat** 对象表现为位模式（bit pattern），以前缀为 **b** 的字符串作为参数。在位模式中，未指定值的位用“?”表示，称为无关位。

BitPat 对象定义了与 **UInt** 型的比较方法，见清单 3.45。

清单3.45　BitPat对象

```
// 不使用 ? 的位模式
"b10101".U === BitPat("b10101") // true.B
"b10101".U === BitPat("b10100") // false.B

// 使用 ? 的位模式
"b10101".U === BitPat("b101??") // true.B
"b10111".U === BitPat("b101??") // true.B
"b10001".U === BitPat("b101??") // false.B
```

在本书中，**BitPat** 用于定义指令位列，见清单 3.46。

清单3.46　ADD指令的BitPat定义

```
val ADD = BitPat("b0000000??????????000?????0110011")
```

利用变量 **ADD**，“ADD 指令时”的条件[①] 可以用 **===** 比较方法描述，见清单 3.47。

清单3.47　ADD指令的识别

```
val inst = ··· // 指令列的定义
inst === ADD // ADD 指令时 true.B②
```

when对象

when 对象执行条件分支，相当于其他编程语言中的 **if** 语句，见清单 3.48。

清单3.48　when对象

```
when(条件A){
  // 条件A为true时的处理
}.elsewhen(条件B) {
```

① 译码出指令集对应的加法指令。

② **true.B**指的是**BitPat()**中的内容判断其成立。

```
  // 条件 A 为 false 且条件 B 为 true 时的处理
}.otherwise {
  // 条件 A 和 B 都为 false 时的处理
}
```

对于 **when** 和 **.elsewhen**，先描述的条件表达式会被优先处理。例如，条件 A 和 B 都为 **true.B** 时，应用条件 A 的表达式。

switch对象

switch 对象根据特定信号的值进行分支处理，相当于其他编程语言中的 **case** 语句，见清单 3.49。

清单3.49　**switch**对象

```
switch(信号 X) {
  is(A) {
    // X === A 时的处理
  }

  is(B) {
    // X =/= A 且 X === B 时的处理
  }
  ...
}
```

与 **when** 对象一样，先描述的条件表达式会被优先处理。

Mux对象

Mux 对象生成根据控制信号选择两个输入信号中的一个并输出其值的电路。这种选择电路被称为多路复用器（multiplexer）。

具体代码见清单 3.50。如果信号 **in** 是 **true.B**，则返回 **out1**；如果是 **false.B**，则返回 **out2**。

清单3.50　**Mux**对象

```
val mux = Mux(in, out1, out2)
```

MuxCase对象

MuxCase 对象生成具有多个条件和输出模式的多路复用器，见清单 3.51。

清单3.51　**MuxCase**对象

```
val a = MuxCase(默认值, Seq(
  条件A -> 条件A为true时要连接的信号,
  条件B -> 条件B为true时要连接的信号,
  ...
))
```

MuxCase 将“不满足任何条件”时输出的默认值作为第 1 个参数，将描述条件模式的 **Seq** 作为第 2 个参数。

此外，**Seq** 内的 **->** 创建元组。元组是 Scala 的一种数据结构，可以存放不同类型的数据，通常在括号中用逗号分隔描述（见清单 3.52），如 **(1,"Taro",60)**。但对于这样的条件和结果的二值关系，从可读性的角度来看，元组可用 **->** 描述。

清单3.52　以逗号分隔的元组描述的**MuxCase**对象

```
val a = MuxCase(默认值, Seq(
(条件A, 条件A为true时要连接的信号),
(条件B, 条件B为true时要连接的信号),
...
))
```

顺便一提，**Mux** 可以用“默认值 + 一个条件模式的 **MuxCase**”代替。

ListLookup对象

ListLookup 对象在指令译码中十分常用。**ListLookup** 对象通过 **ListLookup(addr:UInt, default:List, mapping:Array[(BitPat, List)])**，返回与 **addr** 匹配的 **BitPat** 对应的 **List**。没有匹配的 **BitPat** 时，返回 **default**。

例如，**ADD** 指令和 **ADDI** 指令分别返回译码信号 **csignals** 的代码见清单 3.53（暂且忽略 **ADD** 指令和 **ADDI** 指令的含义）。

清单3.53　**ListLookup**对象

```
val ADD  = BitPat("b0000000??????????000?????0110011")
val ADDI = BitPat("b?????????????????000?????0010011")
val csignals = ListLookup(inst, List(ALU_X, OP1_RS1, OP2_RS2),
  Array(
    ADD  -> List(ALU_ADD, OP1_RS1, OP2_RS2),
```

```
    ADDI -> List(ALU_ADD, OP1_RS1, OP2_IMI),
  )
)
```

其中，大写字母的变量 **ALU_X** 和 **OP1_RS1** 等是预定义的常量。上述代码在 **inst** 为 ADD 时返回 **List(ALU_ADD, OP1_RS1, OP2_RS2)**。

此外，**Array** 和 **List** 是 Scala 集合的一部分。只要知道 **ListLookup** 被定义为使用 **Array** 和 **List** 即可。具体来说，**Seq** 默认是一个带索引的 **immutable** 数组，**Array** 是一个带索引的 **mutable** 数组，**List** 是每个元素都包含对其下一个元素的引用的单向列表。所以，**Array** 和 **Seq** 擅长随机访问，而 **List** 擅长增加和删除头元素，但不适合随机访问。

为了让译码后的信号 **csignals** 更容易操作，将各元素存放在单独的变量中，见清单 3.54。

清单3.54　将List的各元素存放在单独的变量中

```
val exe_fun :: op1_sel :: op2_sel :: Nil = csignals
```

这样就可以把 **exe_fun** 作为第 1 个元素代入 **cisignals**，**op1_sel** 作为第 2 个元素代入，**op2_sel** 作为第 3 个元素代入。这种奇妙的描述以 Scala 的 **List** 相关语法（方法）为基础。

首先，空 **List** 可以用 **Nil** 描述。其中，“**::**”被定义为在 **List** 的开头添加元素的方法，见清单 3.55。

清单3.55　List定义

```
// 在空 List(Nil) 的开头添加 A,B,C 元素
A :: B :: C :: Nil // List(A,B,C)
```

也就是说，**val exe_fun :: op1_sel :: op2_sel :: Nil = csignals** 可以用 **val List(exe_fun, op1_sel, op2_sel) = csignals** 代替。

这样就可以用一行代码将 **csignals** 的各元素分别代入变量。

3.4.11　位操作

下面来看直接修改位的对象方法。位操作出现在指令译码时。

Cat对象

将两个位列连成一个连续位列的操作被称为“位连接”。在Chisel中用**Cat**对象表示位连接。

具体来说，**Cat(Chisel** 硬件 **,Chisel** 硬件 **)** 或 **Cat(Seq(Chisel** 硬件 **,Chisel** 硬件 **))** 将会连接两个Chisel硬件元素的位列作为 **UInt** 型返回，见清单3.56。

清单3.56 Cat对象

```
Cat("b101".U, "b11".U) // "b10111".U
Cat(Seq("b101".U, "b11".U)) // "b10111".U
```

Fill对象

见清单3.57，**Fill** 对象“以 **Fill(** 重复次数 **:Int,** 重复元素 **:UInt)**”返回重复特定元素的 **UInt** 型。

清单3.57 Fill对象

```
Fill(3, 1.U) // 111.U
```

3.4.12 用printf调试

最后介绍测试Chisel时可以输出调试信息的 **printf** 对象，见清单3.58。

清单3.58 printf对象

```
printf("hello\n")
printf(p"inst : $inst\n)
printf(p"hex : 0x${Hexadecimal(inst)}\n")
```

测试方法可以参考第6章“用ChiselTest进行取指令测试”，对实现的Chisel电路注入时钟信号，使其一次运行一个循环，见清单3.59。届时，在Chisel中嵌入 **printf** 对象，就可以在每个循环中输出各信号的值。

清单3.59 测试结果示例

```
# 第 1 个循环（假设 inst=1）
hello inst : 1
hex : 0x1

# 第 2 个循环（假设 inst=15）
```

```
hello
inst : 15
hex : 0xf
  ...
```

printf 对象将字符串作为参数，并按原样输出。在参数中插入变量时，变量名之前要加 **$**，字符串要加前缀 **p**。

要用十六进制数而不是十进制数描述变量时，可以用 **Hexadecimal**① 进行转换。**Hexadecimal** 是名为 **case class** 的特殊类。**case class** 默认定义了工厂方法 **apply()**，所以 **Hexadecimal** 类可以在没有 **new** 关键字的情况下实例化，见清单 3.60。

清单3.60　**case class**示例

```
# 将 case 关键字添加到类声明的开头
scala> case class Hexadecimal(bits: Bits)
defined class Hexadecimal

# 没有 new 关键字也可以实例化
scala> val hex = Hexadecimal("b1010".U)
hex: Hexadecimal = Hexadecimal(UInt<4>(10))
```

在字符串内嵌入表达式时，要用 **{}** 括起来，**Hexadecimal** 也是如此。

① **Hexadecimal**：十六进制，此处为类名。

第 II 部分

简单的 CPU 实现

第4章 环境架构

进行 CPU 的 HDL 设计之前，首先要下载所需的文件，并进行环境架构的搭建。

4.1 下载chisel-template

为了方便使用 Chisel，本书推荐使用模板 chisel-template。下载方法如图 4.1 所示（这里基于 Linux 指令讲解）。

```
$ mkdir ~/mycpu
# 创建任意作业目录

$ cd ~/mycpu
$ git clone https://github.com/freechipsproject/chisel-template
$ cd chisel-template
$ git checkout 9470340325e049b6c67563a350c8986d09445174
# 写作本书时的最新 commit id

# 删除不必要的文件
$ rm -rf .git
$ rm -rf src/main/scala/* src/test/scala/*
```

图 4.1　下载 chisel-template

在 chisel-template 中，主要使用以下两个目录。

· src/main/scala/：配置描述 CPU 本体的文件

· src/main/test/：配置动作测试文件

4.2 用Docker架构运行环境

由于读者所用操作系统各不相同，本书使用 Docker 来消除环境差异。Docker 是一种构建容器型虚拟环境的工具。利用“将环境架构步骤代码化”的文件（Dockerfile），任何人都可以架构相同的环境。

4.2.1 安装Docker

从 Docker 的官方网站下载所用操作系统对应的文件（支持 Mac、Windows、Linux）。安装后输入图 4.2 所示的命令，若能显示版本信息，则说明安装成功。

```
$ docker version
Client: Docker Engine - Community
Cloud integration: 1.0.7
Version: 20.10.2
...
```

图 4.2　Docker 版本确认

4.2.2 创建Dockerfile

本书实现所用环境代码化的 Dockerfile 见清单 4.1，注释部分有说明。为保正常运行，撰写本书时笔者用了最新的 **commit id**。

清单4.1　~/mycpu/dockerfile

```
# 指定基础镜像
FROM ubuntu:18.04

# 定义环境变量
ENV RISCV=/opt/riscv
ENV PATH=$RISCV/bin:$PATH
ENV MAKEFLAGS=-j4
# 隐式定义 make 命令的选项。make 时使用 "-j4" 并行处理 4 项作业，从而缩短 make 时间

# 指定 RUN 命令的执行目录
WORKDIR $RISCV

# 安装基本工具
RUN apt update && \
```

```
  apt install -y autoconf automake autotools-dev curl libmpc-dev \
  libmpfr-dev libgmp-dev gawk build-essential bison flex texinfo \
  gperf libtool patchutils bc zlib1g-dev libexpat-dev pkg-config \
  git libusb-1.0-0-dev device-tree-compiler default-jdk g nupg vim

# riscv-gnu-toolchain（向量扩展指令对应版本）的架构
RUN git clone -b rvv-0.9.x \
  --single-branch https://github.com/riscv/riscv-gnu-tool chain.git && \
  cd riscv-gnu-toolchain && \
  git checkout 5842fde8ee5bb3371643b60ed34906eff7a5fa31 && \
  git submodule update --init --recursive
RUN cd riscv-gnu-toolchain && mkdir build && cd build && \
  ../configure --prefix=${R ISCV} --enable-multilib && make

# 下载 riscv-tests
RUN git clone -b master \
  --single-branch https://github.com/riscv/riscv-tests && \
  cd riscv-tests && \
  git checkout c4217d88bce9f805a81f42e86ff56ed363931d69 && \
  git submodule update --init --recursive

# 安装 sbt
RUN echo "deb https://repo.scala-sbt.org/scalasbt/debian all main" | \
  tee -a /etc/ apt/sources.list.d/sbt.list && \
  echo "deb https://repo.scala-sbt.org/scalasbt/debian /" | \
  tee /etc/apt/sources. list.d/sbt_old.list && \
  curl -sL "https://keyserver.ubuntu.com/pks/lookup? \
  op=get&search=0x2EE0EA64E40A89B84B2DF73499E82A75642AC823" | \
  apt-key add && \
  apt-get update && \
  apt-get install -y sbt
```

riscv-gnu-toolchain 是 RISC-V 专用的编译器，用于 C 程序的编译。

riscv-tests 是 RISC-V 各指令动作测试用的程序文件群，用于测试已实现的 CPU。

sbt 是 Scala 用的架构工具，用于运行 Scala 程序。

4.2.3　创建镜像

使用上述 Dockerfile，创建只读环境数据“镜像”[①]，如图 4.3 和图 4.4 所示。

```
$ cd ~ /mycpu
$ docker build . -t riscv/mycpu # 某些环境需要 2 小时以上
```

图 4.3　创建 Docker 镜像

```
$ docker images
REPOSITORY   TAG     IMAGE    ID CREATED       SIZE
riscv/mycpu  latest  XXXXXXX  xx minutes ago  XxGB
```

图 4.4　创建镜像的确认

4.2.4　创建容器

容器是基于镜像创建的可读写虚拟环境。由一个镜像可以创建多个容器。这里启动一个基于 **riscv/mycpu** 镜像的可读写容器，如图 4.5 所示。

```
$ docker run -it -v ~ /mycpu:/src riscv/mycpu
```

图 4.5　启动一个基于 **riscv/mycpu** 镜像的可读写容器

docker run 命令的选项见表 4.1。

表 4.1　**docker run** 命令的选项

选　项	内　容
-i	可以用 **shell** 交互执行容器内的操作
-t	向主机输出容器的标准输出
-it	-i -t 的省略形式
-v	与容器共享主机内目录。这里将主机的 -/mycpu 挂载到容器的 /src 目录下

本书将在该容器上运行源代码。

4.3　指令位列和常量文件

除了环境架构，本章还将介绍后续出现的常量信息。

① 如果本书出版后的文件情况变化导致Dockerfile失效，可从笔者的Docker Hub直接下载镜像（docker pull yutaronishiyama/riscv-chisel-book:latest）。

本书中使用的常量文件以 **package common** 的形式保存在 chisel-template/src/main/ scala/common/ 中。

虽然它们每次出现时本书都会加以说明，但由于篇幅有限，本书可能会省略前后的代码，在此给出所有代码（文件内容也可以参考本书源代码文件）。

4.3.1 Instructions.scala

Instructions.scala 用 **BitPat** 对象定义了各指令的位列，见清单 4.2。**Instructions** 类中定义的所有成员均为固定值，只需要生成一个实例，因此使用单例对象。

清单4.2 chisel-template/src/main/scala/common/Instructions.scala

```
package common

import chisel3._
import chisel3.util._

object Instructions {
  // 加载 / 存储
  val LW        = BitPat("b?????????????????010?????0000011")
  val SW        = BitPat("b?????????????????010?????0100011")

  // 加法
  val ADD       = BitPat("b0000000??????????000?????0110011")
  val ADDI      = BitPat("b?????????????????000?????0010011")

  // 减法
  val SUB       = BitPat("b0100000??????????000?????0110011")

  // 逻辑运算
  val AND       = BitPat("b0000000??????????111?????0110011")
  val OR        = BitPat("b0000000??????????110?????0110011")
  val XOR       = BitPat("b0000000??????????100?????0110011")
  val ANDI      = BitPat("b?????????????????111?????0010011")
  val ORI       = BitPat("b?????????????????110?????0010011")
  val XORI      = BitPat("b?????????????????100?????0010011")

  // 移位
  val SLL       = BitPat("b0000000??????????001?????0110011")
  val SRL       = BitPat("b0000000??????????101?????0110011")
  val SRA       = BitPat("b0100000??????????101?????0110011")
```

```
  val SLLI     = BitPat("b0000000??????????001?????0010011")
  val SRLI     = BitPat("b0000000??????????101?????0010011")
  val SRAI     = BitPat("b0100000??????????101?????0010011")

  // 比较
  val SLT      = BitPat("b0000000??????????010?????0110011")
  val SLTU     = BitPat("b0000000??????????011?????0110011")
  val SLTI     = BitPat("b?????????????????010?????0010011")
  val SLTIU    = BitPat("b?????????????????011?????0010011")

  // 条件分支
  val BEQ      = BitPat("b?????????????????000?????1100011")
  val BNE      = BitPat("b?????????????????001?????1100011")
  val BLT      = BitPat("b?????????????????100?????1100011")
  val BGE      = BitPat("b?????????????????101?????1100011")
  val BLTU     = BitPat("b?????????????????110?????1100011")
  val BGEU     = BitPat("b?????????????????111?????1100011")

  // 跳转
  val JAL      = BitPat("b?????????????????????????1101111")
  val JALR     = BitPat("b?????????????????000?????1100111")

  // 立即数加载
  val LUI      = BitPat("b?????????????????????????0110111")
  val AUIPC    = BitPat("b?????????????????????????0010111")

  // CSR
  val CSRRW    = BitPat("b?????????????????001?????1110011")
  val CSRRWI   = BitPat("b?????????????????101?????1110011")
  val CSRRS    = BitPat("b?????????????????010?????1110011")
  val CSRRSI   = BitPat("b?????????????????110?????1110011")
  val CSRRC    = BitPat("b?????????????????011?????1110011")
  val CSRRCI   = BitPat("b?????????????????111?????1110011")

  // 异常
  val ECALL    = BitPat("b00000000000000000000000001110011")

  // 向量
  val VSETVLI  = BitPat("b?????????????????111?????1010111")
  val VLE      = BitPat("b000000100000?????????????0000111")
  val VSE      = BitPat("b000000100000?????????????0100111")
  val VADDVV   = BitPat("b0000001??????????000?????1010111")

  // 自定义
  val PCNT     = BitPat("b000000000000?????110?????0001011")
}
```

在 Instructions.scala 中定义的指令是本书要实现的内容。当然，也有许多未出现的指令。因此，让我们重新审视 RISC-V 中定义了哪些指令。

RISC-V 将指令集按功能模块化了，见表 4.2。

表 4.2 RISC-V 的指令集示例

名 称	含 义
I	基本整数指令
E	嵌入式系统用基本整数指令
M	整数乘除指令
A	原子指令
F	单精度浮点数指令
D	双精度浮点数指令
C	压缩指令
V	向量指令
Zicsr	CSR 指令

图 2.4 中出现的指令格式是按指令位配置的格式分类的，而表 4.2 是按功能分类的。例如，**R** 格式的 **ADD** 指令和 **I** 格式的 **ADDI** 指令都属于基本整数指令集 **I**。现阶段不需要理解这些模块的含义，但要了解各种功能是以模块形式提供的。

ISA（指令集）按开发方式可分为模块型和增量型两种。

增量型保持向后二进制兼容性，新版本包含过去的重要内容。传统的 ISA 属于这一类型。

而模块型将 ISA 按功能分割，用户可以根据需要选择任意功能进行集成。RISC-V 采用的是模块型 ISA。

两种方式的区别在于“是否实现不必要的功能”。增量型必须实现架构的所有功能，包括不必要的功能；而模块型不需要实现 ISA 未选择的功能。因此，RISC-V 采用模块型更容易减小电路规模，实现低功耗、低成本的硬件。

本书要实现 RISC-V 的基本整数指令 **I**、部分向量扩展指令 **V**，以及管理控制和状态寄存器的 **CSR** 扩展指令 **Zicsr**。本书的重点并非 RISC-V 的具体规范，而是 CPU 的内部处理概要，因此仅讲解执行 **riscv-tests** 这种测试程序及简单的 C 程序所需的必要指令。

4.3.2 Consts.scala

其他常量在 Consts.scala 定义，见清单 4.3。与 **Instructions** 类似，**Consts** 也是一个单一的对象。本书会在每个常量首次出现时会加以说明，当前不需要深究其含义。

清单4.3 chisel-template/src/main/scala/common/Consts.scala

```
package common

import chisel3._
import chisel3.util._

object Consts {
  val WORD_LEN       = 32
  val START_ADDR     = 0.U(WORD_LEN.W)
  val BUBBLE         = 0x00000013.U(WORD_LEN.W) // [ADDI x0,x0,0] = BUBBLE
  val UNIMP          = 0xc0001073L.U(WORD_LEN.W) // [CSRRW x0, cycle, x0]
  val ADDR_LEN       = 5 // rs1,rs2,wb
  val CSR_ADDR_LEN   = 12
  val VLEN           = 128
  val LMUL_LEN       = 2
  val SEW_LEN        = 11
  val VL_ADDR        = 0xC20
  val VTYPE_ADDR     = 0xC21

  val EXE_FUN_LEN    = 5
  val ALU_X          = 0.U(EXE_FUN_LEN.W)
  val ALU_ADD        = 1.U(EXE_FUN_LEN.W)
  val ALU_SUB        = 2.U(EXE_FUN_LEN.W)
  val ALU_AND        = 3.U(EXE_FUN_LEN.W)
  val ALU_OR         = 4.U(EXE_FUN_LEN.W)
  val ALU_XOR        = 5.U(EXE_FUN_LEN.W)
  val ALU_SLL        = 6.U(EXE_FUN_LEN.W)
  val ALU_SRL        = 7.U(EXE_FUN_LEN.W)
  val ALU_SRA        = 8.U(EXE_FUN_LEN.W)
  val ALU_SLT        = 9.U(EXE_FUN_LEN.W)
  val ALU_SLTU       = 10.U(EXE_FUN_LEN.W)
  val BR_BEQ         = 11.U(EXE_FUN_LEN.W)
  val BR_BNE         = 12.U(EXE_FUN_LEN.W)
  val BR_BLT         = 13.U(EXE_FUN_LEN.W)
  val BR_BGE         = 14.U(EXE_FUN_LEN.W)
  val BR_BLTU        = 15.U(EXE_FUN_LEN.W)
  val BR_BGEU        = 16.U(EXE_FUN_LEN.W)
  val ALU_JALR       = 17.U(EXE_FUN_LEN.W)
```

```
val ALU_COPY1      = 18.U(EXE_FUN_LEN.W)
val ALU_VADDVV     = 19.U(EXE_FUN_LEN.W)
val VSET           = 20.U(EXE_FUN_LEN.W)
val ALU_PCNT       = 21.U(EXE_FUN_LEN.W)

val OP1_LEN        = 2
val OP1_RS1        = 0.U(OP1_LEN.W)
val OP1_PC         = 1.U(OP1_LEN.W)
val OP1_X          = 2.U(OP1_LEN.W)
val OP1_IMZ        = 3.U(OP1_LEN.W)

val OP2_LEN        = 3
val OP2_X          = 0.U(OP2_LEN.W)
val OP2_RS2        = 1.U(OP2_LEN.W)
val OP2_IMI        = 2.U(OP2_LEN.W)
val OP2_IMS        = 3.U(OP2_LEN.W)
val OP2_IMJ        = 4.U(OP2_LEN.W)
val OP2_IMU        = 5.U(OP2_LEN.W)

val MEN_LEN        = 2
val MEN_X          = 0.U(MEN_LEN.W)
val MEN_S          = 1.U(MEN_LEN.W)
val MEN_V          = 2.U(MEN_LEN.W)

val REN_LEN        = 2
val REN_X          = 0.U(REN_LEN.W)
val REN_S          = 1.U(REN_LEN.W)
val REN_V          = 2.U(REN_LEN.W)

val WB_SEL_LEN     = 3
val WB_X           = 0.U(WB_SEL_LEN.W)
val WB_ALU         = 0.U(WB_SEL_LEN.W)
val WB_MEM         = 1.U(WB_SEL_LEN.W)
val WB_PC          = 2.U(WB_SEL_LEN.W)
val WB_CSR         = 3.U(WB_SEL_LEN.W)
val WB_MEM_V       = 4.U(WB_SEL_LEN.W)
val WB_ALU_V       = 5.U(WB_SEL_LEN.W)
val WB_VL          = 6.U(WB_SEL_LEN.W)

val MW_LEN         = 3
val MW_X           = 0.U(MW_LEN.W)
val MW_W           = 1.U(MW_LEN.W)
val MW_H           = 2.U(MW_LEN.W)
val MW_B           = 3.U(MW_LEN.W)
val MW_HU          = 4.U(MW_LEN.W)
val MW_BU          = 5.U(MW_LEN.W)
```

```
    val CSR_LEN        = 3
    val CSR_X          = 0.U(CSR_LEN.W)
    val CSR_W          = 1.U(CSR_LEN.W)
    val CSR_S          = 2.U(CSR_LEN.W)
    val CSR_C          = 3.U(CSR_LEN.W)
    val CSR_E          = 4.U(CSR_LEN.W)
    val CSR_V          = 5.U(CSR_LEN.W)
}
```

在阅读本书过程中，若想了解每个常量的具体值，可参考上述文件。

4.4　第Ⅱ部分要实现的指令和Chisel完整代码

第Ⅱ部分要实现访存用的加载 / 存储指令、加减法和逻辑运算等基本运算指令、异常处理相关的 **CSR** 指令和 **ECALL** 指令，如图 4.6 所示。这些都是 CPU 的基础指令，也是运行测试代码 **riscv-tests** 和 C 程序的必要指令。

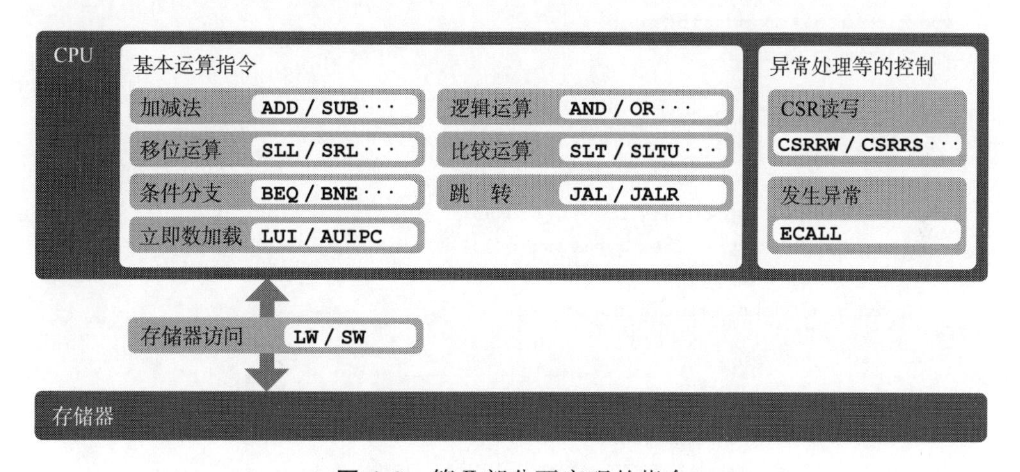

图 4.6　第Ⅱ部分要实现的指令

我们将在每章讲解 Chisel 代码，但受篇幅所限，出现过的代码会加以省略。在此提前给出已实现了基本指令的 Chisel 完整代码，见清单 4.4 ~ 清单 4.6。

清单4.4　chisel-template/src/main/scala/05_riscvtests/Top.scala

```
package riscvtests

import chisel3._
import chisel3.util._
```

```
import common.Consts._

class Top extends Module {
  val io = IO(new Bundle {
    val exit = Output(Bool())
    val gp = Output(UInt(WORD_LEN.W))
  })
  val core = Module(new Core())
  val memory = Module(new Memory())
  core.io.imem <> memory.io.imem
  core.io.dmem <> memory.io.dmem
  io.exit := core.io.exit
  io.gp := core.io.gp
}
```

清单4.5　chisel-template/src/main/scala/05_riscvtests/Core.scala

```
package riscvtests

import chisel3._
import chisel3.util._
import common.Instructions._
import common.Consts._

class Core extends Module {
  val io = IO(
    new Bundle {
      val imem = Flipped(new ImemPortIo())
      val dmem = Flipped(new DmemPortIo())
      val exit = Output(Bool())
      val gp = Output(UInt(WORD_LEN.W))
    }
  )

  val regfile = Mem(32, UInt(WORD_LEN.W))
  val csr_regfile = Mem(4096, UInt(WORD_LEN.W))

  //**********************************
  // IF 阶段

  val pc_reg = RegInit(START_ADDR)
  io.imem.addr := pc_reg
  val inst = io.imem.inst
  val pc_plus4 = pc_reg + 4.U(WORD_LEN.W)
  val br_target = Wire(UInt(WORD_LEN.W))
  val br_flg = Wire(Bool())
  val jmp_flg = (inst === JAL || inst === JALR)
```

```
val alu_out = Wire(UInt(WORD_LEN.W))

val pc_next = MuxCase(pc_plus4, Seq(
  br_flg -> br_target,
  jmp_flg -> alu_out,
  (inst === ECALL) -> csr_regfile(0x305) // go to trap_vector
))
pc_reg := pc_next

//************************************
// ID 阶段

val rs1_addr = inst(19, 15)
val rs2_addr = inst(24, 20)
val wb_addr = inst(11, 7)
val rs1_data = Mux((rs1_addr =/= 0.U(WORD_LEN.U)), regfile(rs1_addr),
  0.U(WORD_LEN.W))
val rs2_data = Mux((rs2_addr =/= 0.U(WORD_LEN.U)), regfile(rs2_addr),
  0.U(WORD_LEN.W))

val imm_i = inst(31, 20)
val imm_i_sext = Cat(Fill(20, imm_i(11)), imm_i)
val imm_s = Cat(inst(31, 25), inst(11, 7))
val imm_s_sext = Cat(Fill(20, imm_s(11)), imm_s)
val imm_b = Cat(inst(31), inst(7), inst(30, 25), inst(11, 8))
val imm_b_sext = Cat(Fill(19, imm_b(11)), imm_b, 0.U(1.U))
val imm_j = Cat(inst(31), inst(19, 12), inst(20), inst(30, 21))
val imm_j_sext = Cat(Fill(11, imm_j(19)), imm_j, 0.U(1.U))
val imm_u = inst(31,12)
val imm_u_shifted = Cat(imm_u, Fill(12, 0.U))
val imm_z = inst(19,15)
val imm_z_uext = Cat(Fill(27, 0.U), imm_z)

val csignals = ListLookup(
  inst, List(ALU_X, OP1_RS1, OP2_RS2, MEN_X, REN_X, WB_X, CSR_X),
  Array(
    LW -> List(ALU_ADD , OP1_RS1, OP2_IMI, MEN_X, REN_S, WB_MEM, CSR_X),
    SW -> List(ALU_ADD , OP1_RS1, OP2_IMS, MEN_S, REN_X, WB_X , CSR_X),
    ADD -> List(ALU_ADD , OP1_RS1, OP2_RS2, MEN_X, REN_S, WB_ALU, CSR_X),
    ADDI -> List(ALU_ADD , OP1_RS1, OP2_IMI, MEN_X, REN_S, WB_ALU, CSR_X),
    SUB -> List(ALU_SUB , OP1_RS1, OP2_RS2, MEN_X, REN_S, WB_ALU, CSR_X),
    AND -> List(ALU_AND , OP1_RS1, OP2_RS2, MEN_X, REN_S, WB_ALU, CSR_X),
    OR -> List(ALU_OR , OP1_RS1, OP2_RS2, MEN_X, REN_S, WB_ALU, CSR_X),
    XOR -> List(ALU_XOR , OP1_RS1, OP2_RS2, MEN_X, REN_S, WB_ALU, CSR_X),
    ANDI -> List(ALU_AND , OP1_RS1, OP2_IMI, MEN_X, REN_S, WB_ALU, CSR_X),
    ORI -> List(ALU_OR , OP1_RS1, OP2_IMI, MEN_X, REN_S, WB_ALU, CSR_X),
```

```
    XORI -> List(ALU_XOR , OP1_RS1, OP2_IMI, MEN_X, REN_S, WB_ALU, CSR_X),
    SLL -> List(ALU_SLL , OP1_RS1, OP2_RS2, MEN_X, REN_S, WB_ALU, CSR_X),
    SRL -> List(ALU_SRL , OP1_RS1, OP2_RS2, MEN_X, REN_S, WB_ALU, CSR_X),
    SRA -> List(ALU_SRA , OP1_RS1, OP2_RS2, MEN_X, REN_S, WB_ALU, CSR_X),
    SLLI -> List(ALU_SLL , OP1_RS1, OP2_IMI, MEN_X, REN_S, WB_ALU, CSR_X),
    SRLI -> List(ALU_SRL , OP1_RS1, OP2_IMI, MEN_X, REN_S, WB_ALU, CSR_X),
    SRAI -> List(ALU_SRA , OP1_RS1, OP2_IMI, MEN_X, REN_S, WB_ALU, CSR_X),
    SLT -> List(ALU_SLT , OP1_RS1, OP2_RS2, MEN_X, REN_S, WB_ALU, CSR_X),
    SLTU -> List(ALU_SLTU , OP1_RS1, OP2_RS2, MEN_X, REN_S, WB_ALU, CSR_X),
    SLTI -> List(ALU_SLT , OP1_RS1, OP2_IMI, MEN_X, REN_S, WB_ALU, CSR_X),
    SLTIU -> List(ALU_SLTU , OP1_RS1, OP2_IMI, MEN_X, REN_S, WB_ALU, CSR_X),
    BEQ -> List(BR_BEQ , OP1_RS1, OP2_RS2, MEN_X, REN_X, WB_X , CSR_X),
    BNE -> List(BR_BNE , OP1_RS1, OP2_RS2, MEN_X, REN_X, WB_X , CSR_X),
    BGE -> List(BR_BGE , OP1_RS1, OP2_RS2, MEN_X, REN_X, WB_X , CSR_X),
    BGEU -> List(BR_BGEU , OP1_RS1, OP2_RS2, MEN_X, REN_X, WB_X , CSR_X),
    BLT -> List(BR_BLT , OP1_RS1, OP2_RS2, MEN_X, REN_X, WB_X , CSR_X),
    BLTU -> List(BR_BLTU , OP1_RS1, OP2_RS2, MEN_X, REN_X, WB_X , CSR_X),
    JAL -> List(ALU_ADD , OP1_PC , OP2_IMJ, MEN_X, REN_S, WB_PC , CSR_X),
    JALR -> List(ALU_JALR , OP1_RS1, OP2_IMI, MEN_X, REN_S, WB_PC , CSR_X),
    LUI -> List(ALU_ADD , OP1_X , OP2_IMU, MEN_X, REN_S, WB_ALU, CSR_X),
    AUIPC -> List(ALU_ADD , OP1_PC , OP2_IMU, MEN_X, REN_S, WB_ALU, CSR_X),
    CSRRW -> List(ALU_COPY1, OP1_RS1, OP2_X , MEN_X, REN_S, WB_CSR, CSR_W),
    CSRRWI-> List(ALU_COPY1, OP1_IMZ, OP2_X , MEN_X, REN_S, WB_CSR, CSR_W),
    CSRRS -> List(ALU_COPY1, OP1_RS1, OP2_X , MEN_X, REN_S, WB_CSR, CSR_S),
    CSRRSI-> List(ALU_COPY1, OP1_IMZ, OP2_X , MEN_X, REN_S, WB_CSR, CSR_S),
    CSRRC -> List(ALU_COPY1, OP1_RS1, OP2_X , MEN_X, REN_S, WB_CSR, CSR_C),
    CSRRCI-> List(ALU_COPY1, OP1_IMZ, OP2_X , MEN_X, REN_S, WB_CSR, CSR_C),
    ECALL -> List(ALU_X , OP1_X , OP2_X , MEN_X, REN_X, WB_X , CSR_E)
  )
)
val exe_fun :: op1_sel :: op2_sel :: mem_wen :: rf_wen :: wb_sel :: csr_cmd
    :: Nil = csignals

val op1_data = MuxCase(0.U(WORD_LEN.W), Seq(
  (op1_sel === OP1_RS1) -> rs1_data,
  (op1_sel === OP1_PC) -> pc_reg,
  (op1_sel === OP1_IMZ) -> imm_z_uext
))

val op2_data = MuxCase(0.U(WORD_LEN.W), Seq(
  (op2_sel === OP2_RS2) -> rs2_data,
  (op2_sel === OP2_IMI) -> imm_i_sext,
  (op2_sel === OP2_IMS) -> imm_s_sext,
  (op2_sel === OP2_IMJ) -> imm_j_sext,
  (op2_sel === OP2_IMU) -> imm_u_shifted
))
```

```
//************************************
// EX 阶段

alu_out := MuxCase(0.U(WORD_LEN.W), Seq(
  (exe_fun === ALU_ADD) -> (op1_data + op2_data),
  (exe_fun === ALU_SUB) -> (op1_data - op2_data),
  (exe_fun === ALU_AND) -> (op1_data & op2_data),
  (exe_fun === ALU_OR) -> (op1_data | op2_data),
  (exe_fun === ALU_XOR) -> (op1_data ^ op2_data),
  (exe_fun === ALU_SLL) -> (op1_data << op2_data(4, 0))(31, 0),
  (exe_fun === ALU_SRL) -> (op1_data >> op2_data(4, 0)).asUInt(),
  (exe_fun === ALU_SRA) -> (op1_data.asSInt() >> op2_data(4, 0)).asUInt(),
  (exe_fun === ALU_SLT) -> (op1_data.asSInt() < op2_data.asSInt()).asUInt(),
  (exe_fun === ALU_SLTU) -> (op1_data < op2_data).asUInt(),
  (exe_fun === ALU_JALR) -> ((op1_data + op2_data) & ~ 1.U(WORD_LEN.W)),
  (exe_fun === ALU_COPY1) -> op1_data
))

// 分支
br_target := pc_reg + imm_b_sext
br_flg := MuxCase(false.B, Seq(
  (exe_fun === BR_BEQ) -> (op1_data === op2_data),
  (exe_fun === BR_BNE) -> !(op1_data === op2_data),
  (exe_fun === BR_BLT) -> (op1_data.asSInt() < op2_data.asSInt()),
  (exe_fun === BR_BGE) -> !(op1_data.asSInt() < op2_data.asSInt()),
  (exe_fun === BR_BLTU) -> (op1_data < op2_data),
  (exe_fun === BR_BGEU) -> !(op1_data < op2_data)
))

//************************************
// MEM 阶段

io.dmem.addr := alu_out
io.dmem.wen := mem_wen
io.dmem.wdata := rs2_data

// CSR
val csr_addr = Mux(csr_cmd === CSR_E, 0x342.U(CSR_ADDR_LEN.W), inst(31,20))
val csr_rdata = csr_regfile(csr_addr)
val csr_wdata = MuxCase(0.U(WORD_LEN.W), Seq(
  (csr_cmd === CSR_W) -> op1_data,
  (csr_cmd === CSR_S) -> (csr_rdata | op1_data),
  (csr_cmd === CSR_C) -> (csr_rdata & ~ op1_data),
  (csr_cmd === CSR_E) -> 11.U(WORD_LEN.W)
))
```

```
  when(csr_cmd > 0.U){
    csr_regfile(csr_addr) := csr_wdata
  }

  //**********************************
  // WB 阶段

  val wb_data = MuxCase(alu_out, Seq(
    (wb_sel === WB_MEM) -> io.dmem.rdata,
    (wb_sel === WB_PC) -> pc_plus4,
    (wb_sel === WB_CSR) -> csr_rdata
  ))

  when(rf_wen === REN_S) {
    regfile(wb_addr) := wb_data
  }

  //**********************************
  // 调试
  io.gp := regfile(3)
  io.exit := (pc_reg === 0x44.U(WORD_LEN.W))
  printf(p"io.pc : 0x${Hexadecimal(pc_reg)}\n")
  printf(p"inst : 0x${Hexadecimal(inst)}\n")
  printf(p"gp : ${regfile(3)}\n")
  printf(p"rs1_addr : $rs1_addr\n")
  printf(p"rs2_addr : $rs2_addr\n")
  printf(p"wb_addr : $wb_addr\n")
  printf(p"rs1_data : 0x${Hexadecimal(rs1_data)}\n")
  printf(p"rs2_data : 0x${Hexadecimal(rs2_data)}\n")
  printf(p"wb_data : 0x${Hexadecimal(wb_data)}\n")
  printf(p"dmem.addr : ${io.dmem.addr}\n")
  printf(p"dmem.rdata : ${io.dmem.rdata}\n")
  printf("---------\n")
}
```

清单4.6 chisel-template/src/main/scala/05_riscvtests/Memory.scala

```
package riscvtests

import chisel3._
import chisel3.util._
import common.Consts._
import chisel3.util.experimental.loadMemoryFromFile

class ImemPortIo extends Bundle {
```

```
  val addr = Input(UInt(WORD_LEN.W))
  val inst = Output(UInt(WORD_LEN.W))
}

class DmemPortIo extends Bundle {
  val addr = Input(UInt(WORD_LEN.W))
  val rdata = Output(UInt(WORD_LEN.W))
  val wen = Input(UInt(MEN_LEN.W))
  val wdata = Input(UInt(WORD_LEN.W))
}

class Memory extends Module {
  val io = IO(new Bundle {
    val imem = new ImemPortIo()
    val dmem = new DmemPortIo()
  })

  val mem = Mem(16384, UInt(8.W))
  loadMemoryFromFile(mem, "src/riscv/rv32ui-p-add.hex")
  io.imem.inst := Cat(
    mem(io.imem.addr + 3.U(WORD_LEN.W)),
    mem(io.imem.addr + 2.U(WORD_LEN.W)),
    mem(io.imem.addr + 1.U(WORD_LEN.W)),
    mem(io.imem.addr)
  )
  io.dmem.rdata := Cat(
    mem(io.dmem.addr + 3.U(WORD_LEN.W)),
    mem(io.dmem.addr + 2.U(WORD_LEN.W)),
    mem(io.dmem.addr + 1.U(WORD_LEN.W)),
    mem(io.dmem.addr)
  )

  when(io.dmem.wen === MEN_S){
    mem(io.dmem.addr) := io.dmem.wdata( 7, 0)
    mem(io.dmem.addr + 1.U(WORD_LEN.W)) := io.dmem.wdata(15, 8)
    mem(io.dmem.addr + 2.U(WORD_LEN.W)) := io.dmem.wdata(23, 16)
    mem(io.dmem.addr + 3.U(WORD_LEN.W)) := io.dmem.wdata(31, 24)
  }
}
```

下面开始具体的 CPU 实现。首先，实现 CPU 的第一道处理——取指令。

正如 2.2.1 节所述，取指令是 CPU 从存储器中取出指令数据的操作，对应计算机处理流程的第 1 个阶段。具体来说，CPU 将 PC 寄存器指针指向的地址发送至存储器，存储器将存放在该地址的指令数据返回给 CPU。

本章的目标是用 Chisel 描述上述取指令电路。本章的实现文件以 **package fetch** 的形式保存在本书源代码文件中的 chisel-template/src/main/scala/01_fetch/ 目录下。

5.1 Chisel代码概要

实现分为以下 3 个文件。

- Core.scala：描述 CPU
- Memory.scala：描述存储器
- Top.scala：连接 CPU 和存储器的包装类（Wrapper）

文件名 Core.scala 中的“core”指代 CPU 处理的内核电路。CPU 有单核和多核之分，本次实现一个单核 CPU，因此命名为 Core.scala。

在上述文件中定义的类有以下 4 种。

- **Top**：计算机整体设计图

- **Core**：CPU 内核的设计图
- **Memory**：存储器设计图
- **ImemPortIo**：连接 CPU 内核和存储器的指令端口设计图

将每个类实例化、硬件化，并构成计算机，如图 5.1 所示。

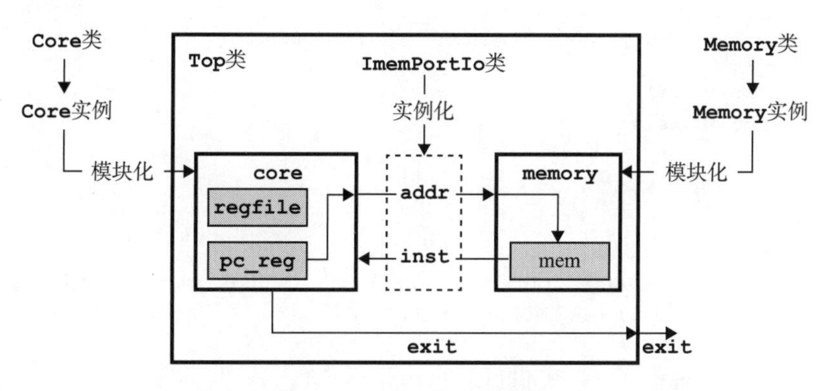

图 5.1　取指令的结构图

5.2 Chisel的实现

为了更好地了解代码的全貌，下面直接转载全部代码，并插入注释，见清单 5.1 ~ 清单 5.3。

清单5.1　Top.scala

```
package fetch

import chisel3._
import chisel3.util._

class Top extends Module {
  val io = IO(new Bundle {
    val exit = Output(Bool())
  })

  // 用 new 将 Core 类和 Memory 类实例化，用 Module 硬件化
  val core   = Module(new Core())
  val memory = Module(new Memory())

  // core 的 io 和 memory 的 io 是 ImemPortIo 翻转的关系，用 "<>" 批量连接
```

```
  core.io.imem <> memory.io.imem

  io.exit := core.io.exit
}
```

清单5.2　Core.scala

```
package fetch

import chisel3._
import chisel3.util._
import common.Consts._

class Core extends Module {

  val io = IO(new Bundle {
    /* 用 Flipped 翻转 ImemPortIo 实例化后的结果，即生成输出端口 addr 和输入端口 inst */
    val imem = Flipped(new ImemPortIo())

    // 输出端口 exit 在程序处理结束时变为 true.B
    val exit = Output(Bool())
  })

  /* 生成 32 位 ×32 个寄存器 WORD_LEN=32（用 Consts.scala 定义） */
  val regfile = Mem(32, UInt(WORD_LEN.W))

  //**********************************
  // Instruction Fetch (IF) Stage

  /* 生成初始值为 0 的 PC 寄存器，每个循环计数器递增 4,STAR_ADDR=0（用 Consts.scala
    定义）*/
  val pc_reg = RegInit(START_ADDR)
  pc_reg := pc_reg + 4.U(WORD_LEN.W)

  // 将 pc_reg 连接到输出端口 addr，用 inst 连接输入端口 inst
  io.imem.addr := pc_reg
  val inst = io.imem.inst

  // 当 inst 为 "34333231"（读取程序的最后一行）时，设定 exit 信号为 true.B
（程序内容后述）
  io.exit := (inst === 0x34333231.U(WORD_LEN.W))
}
```

清单5.3　Memory.scala

```
package fetch
```

```
import chisel3._
import chisel3.util._
import chisel3.util.experimental.loadMemoryFromFile
import common.Consts._

/* ImemPortIo 类继承 Bundle，捆绑 addr 和 inst 两个信号。
  addr：存储器地址用输入端口
  inst：指令数据用输出端口
  均为 32 位宽（∵ WORD_LEN=32）*/
class ImemPortIo extends Bundle {
  val addr = Input(UInt(WORD_LEN.W))
  val inst = Output(UInt(WORD_LEN.W))
}

class Memory extends Module {
  val io = IO(new Bundle {
    val imem = new ImemPortIo()
  })

  /* 生成 8 位宽 ×16384 个（16KB）寄存器作为存储器实体。
  选择 8 位宽的原因是 PC 计数宽度设为 4。
  1 个地址存放 8 位，4 个地址存放 32 位。 */
  val mem = Mem(16384, UInt(8.W))

  // 加载存储器数据（HEX 文件内容后述）
  loadMemoryFromFile(mem, "src/hex/fetch.hex")

  // 连接 4 个地址存储的 8 位数据，形成 32 位数据
  io.imem.inst := Cat(
    mem(io.imem.addr + 3.U(WORD_LEN.W)),
    mem(io.imem.addr + 2.U(WORD_LEN.W)),
    mem(io.imem.addr + 1.U(WORD_LEN.W)),
    mem(io.imem.addr)
  )
}
```

这里补充说明一下 HDL 特有的描述 **pc_reg:=pc_reg+4.U(WORD_LEN.W)**。这是将寄存器 **pc_reg** 的输入值始终连接到 **pc_reg+4.U(WORD_LEN.W)** 的电路。在时钟的每个上升沿，寄存器的输入值会反映到输出值，所以每个循环 **PC** 递增 4。电路如图 5.2 所示。

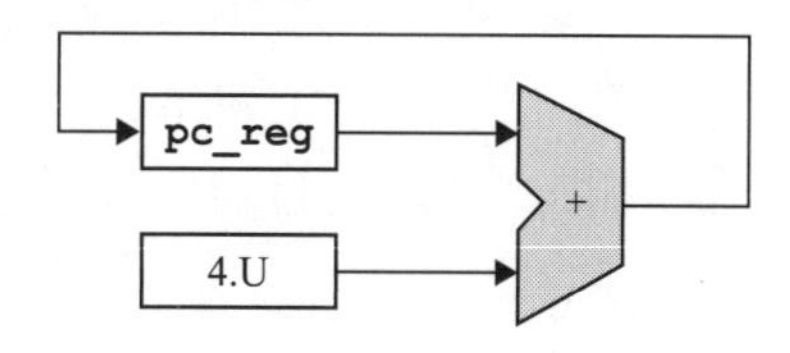

图 5.2　pc_reg 的电路

第6章 用ChiselTest进行取指令测试

上一章用Chisel实现了取指令，但要测试实现是否正确，就要用到测试工具ChiselTest了。

笔者写本书时，ChiselTest还是尚在开发的α版。它的前身是ChiselTesters，存在某些功能上的不足。本书采用今后可能成为主流的ChiselTest。

6.1 ChiselTest的实现

Scala用的架构工具**sbt**（Scala build tool）中有一个build.sbt文件，用于定义架构方法。原本需要在build.sbt内指定架构时读取ChiselTest库，但本次下载的chisel-template默认提供ChiselTest库，见清单6.1，不需要特殊处理。

清单6.1 chisel-template/build.sbt

```
libraryDependencies ++= Seq(
  "edu.berkeley.cs" %% "chisel3" % "3.4.2", // Chisel3 库
  "edu.berkeley.cs" %% "chiseltest" % "0.3.2" % "test" // ChiselTest 库
),
```

将要添加的库赋值给变量**libraryDependencies**，可以在架构时下载指定的库。用**++=**作为赋值运算符，可以在**Seq**实例中批量添加多个库。如果只需添加一个库，可以用**+=**（加法）赋值，见清单6.2。

清单6.2 用+=添加单个库

```
libraryDependencies += "edu.berkeley.cs" %% "chisel3" % "3.4.2"
libraryDependencies += "edu.berkeley.cs" %% "chiseltest" % "0.3.2" % "test"
```

此外，在右侧的指定库中描述 **ModuleID** 对象。将 **%** 方法应用于字符串，可以生成 **package sbt** 定义的 **ModuleID** 对象，见清单 6.3。

清单6.3　ModuleID对象的生成方法

```
organization %% moduleName % version % configuration
```

本例指定了“**edu.berkeley.cs** 组织”的“**chiseltest** 模块”的“0.3.2 版本”。**organization** 后连续使用两个 **%**，就不需要用 **moduleName** 描述 Scala 版本了。如果只使用一个 **%**，可以描述为 **"edu.berkeley.cs "%"chiseltest_2.12"% "0.3.2"**。

末尾描述为 **configuration** 的 **test** 设定相应的库仅用于测试代码。此外，**configuration** 还可以指定编译时不使用、仅在执行时使用的 **runtime** 等，但本书不涉及相关内容。

6.2　测试流程

Chisel 准备好了，下面来具体描述测试代码。测试大致分为以下 4 个步骤。

① 在 chisel-template/src/test/scala/ 目录下创建 Chisel 测试代码文件。

② 创建测试用 HEX 文件，用 **Memory** 类加载。

③ 用 **Core** 类输出调试信号。

④ 用 **sbt** 编译 Scala 编码后运行测试。

6.3　创建Chisel测试代码

在 chisel-template/src/test/scala/ 目录下创建 FetchTest.scala，见清单 6.4。

清单6.4　chisel-template/src/test/scala/FetchTest.scala

```
package fetch

import chisel3._

// 使用 ChiselTest 所需的 package
import org.scalatest._
```

```
import chiseltest._

class HexTest extends FlatSpec with ChiselScalatestTester {
  "mycpu" should "work through hex" in {
    test(new Top) { c =>
      // 在该代码块中描述测试（变量 c 是 Top 类的实例）
      while (!c.io.exit.peek().litToBoolean()) {
        c.clock.step(1)
      }
    }
  }
}
```

上述代码的重点在于描述测试内容的 **test(new Top){}** 块，其余代码作为测试固有语法，一开始可以复制、粘贴使用。

6.3.1 特征：trait

这里让 ChiselTest 创建的测试类继承下面的两个 **trait**。

- **FlatSpec**
- **ChiselScalatestTester**

FlatSpec

FlatSpec 是 Scala 测试框架 **ScalaTest(package org.scalatest)** 内定义的 **trait**，为每个测试提供用文本标记测试对象行为的 **should()** 方法，见清单 6.5。

清单6.5 FlatSpec的行为描述

```
"测试目标名" should "正确行为" in {
  // 测试内容
}
```

各文本不影响测试内容，仅提高测试结果的可读性，可以指定任意字符串。例如，清单 6.4 的测试结果输出如图 6.1 所示。

ChiselScalatestTester

这是 **package chiseltest** 中定义的 **trait**，提供测试 Chisel 中定义的硬件模块的 **test()** 方法。

```
...
[info] HexTest: # 测试类名
[info] mycpu # 测试对象名
[info] - should work through hex # 正确行为
[info] Run completed in 5 seconds, 520 milliseconds.
[info] Total number of tests run: 1
[info] Suites: completed 1, aborted 0
[info] Tests: succeeded 1, failed 0, canceled 0, ignored 0, pending 0
[info] All tests passed.
[success] Total time: 13 s, completed Mar 11, 2021, 9:01:41 AM
```

图 6.1　**HexTest** 类的测试结果示例

6.3.2　peek()方法

用“信号名 **.peek()**”获取值，返回值与信号名类型相同。清单 6.4 中的 **c.io.exit.peek()** 返回与 Chisel 中实现的 **exit** 信号相同的 **Bool** 型。

在 **while** 条件表达式中，**peek()** 方法的返回值即 **Bool** 型的值，通过 **[Bool 型].litToBoolean** 转换为 Scala 的 **Boolean** 型。

6.3.3　clock.step()方法

“**[实例].clock.step(n)**”将时钟提前 *n* 个循环。这里使用 **while**，在 **exit** 信号为 **false.B** 时将时钟提前 1 个循环。

6.4　创建存储器用HEX文件

在上一章，Memory.scala 加载了一个 HEX 文件作为存储器数据，见清单 6.6。

清单6.6　Memory.scala

```
loadMemoryFromFile(mem, "src/hex/fetch.hex")
```

下面创建该 HEX 文件。具体来说，用十六进制数描述为 1 行 2 位数（8 位或 1 字节），见清单 6.7。

清单6.7　chisel-template/src/hex/fetch.hex

```
11
12
13
```

```
14
21
22
23
24
31
32
33
34
```

RISC-V 采用小端序（little-endian），将字节以数位从小到大的顺序记在存储器中，各行从地址 0 开始顺次存入存储器，见表 6.1。

表 6.1　fetch.hex 的地址对照

存储器地址	数　据
0	11
1	12
2	13
3	14
4	21
5	22
6	23
7	24
8	31
9	32
10	33
11	34

按数位从小到大排列数据似乎理所当然，但在计算机世界并非如此。例如，大端序（big-endian）是将存储器中的数据按数位从大到小的顺序排列。

为便于理解指令的含义，这里将 fetch.hex 中的数据以 32 位为单位排列，见表 6.2。

表 6.2　以 32 位为单位整理后的 fetch.hex 内容

存储器地址	数　据
0	14131211
4	24232221
8	34333231

针对加载该 HEX 文件的 **mem**，从 PC 寄存器指定的地址读取 4 个地址（32 位）的数据，见清单 6.8。

清单6.8　Memory.scala（节选）

```
io.imem.inst := Cat(
  mem(io.imem.addr + 3.U(WORD_LEN.W)),
  mem(io.imem.addr + 2.U(WORD_LEN.W)),
  mem(io.imem.addr + 1.U(WORD_LEN.W)),
  mem(io.imem.addr)
)
```

6.5　用printf输出调试信号

为了在测试运行时确认每个循环的信号值，我们在 Core.scala 中添加 **printf** 对象，以输出调试信号，见清单 6.9。添加位置可以是 Core.scala 内变量声明之后的任意地方。为了便于理解，这里一并写在 **Core** 类的代码块末尾。

清单6.9　Core.scala

```
class Core extends Module {
  ...
  printf(p"pc_reg : 0x${Hexadecimal(pc_reg)}\n")
  printf(p"inst : 0x${Hexadecimal(inst)}\n")
  printf("---------\n") // 识别循环的断点
}
```

6.6　运行测试

测试代码准备完毕，下面启动 Docker 容器，运行测试，如图 6.2 所示。

```
$ cd /src/chisel-template
$ sbt "testOnly fetch.HexTest"
```

图 6.2　在 Docker 容器中运行 **sbt** 测试命令

sbt 的 **testOnly** 命令仅运行参数指定的测试类。测试类由“**package** 名 . 测试类名”指定，这里是“**fetch.HexTest**”。

运行上述 **sbt** 测试命令后，各 Scala 文件被编译，便可运行测试。控制台输出的测试结果如图 6.3 所示。

```
pc_reg : 00000000
inst : 0x14131211
--------
pc_reg : 00000004
inst : 0x24232221
--------
pc_reg : 00000008
inst : 0x34333231
```

图 6.3　测试结果

PC 每次递增 4，如 0、4、8，表明指令是按照 fetch.hex 定义读取的。使用 ChiselTest 的取指令测试到此结束。

6.7　Docker容器的commit

最后，将当前的 Docker 容器 **commit** 给镜像。**sbt** 指定的库群不存在于 Docker 镜像内，在用镜像构建的容器中首次启动 **sbt shell** 时需要花 1 分钟左右下载。

将已下载完所需库的当前容器 **commit** 给镜像，则以后从镜像启动新容器时不需要下载库，可以高速运行 **sbt** 命令，如图 6.4 所示。

```
$ docker ps
CONTAINER ID IMAGE ···
[container_id] riscv/mycpu

$ docker commit [container_id] riscv/mycpu
```

图 6.4　Docker 容器的镜像 commit

第7章 指令译码器的实现

在这一章，我们实现一个指令译码器，译码取得指令并读取目标寄存器中的数据。该译码器对 **rs1/rs2/rd** 寄存器编号进行译码，从寄存器中读取数据。如前文所述，RISC-V 中 **rs1/rs2/rd** 寄存器编号的位址在指令间共享，所以可以在 ID 阶段提取寄存器编号，而不需要通过操作码进行分支处理，以简化译码电路的描述。

7.1 Chisel的实现

下面，我们将译码处理和调试信号输出添加到 **package fetch** 的实现文件中。该实现文件保存在本书源代码文件中的 chisel-template/src/main/scala/02_decode/ 目录下。

7.1.1 寄存器编号的译码

寄存器编号的译码见清单 7.1。

清单7.1 Core.scala

```
val rs1_addr = inst(19, 15) // rs1 寄存器编号为指令列的第 15 ~ 19 位
val rs2_addr = inst(24, 20) // rs2 寄存器编号为指令列的第 20 ~ 24 位
val wb_addr = inst(11, 7) // rd 寄存器编号为指令列的第 7 ~ 11 位
```

7.1.2 寄存器数据的读取

寄存器数据的读取方法见清单 7.2。

清单7.2　Core.scala

```
val rs1_data = Mux((rs1_addr =/= 0.U(WORD_LEN.U)), regfile(rs1_addr),
    0.U(WORD_LEN.W))
val rs2_data = Mux((rs2_addr =/= 0.U(WORD_LEN.U)), regfile(rs2_addr),
    0.U(WORD_LEN.W))
```

rs1_addr=/=0.U 为 **true.B** 时，**rs1_data** 存储 **regfile(rs1_addr)**；**rs1_addr=/=0.U** 为 **false.B** 时，存储 **0.U**。需要这个多路复用器的原因是，RISC-V 规定 0 号寄存器始终为 0。事实上，准备一个始终存储 0 数据的寄存器有很多用处（参见第 17 章专栏“**LI** 指令”）。

7.1.3　调试信号的输出

用 **printf** 输出新生成的变量，见清单 7.3。

清单7.3　Core.scala

```
// 添加调试信号
printf(p"rs1_addr : $rs1_addr\n")
printf(p"rs2_addr : $rs2_addr\n")
printf(p"wb_addr : $wb_addr\n")
printf(p"rs1_data : 0x${Hexadecimal(rs1_data)}\n")
printf(p"rs2_data : 0x${Hexadecimal(rs2_data)}\n")
```

7.2　运行测试

存储器数据为 fetch.hex 不变，创建一个仅将 FetchTest.scala 的 **package** 名改为 **decode** 的测试文件 DecodeTest.scala，见清单 7.4。

清单7.4　chisel-template/src/test/scala/DecodeTest.scala

```
package decode
...
```

sbt 测试命令如图 7.1 所示。

```
$ cd /src/chisel-template
$ sbt "testOnly decode.HexTest"
```

图 7.1　在 Docker 容器中运行 **sbt** 测试命令

测试结果如图 7.2 所示。

```
pc_reg   : 0x00000000
inst     : 0x14131211
rs1_addr : 6
rs2_addr : 1
wb_addr  : 4
rs1_data : 0x00000000
rs2_data : 0x00000000
---------
pc_reg   : 0x00000004
inst     : 0x24232221
rs1_addr : 6
rs2_addr : 2
wb_addr  : 4
rs1_data : 0x00000000
rs2_data : 0x00000000
---------
pc_reg   : 0x00000008
inst     : 0x34333231
rs1.addr : 6
rs2_addr : 3
wb_addr  : 4
rs1_data : 0x00000000
rs2_data : 0x00000000
```

图 7.2　测试结果

从测试结果可以看出，每个寄存器编号都得到了正确译码，见表 7.1。

表 7.1　译码内容的确认

inst（十六进制数）＼位	31 ~ 25	24 ~ 20（rs2_addr）	19 ~ 15（rs1_addr）	14 ~ 12	11 ~ 7（wb_addr）	6 ~ 0
0x14131211	0001010	00001(1)	00110(6)	001	00100(4)	0010001
0x24232221	0010010	00010(2)	00110(6)	010	00100(4)	0100001
0x34333231	0011010	00011(3)	00110(6)	011	00100(4)	0110001

但是，**rs1_data** 和 **rs2_data** 全是 0。这是因为寄存器初始化时被复位为 0，它们还没有加载任何数据。在下一章，我们将实现加载数据到寄存器的 **LW** 指令。

I
II
III
IV
V
附录

第8章 LW指令的实现

截至目前，我们实现了取指令和指令译码。从本章开始，我们继续添加其他指令，使 RISC-V 定义的实际指令可以运行。本章实现存储器加载指令——**LW** 指令，以便向寄存器写入数据。

8.1 RISC-V的LW指令定义

LW（load word，加载字）指令从存储器读取 32 位数据（1 字）到寄存器。I 格式用的立即数被描述为 **imm_i**。**LW** 指令的汇编描述见清单 8.1。

清单8.1 LW指令的汇编描述

```
lw rd, offset(rs1)
```

LW 指令的运算内容见清单 8.2 和表 8.1。

清单8.2 LW指令的运算内容

```
x[rd] = M[x[rs1] + sext(imm_i)]
```

表 8.1 LW 指令的位配置（I 格式）

31 ~ 20	19 ~ 15	14 ~ 12	11 ~ 7	6 ~ 0
imm_i[11 : 0]	rs1	010	rd	0000011

运算内容的描述会用到一些缩写。**x** 表示寄存器，**M** 表示存储器，**x[** 寄存器编号 **]**、**M[** 地址 **]** 表示寄存器或存储器对应地址存放的数据。

sext 表示符号扩展（sign extension）。符号扩展是描述有符号整数的位宽比存储区位宽（这里是 32 位）更短时，根据存储区位宽补齐符号位的处理。

例如，表示1的“001”的3位值符号扩展为5位时，不足的高2位用0补齐为“00001”，也表示1。而在2的补码[①]中，表示–1的3位值“111”符号扩展为5位时，简单用0补齐高2位就得到了“00111”，5位值表示7。

要增加有符号数的位宽，请用增加位宽前最高位（符号位）的值补齐不足的高位。在刚才的示例中，原本最高位是“1”，高2位补1就变成了“11111”，这样有符号5位值也表示–1。

`LW`指令的处理内容如下。

① 计算`rs1`寄存器数据加上`sext(imm_i)`的值，作为存储器地址，如图8.1所示。

② 从存储器中读取“计算得到的地址”所存放的数据。

③ 将读取的数据写入`rd`寄存器。

汇编描述的`offset`[②]部分对应`sext(imm_1)`。

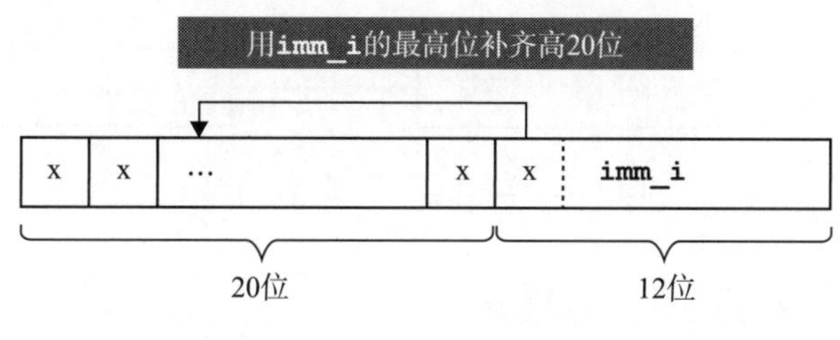

图8.1 `imm_i`的符号扩展

8.2 Chisel的实现

本章的实现文件以`package lw`的形式保存在本书源代码中的chisel-template/src/main/scala/03_lw/目录下。

`LW`指令所需的补充实现大致有以下4个方面。

① 指令位模式的定义。

---

①一种数值转换方法，使用时需将二进制数每一位取反，取反后再加1。

②`offset`：偏移量。

② CPU 和存储器之间的端口定义。

③ CPU 内部的处理实现。

④ 存储器的数据读取实现。

LW 指令的处理流程如图 8.2 所示。

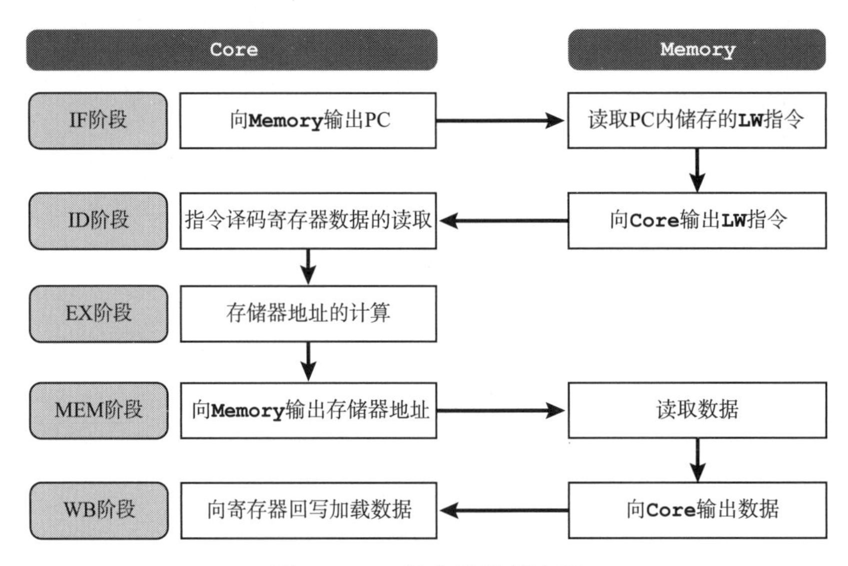

图 8.2　**LW** 指令的处理流程

8.2.1　指令位模式的定义

根据表 8.1 的配置，在 Instructions.scala 中定义 **LW** 指令的 **BitPat**，见清单 8.3。

清单8.3　chisel-template/src/common/Instructions.scala

```
package common

import chisel3._
import chisel3.util._

object Instructions {
  val LW = BitPat("b?????????????????010?????0000011")
}
```

见清单 8.4，在 Core.scala 中导入 **Instructions** 对象，可以用 **LW** 指令识别变量。

清单8.4　Core.scala

```
// 导入 package common 的 Instructions 对象的所有成员
import common.Instructions._
```

8.2.2　CPU和存储器之间的端口定义

创建 CPU 和存储器间交换数据的端口。对应指令的 **ImemPortIo** 类，这次创建数据用的 **DmemPortIo** 类，见清单 8.5。**DmemPortIo** 的内容几乎与 **ImemPortIo** 类的内容一样，响应由 **Core** 输入的地址信号 **addr**，输出 **Memory** 读取的数据 **rdata**。

清单8.5　Memory.scala

```
class DmemPortIo extends Bundle {
  val addr = Input(UInt(WORD_LEN.W))
  val rdata = Output(UInt(WORD_LEN.W))
}
```

然后，将数据存储器端口 **dmem** 分别添加到 **Core** 和 **Memory** 的 **io**，见清单 8.6 和清单 8.7。

清单8.6　Core.scala

```
val io = IO(new Bundle {
  val imem = Flipped(new ImemPortIo())
  val dmem = Flipped(new DmemPortIo()) // 增加
  val exit = Output(Bool())
})
```

清单8.7　Memory.scala

```
val io = IO(new Bundle {
  val imem = new ImemPortIo()
  val dmem = new DmemPortIo() // 增加
})
```

上述内容可表示为图 8.3。

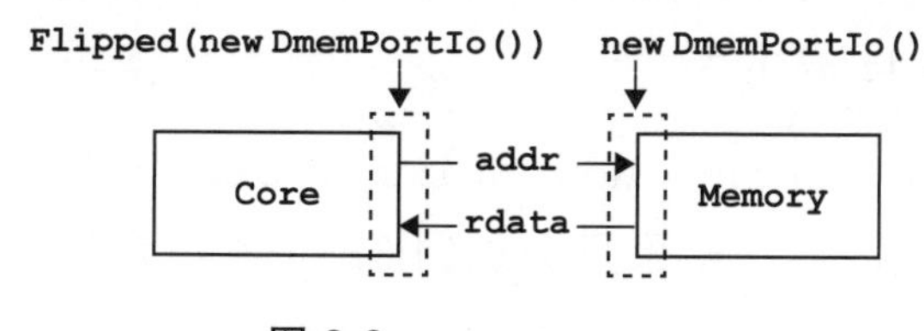

图 8.3　DmemPortIo

8.2.3 CPU内部的处理实现

接下来，将 CPU 内部的处理添加到 Core.scala 中。

offset的符号扩展（ID阶段）

首先，在 ID 阶段实现 **offset** 的符号扩展，见清单 8.8。**LW** 指令属于 **I** 格式，信号名为 **imm_i** 的后缀“**_i**”表示它是 **I** 格式的立即数。

清单8.8 Core.scala

```
val imm_i = inst(31, 20) // offset[11:0] 的提取
val imm_i_sext = Cat(Fill(20, imm_i(11)), imm_i) // offset 的符号扩展
```

Fill(20,1mm_i(11)) 表示将 **imm_i** 的第 11 位（最高位）重复 20 次的 **UInt** 型信号。**Cat(Fill(20,imm_i(11)),imm_i)** 表示，“**imm_i** 的最高位重复 20 次”作为高位与作为低位的 **imm_i** 进行连接，完成对 **offset** 进行符号扩展。

存储器地址的计算（EX阶段）

接着，在 EX 阶段实现存储器地址 **x[rs1]+sext(imm_i)** 的计算处理，见清单 8.9。这里的 EX 阶段在 **alu** 中进行，计算结果为信号 **alu_out**。**alu** 是“arithmetic logic unit”的缩写，指的是进行四则运算和逻辑运算的运算单元。EX 阶段的处理正是四则运算和逻辑运算，故得此名。

清单8.9 Core.scala

```
val alu_out = MuxCase(0.U(WORD_LEN.W), Seq(
  (inst === LW) -> (rs1_data + imm_i_sext) // 存储器地址的计算
))
```

在本例中，如果 **inst** 等于 **LW**，则 **alu_out** 连接到存储器地址 **rs1_data+imm_i_sext**。否则，连接默认值 **0.U(WORD_LEN.W)**。

由于只有一个条件，所以用 **Mux** 就够了。但是，考虑到今后还会增加条件，这里提前采用 **MuxCase** 描述。

此外，有时 32 位宽的 **rs1_data** 和 **imm_i_sext** 相加会发生结果溢出。但在 Chisel 中，32 位宽的加法结果只会返回 32 位宽，溢出位会被舍弃。舍弃溢

出位是 RISC-V 中的预期行为，不是问题。这不在本书讨论范围内，但 RISC-V 无论是通过硬件还是软件处理溢出，都可以由加法后的分支指令判断是否溢出。例如，**0x44444444+0xeeeeeeee=0x33333333** 发生溢出时，可以通过 **IF(** 加法结果 **<** 操作数 **)** 分支跳转到异常处理。

■ 地址信号的连接（MEM阶段）

EX 阶段计算出的存储器地址(**alu_out**)将连接到 MEM 阶段的存储器端口，见清单 8.10。

清单8.10　Core.scala

```
io.dmem.addr := alu_out
```

读取的存储器数据如何处理取决于内核的实现，但数据（ **io.dmem.rdata** ）总是从存储器提供给内核的说法没有任何问题。因此，不限于 **LW** 指令，存储器地址可以始终输出给存储器，见清单 8.11。

清单8.11　无须仅在LW指令时限制信号连接

```
when(inst === LW){
  io.dmem.addr := alu_out
}
```

■ 加载数据的寄存器回写（WB阶段）

最后，将从存储器加载的数据回写寄存器，见清单 8.12。

清单8.12　Core.scala

```
val wb_data = io.dmem.rdata
when(inst === LW) {
  regfile(wb_addr) := wb_data
}
```

8.2.4　存储器的数据读取实现

在 **Memory** 类中，与 **io.imem.inst** 一样，将加载数据连接到 **io.dmen.rdata**，见清单 8.13。

清单8.13　Memory.scala

```
io.dmem.rdata := Cat(
  mem(io.dmem.addr + 3.U(WORD_LEN.W)),
```

```
  mem(io.dmem.addr + 2.U(WORD_LEN.W)),
  mem(io.dmem.addr + 1.U(WORD_LEN.W)),
  mem(io.dmem.addr)
)
```

8.3 运行测试

下面，测试 Chisel 实现。

8.3.1 创建指令文件lw.hex

创建本次要用的指令文件 lw.hex，见清单 8.14。

清单8.14 chisel-template/src/hex/lw.hex

```
03
23
80
00
11
12
13
14
22
22
22
22
```

以 32 位为单位整理 lw.hex，得到表 8.2。

表 8.2 以 32 位为单位整理 lw.hex 得到的内容

地 址	数 据
0	00802303
4	14131211
8	22222222

开始的 32 位机器语言 `0x00802303`，采用表 8.3 所列的 `LW` 指令位配置（网上有很多十六进制数和二进制数的转换工具）。

也就是说，该机器语言可以解读为将存储器地址 8 的数据（`0x222222`）加载到 6 号寄存器的 `LW` 指令，见清单 8.15。

表 8.3　LW 的机器语言

31 ~ 20	19 ~ 15	14 ~ 12	11 ~ 7	6 ~ 0
imm_i[11 : 0]	rs1	010	rd	0000011
000000001000(imm_i=8)	00000(rs1=0)	010	00110(rd=6)	0000011

清单8.15　LW指令的运算内容

```
// 寄存器 x[0] 的数据始终为 0，所以存储器地址是 8
x[6] = M[x[0] + sext(8)]
```

顺便一提，表 8.2 中的第 2 行“14131211”当前不是表示特定指令的位列，但是如译码实现时所述，应解读为 **rs1_addr=6**，读取第 1 行 **LW** 指令回写的寄存器数据。

8.3.2　存储器加载文件名的修改

修改了指令文件，就要修改 Memory.scala 的加载文件名，见清单 8.16。

清单8.16　Memory.scala

```
loadMemoryFromFile(mem, "src/hex/lw.hex")
```

8.3.3　测试结束条件的修改

要用存储器地址 4 中保存的命令结束测试，**exit** 信号的生成条件也要进行修改，见清单 8.17。

清单8.17　Core.scala

```
io.exit := (inst === 0x14131211.U(WORD_LEN.W))
```

8.3.4　添加调试信号

添加调试信号，见清单 8.18。

清单8.18　Core.scala

```
printf(p"wb_data   : 0x${Hexadecimal(wb_data)}\n")
printf(p"dmem.addr : ${io.dmem.addr}\n")
```

如果写成 **$io.dmem.addr**，只会展开 **io**。与 **Hexadecimal** 一样，用 **{}** 括起后加上 **$**，这样就可以将逗号分隔的信号名称作为表达式评估。

8.3.5 测试命令和测试结果

见清单 8.19，创建仅将 FetchTest.scala 的 **package** 名改为 **lw** 的测试文件 LwTest.scala。运行测试命令，如图 8.4 所示。

清单8.19 chisel-template/src/test/scala/LwTest.scala

```
package lw
...
```

```
$ cd /src/chisel-template
$ sbt "testOnly lw.HexTest"
```

图 8.4 在 Docker 容器中运行 **sbt** 测试命令

测试结果如图 8.5 所示。

```
pc_reg    : 0x00000000
inst      : 0x00802303 //LW 指令
rs1_addr  : 0
rs2_addr  : 8
wb_addr   : 6 //6 号寄存器回写
rs1_data  : 0x00000000
rs2_data  : 0x00000000
wb_data   : 0x22222222 // 从存储器加载数据
dmem.addr : 8 // 从存储器地址 8 读取数据
----------
pc_reg    : 0x00000004
inst      : 0x14131211
rs1_addr  : 6
rs2_addr  : 1
wb_addr   : 4
rs1_data  : 0x22222222 // 将从存储器加载的数据保存在 6 号寄存器中
rs2_data  : 0x00000000
wb_data   : 0x00802303
dmem.addr : 0
```

图 8.5 测试结果

可以看出，第 2 个循环中的 **rs1_data**，由 **LW** 指令回写的数据被成功读取了。

第9章

SW 指令的实现

在实现 LW 指令后，我们实现另一个访存指令——SW 指令。

9.1 RISC-V的SW指令定义

SW 指令是“store word”的缩写，是将 32 位的寄存器数据写入存储器的指令。LW 指令的汇编描述见清单 9.1，SW 指令的运算内容见清单 9.2。

清单9.1　SW指令的汇编描述

```
sw rs2, offset(rs1)
```

清单9.2　SW指令的运算内容

```
M[x[rs1] + sext(imm_s)] = x[rs2]
```

SW 指令的位配置（S 格式）见表 9.1。

表 9.1　SW 指令的位配置（S 格式）

31 ~ 25	24 ~ 20	19 ~ 15	14 ~ 12	11 ~ 7	6 ~ 0
imm_s[11 : 5]	rs2	rs1	010	imm_s[4 : 0]	0100011

LW 指令为 I 格式，SW 指令为 S 格式。对于立即数，LW 指令的 I 格式被指定为 [31:20]，SW 指令的 S 格式则被分为 [31:25] 和 [11:7]。S 格式的立即数为 imm_s，用于描述存储器地址的 offset。

imm_i 和 imm_s 的位配置差异，主要在于有无 rd 和 rs2，如图 9.1 所示。LW 指令没有 rs2，有 rd，位列的前 12 位可以连续存放立即数。而 SW 指令有 rs2，没有 rd，所以立即数的低 5 位释放给 rd 部分，rs2 存放在 [24:20]。

31 25	24 20	19 15	14 12	11 7	6 0	
imm[11:0]		rs1	funct3	rd	opcode	I格式
imm[11:5]	rs2	rs1	funct3	imm[4:0]	opcode	S格式

图 9.1 I 格式和 S 格式的比较

从 RISC-V 的角度来看，许多指令中出现的“**s2** 和 **rd** 的位址不变”的现象，使译码更容易，而且可以灵活适应部分立即数。

9.2 Chisel的实现

本章的实现文件以 **package sw** 的形式保存在本书源代码文件中的 chisel-template/src/main/scala/04_sw/ 目录下。

sw 指令所需添加的实现大致有以下 4 个方面。

① 指令位模式的定义。

② CPU 和存储器间的端口定义。

③ CPU 内部的处理实现。

④ 存储器的数据写入实现。

sw 指令的处理流程如图 9.2 所示。

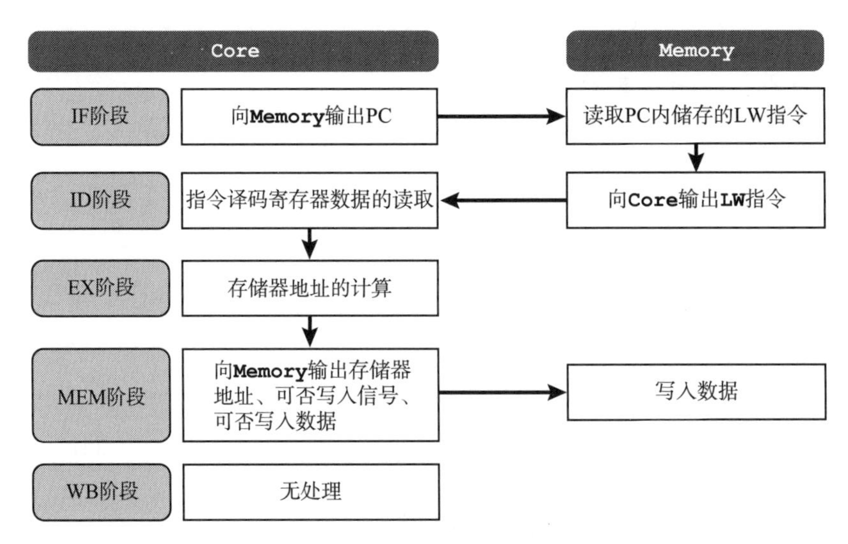

图 9.2 **sw** 指令的处理流程

9.2.1　指令位模式的定义

根据表 9.1 的配置，在 Instructions.scala 中定义 **SW** 指令的 **BitPat**，见清单 9.3。

清单9.3　chisel-template/src/common/Instructions.scala

```
val SW = BitPat("b?????????????????010?????0100011")
```

9.2.2　CPU和存储器间的端口定义

在 **DmemPortIo** 类中添加允许写入信号 **wen**、写入数据 **wdata** 两个端口，见清单 9.4。与读取不同，写入会影响数据实体，需要限制 **wen** 信号的写入时间。

清单9.4　Memory.scala

```
class DmemPortIo extends Bundle {
  ...
  val wen = Input(Bool()) // 添加
  val wdata = Input(UInt(WORD_LEN.W)) // 添加
}
```

9.2.3　CPU内部的处理实现

接下来，在 Core.scala 中添加 CPU 内部的处理。

▌立即数的译码（ID阶段）

在 ID 阶段，实现 **SW** 指令所属 **S** 格式指令的立即数 **imm_s** 的译码处理。符号扩展与 **imm_i** 的一样，用 **imm_s** 的最高位补齐高 20 位，见清单 9.5。

清单9.5　立即数的译码

```
val imm_s = Cat(inst(31, 25), inst(11, 7))
val imm_s_sext = Cat(Fill(20, imm_s(11)), imm_s)
```

▌存储器地址的计算（EX阶段）

在 EX 阶段，存储器地址 **x[rs1]+sext(imm_s)** 的结果会输出到 **alu_out**，见清单 9.6。

清单9.6　Core.scala

```
val alu_out = MuxCase(0.U(WORD_LEN.W), Seq(
  (inst === LW) -> (rs1_data + imm_i_sext),
  (inst === SW) -> (rs1_data + imm_s_sext) // 添加
))
```

与存储器端口的信号连接（MEM阶段）

在 MEM 阶段，将信号连接到创建的存储器写入端口，见清单 9.7。

清单9.7　Core.scala

```
io.dmem.wen := (inst === SW) // 添加
io.dmem.wdata := rs2_data // 添加
```

存储器写入仅在 **wen** 为 **true.B** 时执行，因此不用 **SW** 指令也可以向 **wdata** 输出信号。

9.2.4　存储器的数据写入实现

在 **Memory** 类中，将 Core 输出的 **wdata** 信号以 8 位为单位逐一写入每个存储器地址，见清单 9.8。

清单9.8　Memory.scala

```
when(io.dmem.wen) {
  mem(io.dmem.addr) := io.dmem.wdata( 7, 0)
  mem(io.dmem.addr + 1.U) := io.dmem.wdata(15, 8)
  mem(io.dmem.addr + 2.U) := io.dmem.wdata(23,16)
  mem(io.dmem.addr + 3.U) := io.dmem.wdata(31,24)
}
```

9.3　运行测试

下面，测试实现的 Chisel。

9.3.1　创建指令文件sw.hex

创建本次要用的指令文件 sw.hex，见清单 9.9。

清单9.9　chisel-template/src/hex/sw.hex

```
03
23
80
00
23
28
60
00
22
22
22
22
```

以 32 位为单位整理 sw.hex，得到表 9.2。

表 9.2　以 32 位为单位整理 sw.hex 后的内容

地　址	数　据
0	00802303
4	00602823
8	22222222

第 1 行指令与 **LW** 指令用的测试完全相同，是将存储器地址 8 的数据（**0x22222222**）加载到 6 号寄存器。

第 2 行机器语言是 **SW** 指令的位配置，见表 9.3。

表 9.3　SW 指令的位配置

31 ~ 25	24 ~ 20	19 ~ 15	14 ~ 12	11 ~ 7	6 ~ 0
imm_s[11 : 5]	rs2	rs1	010	imm_s[4 : 0]	0100011
0000000	00110(6)	00000(0)	010	10000(16)	0100011

也就是说，第 2 行机器语言相当于将 6 号寄存器中的数据（**0x22222222**）写入存储器地址 16 的 **SW** 指令，见清单 9.10。

清单9.10　SW指令的运算内容

```
M[x[0] + sext(16)] = x[6]
```

9.3.2 存储器加载文件名的修改

由于 **HEX** 文件名改了，由 Memory.scala 加载的文件名也要进行相应修改，见清单 9.11。

清单9.11 Memory.scala

```
loadMemoryFromFile(mem, "src/hex/sw.hex")
```

9.3.3 测试结束条件的修改

正如存储器地址 4 的指令可以结束测试，我们也要修改 **exit** 信号的生成条件，见清单 9.12。

清单9.12 Core.scala

```
io.exit := (inst === 0x00602823.U(WORD_LEN.W))
```

9.3.4 添加调试信号

输出本次新添加的信号用于调试，见清单 9.13。

清单9.13 Core.scala

```
printf(p"dmem.wen : ${io.dmem.wen}\n")
printf(p"dmem.wdata : 0x${Hexadecimal(io.dmem.wdata)}\n")
```

9.3.5 测试命令和测试结果

创建一个仅将 FetchTest.scala 的 **package** 名改为 **sw** 的测试文件 SwTest.scala，见清单 9.14。运行测试命令，如图 9.3 所示。

清单9.14 chisel-template/src/test/scala/SwTest.scala

```
package sw
...
```

```
$ cd /src/chisel-template
$ sbt "testOnly sw.HexTest"
```

图 9.3 在 Docker 容器中运行 **sbt** 测试命令

测试结果如图 9.4 所示。

```
pc_reg      : 0x00000000
inst        : 0x00802303 //LW 指令
rs1_addr    : 0
rs2_addr    : 8
wb_addr     : 6
rs1_data    : 0x00000000
rs2_data    : 0x00000000
wb_data     : 0x22222222
dmem.addr   : 8
dmem.wen    : 0
dmem.wdata  : 0x00000000
-----------
pc_reg      : 0x00000004
inst        : 0x00602823 //SW 指令
rs1_addr    : 0
rs2_addr    : 6
wb_addr     : 16
rs1_data    : 0x00000000
rs2_data    : 0x22222222
wb_data     : 0x00000000
dmem.addr   : 16 // 写入目标存储器地址
dmem.wen    : 1 // 允许写入信号为 true
dmem.wdata  : 0x22222222 // 写入数据
```

图 9.4　测试结果

可以看出，预期的数据已通过 **SW** 指令写入存储器地址 16。

第10章

加减法指令的实现

实现加载/存储后，接下来实现最基本的运算——加减法。本次实现的加减法指令有 **ADD**、**SUB**、**ADDI**。

本章实现的加减法指令的测试内容相似，为免内容冗长，不作单独运行。实现所有基本指令后，用第 20 章介绍的测试工具 **riscv-tests** 确认指令实现是否正确。

此外，除了加载/存储指令，其他指令没有访存需求，因此不需要修改 Top.scala、Memory.scala，下文仅实现 Core.scala。

10.1 RISC-V的加减法指令定义

RISC-V 的 **ADD**、**SUB**、**ADDI** 指令定义见清单 10.1。

清单10.1 加减法指令的汇编描述

```
add rd, rs1, rs2
sub rd, rs1, rs2
addi rd, rs1, imm_i
```

加减法指令的运算内容见表 10.1。

表 10.1 加减法指令的运算内容

指 令	到 x[rd] 的回写数据
ADD	x[rs1]+x[rs2]
SUB	x[rs1] -x[rs2]
ADDI	x[rs1]+sext(imm_i)

ADD 和 **SUB** 的位配置（**R** 格式）见表 10.2。

表 10.2　**ADD** 和 **SUB** 的位配置（R 格式）

位 指令	31 ~ 25	24 ~ 20	19 ~ 15	14 ~ 12	11 ~ 7	6 ~ 0
ADD	0000000	rs2	rs1	000	rd	0110011
SUB	0100000	rs2	rs1	000	rd	0110011

ADDI 的位配置（**I** 格式）见表 10.3。

表 10.3　**ADDI** 的位配置（**I** 格式）

31 ~ 20	19 ~ 15	14 ~ 12	11 ~ 7	6 ~ 0
imm_i[11 : 0]	rs1	000	rd	0010011

ADDI 指令是使用立即数 **imm_i** 代替 **ADD** 指令中的 **rs2** 的加法指令。顺便一提，尽管未定义立即数减法指令 **SUBI**，**ADDI** 指令的立即数也可以通过负数描述来计算。

10.2　Chisel的实现

本章的实现文件保存在本书源代码文件中的 chisel-template/src/main/resources/cores/01_AddSub.scala 目录下。方便起见，文件名不是 Core.scala，但在第 20 章运行 **riscv-tests** 之前实现的每条指令的 Core 文件不需要单独编译和测试，所以没有问题。

10.2.1　指令位模式的定义

根据表 10.2 和表 10.3 的配置，在 Instructions.scala 中定义每条指令的 **BitPat**，见清单 10.2。

清单10.2　chisel-template/src/common/Instructions.scala

```
val ADD  = BitPat("b0000000??????????000?????0110011")
val SUB  = BitPat("b0100000??????????000?????0110011")
val ADDI = BitPat("b?????????????????000?????0010011")
```

10.2.2　加减法结果的连接（EX阶段）

将加减法结果连接到 **alu_out**，见清单 10.3。

清单10.3　01_AddSub.scala

```
val alu_out = MuxCase(0.U(WORD_LEN.W), Seq(
  (inst  === LW || inst === ADDI) -> (rs1_data + imm_i_sext), // 添加 ADDI
  (inst  === SW)  -> (rs1_data + imm_s_sext),
  (inst  === ADD) -> (rs1_data + rs2_data), // 添加 ADD
  (inst  === SUB) -> (rs1_data - rs2_data) // 添加 SUB
))
```

实际上，**ADDI** 指令的存储器地址计算与 **LW** 的完全相同，添加条件表达式即可。

10.2.3　加减法结果的寄存器回写（WB阶段）

除了 **LW** 指令，还要添加各个加减法指令作为寄存器回写指令。因此，用 **MuxCase** 实现连接到 **wb_data** 的信号的分支，见清单 10.4。**MuxCase** 的默认值设为以后添加指令时用得较多的 **alu_out**。

清单10.4　01_AddSub.scala

```
val wb_data = MuxCase(alu_out, Seq(
  (inst === LW) -> io.dmem.rdata
))
```

最后，在寄存器回写的执行条件中添加加减法指令，见清单 10.5。

清单10.5　01_AddSub.scala

```
when(inst === LW || inst === ADD || inst === ADDI || inst === SUB) {
  regfile(wb_addr) := wb_data
}
```

第11章 逻辑运算的实现

本章实现逻辑运算指令。

11.1 RISC-V的逻辑运算指令定义

逻辑运算指的是第 1 章所述布尔运算中出现的 **AND**、**OR** 等运算。RISC-V 中主要有 6 条逻辑运算指令，汇编描述见清单 11.1。

清单11.1 逻辑运算指令的汇编描述

```
and  rd, rs1, rs2
or   rd, rs1, rs2
xor  rd, rs1, rs2
andi rd, rs1, imm_i
ori  rd, rs1, imm_i
xori rd, rs1, imm_i
```

6 个逻辑运算和至 **x[rs1]** 的回写数据见表 11.1。

表 11.1 逻辑运算的类型

指　令	至 x[rs1] 的回写数据
AND	x[rs1] & x[rs2]
OR	x[rs1] | x[rs2]
XOR	x[rs1] ^ x[rs2]
ANDI	x[rs1]& sext(imm_i)
ORI	x[rs1] | sext(imm_i)
XORI	x[rs1] ^ sext(imm_i)

逻辑运算指令的位配置（**R** 格式）见表 11.2。

表 11.2 逻辑运算指令的位配置（R 格式）

指令 \ 位	31 ~ 25	24 ~ 20	19 ~ 15	14 ~ 12	11 ~ 7	6 ~ 0
AND	0000000	rs2	rs1	111	rd	0110011
OR	0000000	rs2	rs1	110	rd	0110011
XOR	0000000	rs2	rs1	100	rd	0110011

立即数逻辑运算指令的位配置（**I** 格式）见表 11.3。

表 11.3 立即数逻辑运算指令的位配置（I 格式）

指令 \ 位	31 ~ 20	19 ~ 15	14 ~ 12	11 ~ 7	6 ~ 0
ANDI	imm_i [11:0]	rs1	111	rd	0010011
ORI	imm_i [11:0]	rs1	110	rd	0010011
XORI	imm_i [11:0]	rs1	100	rd	0010011

ANDI、**ROI**、**XORI** 都连接指令的 **[31:20]** 位和 **rs2** 作为立即数 **imm_i**。

11.2 Chisel的实现

本章的 Core 实现文件保存在本书源代码文件中的 chisel-template/src/main/resources/cores/02_Logical.scala 目录下。

11.2.1 指令位模式的定义

根据表 11.2 和表 11.3 的配置，在 Instructions.scala 中定义每条指令的 **BitPat**，见清单 11.2。

清单11.2 chisel-template/src/common/Instructions.scala

```
val AND  = BitPat("b0000000??????????111?????0110011")
val OR   = BitPat("b0000000??????????110?????0110011")
val XOR  = BitPat("b0000000??????????100?????0110011")
val ANDI = BitPat("b?????????????????111?????0010011")
val ORI  = BitPat("b?????????????????110?????0010011")
val XORI = BitPat("b?????????????????100?????0010011")
```

11.2.2 逻辑运算结果的连接（EX阶段）

我们将在 EX 阶段实现逻辑运算。在 Chisel 中，每个运算符都已定义为 **UInt** 类运算符，对其进行描述即可，见清单 11.3。

清单11.3 02_Logical.scala

```
val alu_out = MuxCase(0.U(WORD_LEN.W), Seq(
  ...
  (inst === AND)  -> (rs1_data & rs2_data),
  (inst === OR)   -> (rs1_data | rs2_data),
  (inst === XOR)  -> (rs1_data ^ rs2_data),
  (inst === ANDI) -> (rs1_data & imm_i_sext),
  (inst === ORI)  -> (rs1_data | imm_i_sext),
  (inst === XORI) -> (rs1_data ^ imm_i_sext)
))
```

11.2.3 逻辑运算结果的寄存器回写（WB阶段）

在寄存器回写的执行条件中添加逻辑运算指令，见清单 11.4。

清单11.4 02_Logical.scala

```
when(inst === LW || inst === ADD || inst === ADDI || inst === SUB || inst === AND ||
  inst === OR || inst === XOR || inst === ANDI || inst === ORI || inst == XORI) {
    regfile(wb_addr) := wb_data
}
```

第12章 译码器的强化

截至上一章，Chisel代码可以正常工作了，接下来要面临新的挑战——译码器的强化。本章的Core实现文件保存在本书源代码文件中的chisel-template/src/main/resources/cores/03_DecodeMore.scala目录下。

12.1 ALU译码

清单12.1是上一章实现了的ALU，你是否发现它在重复相同运算，过于冗长？

清单12.1 Logical.scala

```
val alu_out = MuxCase(0.U(WORD_LEN.W), Seq(
  ...
  (inst === AND)  -> (rs1_data & rs2_data),
  (inst === OR)   -> (rs1_data | rs2_data),
  (inst === XOR)  -> (rs1_data ^ rs2_data),
  (inst === ANDI) -> (rs1_data & imm_i_sext),
  (inst === ORI)  -> (rs1_data | imm_i_sext),
  (inst === XORI) -> (rs1_data ^ imm_i_sext)
))
```

例如，**AND**和**ANDI**只有第二操作数不同。为了共用相似的运算器，我们在ID阶段分别对ALU中的运算内容、第一操作数和第二操作数进行译码。

12.1.1 译码器的强化（ID阶段）

为了强化译码器，我们对每条指令的运算内容和操作数类型进行译码。具体来说，运算内容译码为 **exe_fun**，第一操作数译码为 **op1_sel**，第二操作数译码为 **op2_sel**。

使用 **ListLookup** 对象作为译码方法，见清单 12.2。这里出现的常量都是清单 4.3 “Consts.scala” 中定义的。

清单12.2　03_DecodeMore.scala

```
val csignals = ListLookup(inst,List(ALU_X , OP1_RS1, OP2_RS2),
  Array(
    LW   -> List(ALU_ADD, OP1_RS1, OP2_IMI),
    SW   -> List(ALU_ADD, OP1_RS1, OP2_IMS),
    ADD  -> List(ALU_ADD, OP1_RS1, OP2_RS2),
    ADDI -> List(ALU_ADD, OP1_RS1, OP2_IMI),
    SUB  -> List(ALU_SUB, OP1_RS1, OP2_RS2),
    AND  -> List(ALU_AND, OP1_RS1, OP2_RS2),
    OR   -> List(ALU_OR , OP1_RS1, OP2_RS2),
    XOR  -> List(ALU_XOR, OP1_RS1, OP2_RS2),
    ANDI -> List(ALU_AND, OP1_RS1, OP2_IMI),
    ORI  -> List(ALU_OR , OP1_RS1, OP2_IMI),
    XORI -> List(ALU_XOR, OP1_RS1, OP2_IMI)
  )
)
val exe_fun :: op1_sel :: op2_sel :: Nil = csignals
```

根据 **op1_sel**、**op2_sel** 这两个译码信号，译码要传递给 EX 阶段的操作数见清单 12.3。

清单12.3　03_DecodeMore.scala

```
val op1_data = MuxCase(0.U(WORD_LEN.W), Seq(
  (op1_sel === OP1_RS1) -> rs1_data
))

val op2_data = MuxCase(0.U(WORD_LEN.W), Seq(
  (op2_sel === OP2_RS2) -> rs2_data,
  (op2_sel === OP2_IMI) -> imm_i_sext,
  (op2_sel === OP2_IMS) -> imm_s_sext
))
```

12.1.2　利用译码信号简化ALU（EX阶段）

下面利用 **exe_fun** 信号简化 EX 阶段的 ALU，见清单 12.4。

清单12.4　03_DecodeMore.scala

```
val alu_out = MuxCase(0.U(WORD_LEN.W), Seq(
  (exe_fun === ALU_ADD) -> (op1_data + op2_data),
  (exe_fun === ALU_SUB) -> (op1_data - op2_data),
  (exe_fun === ALU_AND) -> (op1_data & op2_data),
  (exe_fun === ALU_OR)  -> (op1_data | op2_data),
  (exe_fun === ALU_XOR) -> (op1_data ^ op2_data)
))
```

例如，逻辑与 **AND** 部分可以由 2 行简化为 1 行，见清单 12.5 和清单 12.6。

清单12.5　简化前的加法部分

```
(inst === AND)  -> (rs1_data & rs2_data),
(inst === ANDI) -> (rs1_data & imm_i_sext),
```

清单12.6　简化后的加法部分

```
(exe_fun === ALU_AND) -> (op1_data & op2_data),
```

可见，其他运算部分也可以统一指令间重复运算处理的定义。

12.2　MEM译码

按照该流程，为 MEM 阶段输出译码后的信号。原本是在 MEM 阶段对 **inst** 进行译码，以判断存储器的允许写入信号 **wen**，见清单 12.7。

清单12.7　译码强化前的MEM阶段

```
io.dmem.wen := (inst === SW)
```

强化译码可以省略 MEM 阶段的 **inst** 译码。

12.2.1　译码器的强化（ID阶段）

在 ID 阶段预先对 **wen** 信号进行译码，并将其保存在变量 **mem_wen** 中，见清单 12.8。

清单12.8　03_DecodeMore.scala

```
val csignals = ListLookup(inst, List(ALU_X , OP1_RS1, OP2_RS2, MEN_X),
  Array(
    LW   -> List(ALU_ADD, OP1_RS1, OP2_IMI, MEN_X),
    SW   -> List(ALU_ADD, OP1_RS1, OP2_IMS, MEN_S),
```

```
    ADD  -> List(ALU_ADD, OP1_RS1, OP2_RS2, MEN_X),
    ADDI -> List(ALU_ADD, OP1_RS1, OP2_IMI, MEN_X),
    SUB  -> List(ALU_SUB, OP1_RS1, OP2_RS2, MEN_X),
    AND  -> List(ALU_AND, OP1_RS1, OP2_RS2, MEN_X),
    OR   -> List(ALU_OR , OP1_RS1, OP2_RS2, MEN_X),
    XOR  -> List(ALU_XOR, OP1_RS1, OP2_RS2, MEN_X),
    ANDI -> List(ALU_AND, OP1_RS1, OP2_IMI, MEN_X),
    ORI  -> List(ALU_OR , OP1_RS1, OP2_IMI, MEN_X),
    XORI -> List(ALU_XOR, OP1_RS1, OP2_IMI, MEN_X)
  )
)

val exe_fun :: op1_sel :: op2_sel :: mem_wen :: Nil = csignals
```

MEN_S 表示向存储器写入，**MEN_X** 表示不写入。**MEN_S** 中的“**S**”表示“标量”，区别于与下文中实现向量指令时出现的 **MEN_V**。

12.2.2 指令译码的非必要化（MEM阶段）

利用该 **mem_wen** 信号可以改写 MEM 阶段的处理，见清单 12.9。

清单12.9 译码器强化后的MEM阶段

```
io.dmem.wen := mem_wen
```

这样，MEM 阶段 **inst** 的重新译码处理就变得非必要了。

12.3 WB译码

最后，为 WB 阶段生成译码信号。原本是在 WB 阶段对 **inst** 进行译码，以判断 **wb_data** 的类型和是否存在回写行为，见清单 12.10。

清单12.10 译码器强化前的WB阶段

```
val wb_data = MuxCase(alu_out, Seq(
  (inst === LW) -> io.dmem.rdata
))
when(inst === LW || inst === ADD || inst === ADDI || inst === SUB || inst === AND ||
  inst === OR || inst === XOR || inst === ANDI || inst === ORI || inst == XORI) {
    regfile(wb_addr) := wb_data
  }
```

12.3.1 译码器强化（ID阶段）

这里，在 ID 阶段预先对 **wb_data** 的识别信号和回写有效信号进行译码，并将其保存在 **rf_wen** 和 **wb_sel** 中，见清单 12.11。

清单12.11 03_DecodeMore.scala

```
val csignals = ListLookup(inst,
     List(ALU_X , OP1_RS1, OP2_RS2, MEN_X, REN_X, WB_X ),
  Array(
    LW   -> List(ALU_ADD, OP1_RS1, OP2_IMI, MEN_X, REN_S, WB_MEM),
    SW   -> List(ALU_ADD, OP1_RS1, OP2_IMS, MEN_S, REN_X, WB_X ),
    ADD  -> List(ALU_ADD, OP1_RS1, OP2_RS2, MEN_X, REN_S, WB_ALU),
    ADDI -> List(ALU_ADD, OP1_RS1, OP2_IMI, MEN_X, REN_S, WB_ALU),
    SUB  -> List(ALU_SUB, OP1_RS1, OP2_RS2, MEN_X, REN_S, WB_ALU),
    AND  -> List(ALU_AND, OP1_RS1, OP2_RS2, MEN_X, REN_S, WB_ALU),
    OR   -> List(ALU_OR , OP1_RS1, OP2_RS2, MEN_X, REN_S, WB_ALU),
    XOR  -> List(ALU_XOR, OP1_RS1, OP2_RS2, MEN_X, REN_S, WB_ALU),
    ANDI -> List(ALU_AND, OP1_RS1, OP2_IMI, MEN_X, REN_S, WB_ALU),
    ORI  -> List(ALU_OR , OP1_RS1, OP2_IMI, MEN_X, REN_S, WB_ALU),
    XORI -> List(ALU_XOR, OP1_RS1, OP2_IMI, MEN_X, REN_S, WB_ALU)
  )
)
val exe_fun :: op1_sel :: op2_sel :: mem_wen :: rf_wen ::wb_sel ::
   Nil = csignals
```

12.3.2 指令译码的非必要化（WB阶段）

在 WB 阶段进行指令译码的非必要化，见清单 12.12。

清单12.12 03_DecodeMore.scala

```
val wb_data = MuxCase(alu_out, Seq(
  (wb_sel === WB_MEM) -> io.dmem.rdata
))
when(rf_wen === REN_S) {
  regfile(wb_addr) := wb_data
}
```

方便起见，虽然定义了 **WB_X** 和 **WB_ALU**，但是除了 **WB_MEM**，**alu_out** 默认连接到 **wb_data**。**WB_X** 不对寄存器进行回写，将回写有效信号 **rf_wen** 变为 **REN_X** 即可。因此，在 Consts.scala 中，**WB_X** 和 **WB_ALU** 都定义为 **0.U**，见清单 12.13。

清单12.13　Consts.scala

```
val WB_SEL_LEN = 3
val WB_X    = 0.U(WB_SEL_LEN.W)
val WB_ALU = 0.U(WB_SEL_LEN.W)
```

译码器强化到此结束。由于不必将 **inst** 传递给 EX 以后的阶段，电路和代码的可读性得以提高。

第13章 移位运算的实现

本章实现移位运算指令。

13.1 RISC-V的移位运算指令定义

RISC-V 提供了 6 个移位运算指令，汇编描述见清单 13.1。

清单13.1 移位运算指令的汇编描述

```
sll  rd, rs1, rs2
srl  rd, rs1, rs2
sra  rd, rs1, rs2
slli rd, rs1, shamt
srli rd, rs1, shamt
srai rd, rs1, shamt
```

6 个移位运算指令和至 **x[rd]** 的回写数据见表 13.1。

表 13.1 移位运算指令

指 令	至 x[rd] 的回写数据
SLL（逻辑左移）	x[rs1] << x[rs2] (4,0)
SRL（逻辑右移）	x[rs1] >>u x[rs2] (4,0)
SRA（算术右移）	x[rs1] >>s x[rs2] (4,0)
SLLI	x[rs1] << imm_i_sext(4,0)
SRLI	x[rs1] >>u imm_i_sext(4,0)
SRAI	x[rs1] >>s imm_i_sext(4,0)

移位运算指令的位配置（**R** 格式）见表 13.2。

表 13.2　移位运算指令的位配置（R 格式）

指令 \ 位	31 ~ 25	24 ~ 20	19 ~ 15	14 ~ 12	11 ~ 7	6 ~ 0
SLL	0000000	rs2	rs1	001	rd	0110011
SRL	0000000	rs2	rs1	101	rd	0110011
SRA	0100000	rs2	rs1	101	rd	0110011

立即数移位运算指令的位配置（I 格式）见表 13.3。

表 13.3　移位运算指令的位配置（I 格式）

指令 \ 位	31 ~ 25	24 ~ 20	19 ~ 15	14 ~ 12	11 ~ 7	6 ~ 0
SLLI	0000000	shamt	rs1	001	rd	0010011
SRLI	0000000	shamt	rs1	101	rd	0010011
SRAI	0100000	shamt	rs1	101	rd	0010011

<< 表示逻辑左移，**>>u** 表示逻辑右移。**>>s** 表示算术右移。前 3 种 **R** 格式的移位量（**shamt**）由 **x[rs2]** 的低 5 位指定，后 3 种 **I** 格式的移位量由立即数（相当于 **imm_i_sext** 的低 5 位）指定。32 位 CPU 的最大移位量是 31，用 5 位就能描述所有情况（5 位可描述的范围为 0 ~ $2^5-1=31$）

13.2　Chisel的实现

下面在 Chisel 中具体实现移位运算指令。本章的 Core 实现文件保存在本书源代码文件中的 chisel-template/src/main/resources/cores/04_Shift.scala 目录下。

13.2.1　指令位模式的定义

根据表 13.2 和表 13.3，在 Instructions.scala 中定义每条指令的 **BitPat**，见清单 13.2。

清单13.2　chisel-template/src/common/Instructions.scala

```
val SLL  = BitPat("b0000000??????????001?????0110011")
val SRL  = BitPat("b0000000??????????101?????0110011")
val SRA  = BitPat("b0100000??????????101?????0110011")
val SLLI = BitPat("b0000000??????????001?????0010011")
val SRLI = BitPat("b0000000??????????101?????0010011")
val SRAI = BitPat("b0100000??????????101?????0010011")
```

13.2.2 译码信号的生成（ID阶段）

将移位运算的译码结果添加到 **csignals**，见清单 13.3。

清单13.3 04_Shift.scala

```
val csignals = ListLookup(inst,
  List(ALU_X , OP1_RS1, OP2_RS2, MEN_X, REN_X,WB_X ),
  Array(
    ...
    SLL  -> List(ALU_SLL, OP1_RS1, OP2_RS2, MEN_X, REN_S, WB_ALU),
    SRL  -> List(ALU_SRL, OP1_RS1, OP2_RS2, MEN_X, REN_S, WB_ALU),
    SRA  -> List(ALU_SRA, OP1_RS1, OP2_RS2, MEN_X, REN_S, WB_ALU),
    SLLI -> List(ALU_SLL, OP1_RS1, OP2_IMI, MEN_X, REN_S, WB_ALU),
    SRLI -> List(ALU_SRL, OP1_RS1, OP2_IMI, MEN_X, REN_S, WB_ALU),
    SRAI -> List(ALU_SRA, OP1_RS1, OP2_IMI, MEN_X, REN_S, WB_ALU)
  )
)
```

exe_fun 新增了 **ALU_SLL**、**ALU_SRL**、**ALU_SRA** 类型，与对应的立即数移位运算指令共用 ALU。

13.2.3 移位运算结果的连接（EX阶段）

将不同 **exe_fun** 的移位运算结果连接到 **alu_out**，见清单 13.4。

清单13.4 04_Shift.scala

```
val alu_out = MuxCase(0.U(WORD_LEN.W), Seq(
  ...
  (exe_fun === ALU_SLL) -> (op1_data << op2_data(4, 0))(31, 0),
  (exe_fun === ALU_SRL) -> (op1_data >> op2_data(4, 0)).asUInt(),
  (exe_fun === ALU_SRA) -> (op1_data.asSInt() >> op2_data(4, 0)).asUInt()
))
```

Chisel 的左移运算符 **<<** 会将位宽扩展移位量，因此通过（**31, 0**）的位选择，提取位宽扩展后的低 32 位。要注意的是，即使加法溢出，返回值的位宽也不会变，但左移会增加位宽。

此外，右移运算符 **>>** 返回 **Bits** 型（**UInt** 和 **SInt** 的父类），而提取部分位列的 **Bits** 型（**Int, Int**）返回 **UInt** 型。因此，除了选择低 32 位的 **ALU_SLL**，还要在移位运算后明确转换为 **UInt** 型。

第14章 比较运算的实现

本章实现比较运算指令。

14.1 RISC-V的比较运算指令定义

比较运算（**SLT**[①] 指令）比较两个操作数的大小，若第一操作数小于第二操作数，则向指定寄存器中写入 1，否则写入 0。

RISC-V 根据第二操作数的类型、符号有无，定义了 4 种比较运算。比较运算指令的汇编描述见清单 14.1。

清单14.1 比较运算指令的汇编描述

```
slt   rd, rs1, rs2
sltu  rd, rs1, rs2
slti  rd, rs1, imm_i
sltiu rd, rs1, imm_i
```

4 个比较运算指令和至 **x[rd]** 的回写数据见表 14.1。

表 14.1 比较运算的类型

指 令	至 x[rd] 的回写数据
SLT	x[rs1] <s x[rs2]
SLTU	x[rs1] <u x[rs2]
SLTI	x[rs1] <s imm_i_sext
SLTIU	x[rs1] <u imm_i_sext

① **SLT**：set if less than，如果小于则设置。

`<s` 表示有符号整数的比较，`<u` 表示无符号整数的比较。

比较运算指令的位配置（**R** 格式）见表 14.2。

表 14.2　比较运算指令的位配置（R 格式）

位 指令	31 ~ 25	24 ~ 20	19 ~ 15	14 ~ 12	11 ~ 7	6 ~ 0
SLT	0000000	rs2	rs1	010	rd	0110011
SLTU	0000000	rs2	rs1	011	rd	0110011

立即数比较运算指令的位配置（**I** 格式）见表 14.3。

表 14.3　立即数比较运算指令的位配置（I 格式）

位 指令	31 ~ 25	24 ~ 20	19 ~ 15	14 ~ 12	11 ~ 7
SLTI	imm_i [11:0]	rs1	010	rd	0010011
SLTIU	imm_i [11:0]	rs1	011	rd	0010011

14.2　Chisel的实现

下面，我们在 Chisel 中实现比较运算指令。本章的 Core 实现文件保存在本书源代码文件中的 chisel-template/src/main/resources/cores/05_Compare.scala 目录下。

14.2.1　指令位模式的定义

根据表 14.2 和表 14.3，在 Instructions.scala 中定义每条指令的 **BitPat**，见清单 14.2。

清单14.2　chisel-template/src/common/Instructions.scala

```
val SLT   = BitPat("b0000000??????????010?????0110011")
val SLTU  = BitPat("b0000000??????????011?????0110011")
val SLTI  = BitPat("b?????????????????010?????0010011")
val SLTIU = BitPat("b?????????????????011?????0010011")
```

14.2.2　译码信号的生成（ID阶段）

在 **csignals** 中添加比较运算指令的译码结果，见清单 14.3。

清单14.3　csignals

```
val csignals = ListLookup(inst,
  List(ALU_X , OP1_RS1, OP2_RS2, MEN_X, REN_X, WB_X ),
  Array(
    ...
    SLT   -> List(ALU_SLT , OP1_RS1, OP2_RS2, MEN_X, REN_S, WB_ALU),
    SLTU  -> List(ALU_SLTU, OP1_RS1, OP2_RS2, MEN_X, REN_S, WB_ALU),
    SLTI  -> List(ALU_SLT , OP1_RS1, OP2_IMI, MEN_X, REN_S, WB_ALU),
    SLTIU -> List(ALU_SLTU, OP1_RS1, OP2_IMI, MEN_X, REN_S, WB_ALU),
  )
)
```

exe_fun 新增了 **ALU_SLT**、**ALU_SLTU** 两种类型，共用对应的立即数移位运算指令和运算处理。

14.2.3　比较运算结果的连接（EX阶段）

将比较运算结果连接到 **alu_out**，见清单 14.4。

清单14.4　alu_out

```
val alu_out = MuxCase(0.U(WORD_LEN.W), Seq(
  ...
  (exe_fun === ALU_SLT)  -> (op1_data.asSInt() < op2_data.asSInt()).asUInt(),
  (exe_fun === ALU_SLTU) -> (op1_data < op2_data).asUInt()
))
```

进行有符号比较时，要先用 **asSInt()** 方法将操作数数据转换成 **SInt** 型，再进行比较运算。

此外，Chisel 的比较运算符 **<** 返回 **Bool** 型，需要用 **asUInt()** 方法转换为 **UInt** 型。

第15章 分支指令的实现

本章实现分支指令。

15.1 RISC-V的分支指令定义

分支指令是根据条件改变 PC 值的指令。到目前为止，实现的加减法、逻辑运算、移位运算、比较运算均在 WB 阶段回写到通用寄存器，分支指令的运算结果更新的是 PC 寄存器，而不是通用寄存器的值。分支指令的汇编描述见清单 15.1。

清单15.1 分支指令的汇编描述

```
beq  rs1, rs2, offset
bne  rs1, rs2, offset
blt  rs1, rs2, offset
bge  rs1, rs2, offset
bltu rs1, rs2, offset
bgeu rs1, rs2, offset
```

分支指令的运算内容见表 15.1。`offset` 对应 `sext(imm_b)`。

表 15.1 分支指令的运算内容

指 令	条 件	条件成立时的下一个循环 PC
BEQ	x[rs1]===x[rs2]	当前 PC+sext(imm_b)
BNE	x[rs1]=/= x[rs2]	当前 PC+sext (imm_b)
BLT	x[rs1] <s x[rs2]	当前 PC+sext (imm_b)
BGE	x[rs1] >=s x[rs2]	当前 PC+sext (imm_b)
BLTU	x[rs1] <u x[rs2]	当前 PC+sext(imm_b)
BGEU	x[rs1] >=u x[rs2]	当前 PC+sext(imm_b)

分支指令的位配置（**B** 格式）见表 15.2。

表 15.2　分支指令的位配置（B 格式）

<table>
<tr><th>指令＼位</th><th>31 ~ 25</th><th>24 ~ 20</th><th>19 ~ 15</th><th>14 ~ 12</th><th>11 ~ 7</th><th>6 ~ 0</th></tr>
<tr><td>BEQ</td><td>imm_b[12 | 10:5]</td><td>rs2</td><td>rs1</td><td>000</td><td>imm_b[4:1 | 11]</td><td>1100011</td></tr>
<tr><td>BNE</td><td>imm_b[12 | 10:5]</td><td>rs2</td><td>rs1</td><td>001</td><td>imm_b[4:1 111]</td><td>1100011</td></tr>
<tr><td>BLT</td><td>imm_b[12 | 10:5]</td><td>rs2</td><td>rs1</td><td>100</td><td>imm_b[4:1 | 11]</td><td>1100011</td></tr>
<tr><td>BGE</td><td>imm_b[12 | 10:5]</td><td>rs2</td><td>rs1</td><td>101</td><td>imm_b[4:1 | 11]</td><td>1100011</td></tr>
<tr><td>BLTU</td><td>imm_b[12 | 10:5]</td><td>rs2</td><td>rs1</td><td>110</td><td>imm_b[4:1 | 11]</td><td>1100011</td></tr>
<tr><td>BGEU</td><td>imm_b[12 | 10:5]</td><td>rs2</td><td>rs1</td><td>111</td><td>imm_b[4:1 | 11]</td><td>1100011</td></tr>
</table>

RISC-V 的指令位配置如图 15.1 所示。但是，关于分支指令所属的 **B** 格式的立即数 **imm_b** 的取法，有两点要注意。

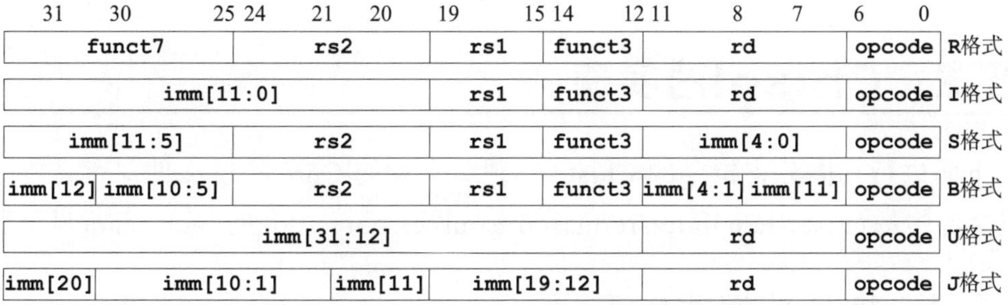

31	30 ~ 25	24 ~ 21	20	19 ~ 15	14 ~ 12	11 ~ 8	7	6 ~ 0	
funct7		rs2		rs1	funct3	rd		opcode	R格式
imm[11:0]				rs1	funct3	rd		opcode	I格式
imm[11:5]		rs2		rs1	funct3	imm[4:0]		opcode	S格式
imm[12]	imm[10:5]	rs2		rs1	funct3	imm[4:1]	imm[11]	opcode	B格式
imm[31:12]						rd		opcode	U格式
imm[20]	imm[10:1]		imm[11]	imm[19:12]		rd		opcode	J格式

图 15.1　RISC-V 的指令位配置

一是指令位列中只指定了立即数 12 位的高 11 位。实际上，图 15.1 所示的 **B** 格式中并未描述 **imm[0]**，**imm[0]** 始终为 0。这样，立即数始终是 2 的倍数。

这么设计的原因是可以用立即数描述更大的范围，即跳转到更远的地址。

在 RISC-V 中，普通指令的长度是 32 位，包含压缩扩展指令（C）时就会变成 16 位或 32 位。**PC** 只能是指令长度的整数倍，即 16 位 = 2 字节的整数倍。也就是说，**PC** 必然是 2 的倍数。因此，不对指令列的最低位编码，用为立即数保留的 12 位可以表示 13 位的范围[①]。

二是立即数的配置并非有序排列。但是从图 15.2 可以看出，即使指令格式不同，符号扩展后的立即数的每一位都尽可能对应了指令位列的相同位。

① 本书的实现均以32位指令描述，不以16位为单位访问指令存储器。

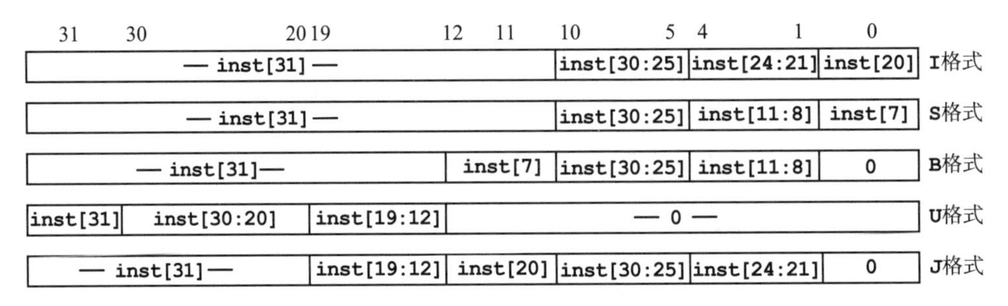

图 15.2 指令格式不同的 32 位符号扩展立即数

这样就可以共享立即数生成电路，从而简化硬件。例如，进行 32 位符号扩展时，立即数的最高位始终配置为 **inst[31]**，所以无论何种指令类型，都可以共享立即数的符号扩展处理。在使用 Chisel 代码时，我们更关注逻辑的实现，因此很少关注具体的电路，但这是优化电路效率的示例，请务必了解。

15.2 Chisel的实现

下面进行具体分支指令的 Chisel 实现。本章的 Core 实现文件保存在本书源代码文件中的 chisel-template/src/main/resources/cores/06_Branch.scala 目录下。

15.2.1 指令位模式的定义

根据表 15.2，在 Instructions.scala 中定义每条指令的 **BitPat**，见清单 15.2。

清单15.2 chisel-template/src/common/Instructions.scala

```
val BEQ  = BitPat("b?????????????????000?????1100011")
val BNE  = BitPat("b?????????????????001?????1100011")
val BLT  = BitPat("b?????????????????100?????1100011")
val BGE  = BitPat("b?????????????????101?????1100011")
val BLTU = BitPat("b?????????????????110?????1100011")
val BGEU = BitPat("b?????????????????111?????1100011")
```

15.2.2 PC的控制（IF阶段）

在分支计算中，分支目标由 **br_target** 管理，分支控制由 **br_flg** 管理，见清单 15.3。具体来说，如果分支控制信号 **br_flg** 为 **true.B**，则 **PC** 实现为分支目标 **br_target**。

清单15.3　06_Branch.scala

```
val pc_plus4  = pc_reg + 4.U(WORD_LEN.W)
val br_flg    = Wire(Bool())
val br_target = Wire(UInt(WORD_LEN.W))

val pc_next   = MuxCase(pc_plus4, Seq(
  br_flg -> br_target
))
pc_reg := pc_next
```

br_flg 和 **br_target** 的值是在 EX 阶段规定的，在 IF 阶段通过 **Wire** 事先声明即可。

pc_next 使用 **MuxCase** 对象，但由于条件只有一个，所以 **Mux** 对象也可以使用。考虑到今后条件还会增加，我们提前采用 **MuxCase**。

15.2.3　立即数和译码信号的生成（ID阶段）

首先，对立即数 **imm_b** 进行译码，见清单 15.4。

清单15.4　06_Branch.scala

```
val imm_b = Cat(inst(31), inst(7), inst(30, 25), inst(11, 8))
val imm_b_sext = Cat(Fill(19, imm_b(11)), imm_b, 0.U(1.U))
```

然后，为分支指令定义 **csignals**，见清单 15.5。

清单15.5　06_Branch.scala

```
val csignals = ListLookup(inst,
  List(ALU_X , OP1_RS1, OP2_RS2, MEN_X, REN_X, WB_X),
  Array(
    ...
    BEQ  -> List(BR_BEQ , OP1_RS1, OP2_RS2, MEN_X, REN_X, WB_X),
    BNE  -> List(BR_BNE , OP1_RS1, OP2_RS2, MEN_X, REN_X, WB_X),
    BGE  -> List(BR_BLT , OP1_RS1, OP2_RS2, MEN_X, REN_X, WB_X),
    BGEU -> List(BR_BGE , OP1_RS1, OP2_RS2, MEN_X, REN_X, WB_X),
    BLT  -> List(BR_BLTU, OP1_RS1, OP2_RS2, MEN_X, REN_X, WB_X),
    BLTU -> List(BR_BGEU, OP1_RS1, OP2_RS2, MEN_X, REN_X, WB_X)
  )
)
```

分支指令不回写寄存器，所以是 **REN_X**、**WB_X**。

15.2.4 分支可否、跳转目标地址的计算（EX阶段）

分支指令不产生 **alu_out**，而是分别生成条件成立的控制信号 **br_flg** 和目标地址跳转的 **br_target**，见清单 15.6。

清单15.6 06_Branch.scala

```
br_flg := MuxCase(false.B, Seq(
  (exe_fun === BR_BEQ)  -> (op1_data === op2_data),
  (exe_fun === BR_BNE)  -> !(op1_data === op2_data),
  (exe_fun === BR_BLT)  -> (op1_data.asSInt()  < op2_data.asSInt()),
  (exe_fun === BR_BGE)  -> !(op1_data.asSInt() < op2_data.asSInt()),
  (exe_fun === BR_BLTU) -> (op1_data  < op2_data),
  (exe_fun === BR_BGEU) -> !(op1_data < op2_data)
))
br_target := pc_reg + imm_b_sext
```

分支指令没有存储器访问和寄存器回写，所以实现到此结束！

第16章 跳转指令的实现

本章实现跳转指令。分支指令仅在条件成立时跳转，而跳转指令是无条件跳转。

16.1 RISC-V的跳转指令定义

RISC_V 定义了 **JAL**[1]、**JALR**[2] 两个跳转指令。跳转指令的汇编描述见清单 16.1。

清单16.1 跳转指令的汇编描述

```
jal  rd, offset
jalr rd, offset(rs1)
```

跳转指令和至 **x[rd]** 的回写数据见表 16.1。至于 **offset**，**JAL** 指令是 **sext(imm_j)**，**JALR** 指令是 **sext(imm_i)**。

表 16.1 跳转指令的运算内容

指令	至 x[rd] 的回写数据	下一个循环的 PC
JAL	当前 PC+4	当前 PC+sext(imm_j)
JALR	当前 PC+4	(x[rs1]+sext(imm_i))&~1

JAL 指令（**J** 格式）、**JALR** 指令（**I** 格式）的位配置分别见表 16.2、表 16.3。

---

① **JAL**：jump and link，跳转并连接。

② **JALR**：jump and link register，跳转并连接寄存器。

表 16.2　JAL 指令的位配置（J 格式）

31 ~ 12	11 ~ 7	6 ~ 0
imm_j[20|10:1|11|19:12]	rd	1101111

表 16.3　JALR 指令的位配置（I 格式）

31 ~ 20	19 ~ 15	14 ~ 12	11 ~ 7	6 ~ 0
imm_i[11:0]	rs1	000	rd	1100111

JAL 指令使 **PC** 跳转至当前 **PC** 加上立即数的地址。**JAL** 是 **J** 格式，与分支指令的 **B** 格式相同，最低位不用指令位定义，始终设为 0。

而 **JALR** 指令是 **I** 格式，使 **PC** 跳转至 **rs1** 数据加上立即数的地址。加法结果与 **~1** 进行 AND 运算，表示 **(not 1)=(not(000···01))=(111···10)**，通过 AND 运算将最低位归零，起掩码作用。

JAL 指令、**JALR** 指令中跳转目标地址的最低位始终为 0，原因与分支指令一样：RISC-V 的指令长度为 2 字节（16 位）的整数倍，这种为 0 的表示可以增加可跳转的宽度。

rd 寄存器中保存的是当前 **PC+4**，如果不跳转则对应后续指令地址。通常，**rd** 寄存器设为 1 号地址的 **ra**[①] 寄存器。为了调用某个函数而跳转到存放函数的地址时，函数处理结束后往往会返回原调用地址。在这种情况下，使用 **ra** 发出跳转指令。对于不需要 **ra** 的无条件跳转指令，**rd** 寄存器设为 **x0**（值始终为 0）。

ra 寄存器的使用示意图如图 16.1 所示。

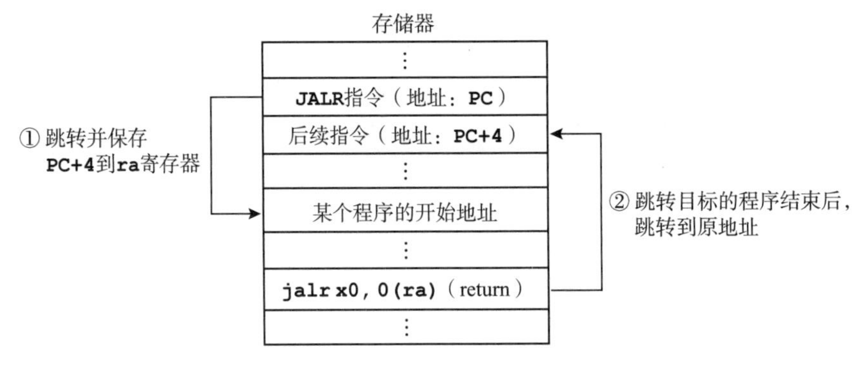

图 16.1　**ra** 寄存器的使用示意图

① **ra**：return address，返回地址。

16.2 Chisel的实现

本章的 Core 实现文件保存在本书源代码文件中的 chisel-template/src/main/resources/cores/07_Jump.scala 目录下。需要实现的是 IF、ID、EX、WB 阶段，为了方便理解处理流程，我们按照 ID、EX、IF、WB 阶段的顺序进行讲解。

16.2.1 指令位模式的定义

根据表 16.2 和表 16.3 的配置，在 Instructions.scala 中定义每条指令的 **BitPat**，见清单 16.2。

清单16.2 chisel-template/src/common/Instructions.scala

```
val JAL  = BitPat("b?????????????????????????1101111")
val JALR = BitPat("b?????????????????000?????1100111")
```

16.2.2 译码和操作数数据的读取（ID阶段）

关于 CPU 内部的处理，我们先看 ID 阶段。

▌立即数imm_j的译码

首先，对 **JAL** 指令使用的立即数 **imm_j** 进行译码，见清单 16.3。注意，**JAL** 是 **J** 格式，**JALR** 是 **I** 格式，二者取立即数的方法不同。

清单16.3 07_Jump.scala

```
val imm_j = Cat(inst(31), inst(19, 12), inst(20), inst(30, 21))
val imm_j_sext = Cat(Fill(11, imm_j(19)), imm_j, 0.U(1.U)) // 最低位归零
```

▌csignals的生成

接下来，定义跳转指令的 **csignals**，见清单 16.4。

清单16.4 07_Jump.scala

```
val csignals = ListLookup(inst,
  List(ALU_X , OP1_RS1, OP2_RS2, MEN_X, REN_X, WB_X ),
  Array(
    ...
    JAL -> List(ALU_ADD , OP1_PC , OP2_IMJ, MEN_X, REN_S, WB_PC),
    JALR -> List(ALU_JALR, OP1_RS1, OP2_IMI, MEN_X, REN_S, WB_PC)
```

```
  )
)
```

关于跳转目标地址，**JAL** 是 **pc+imm_j**，可以直接使用 **ALU_ADD**。而 **JALR** 是 **(rs1+imm_j)&~1**，要添加专用的 **ALU_JALR**。

此外，寄存器的回写数据为 **PC+4**，所以要设定 **REN_S** 和 **WB_PC**。

▌操作数数据的读取

最后，添加 **op1_data**，**op2_data** 的译码，见清单 16.5。

清单16.5 07_Jump.scala

```
val op1_data = MuxCase(0.U(WORD_LEN.W), Seq(
  (op1_sel === OP1_RS1) -> rs1_data,
  (op1_sel === OP1_PC) -> pc_reg // 添加 OP1_PC
))

val op2_data = MuxCase(0.U(WORD_LEN.W), Seq(
  ...
  (op2_sel === OP2_IMJ) -> imm_j_sext // 添加 OP2_IMJ
))
```

16.2.3　添加JALR运算（EX阶段）

添加 **ALU_JALR** 用的运算，见清单 16.6。

清单16.6 07_Jump.scala

```
val alu_out = MuxCase(0.U(WORD_LEN.W), Seq(
  ...
  (exe_fun === ALU_JALR) -> (op1_data + op2_data) & ~ 1.U(WORD_LEN.W) // 添加
))
```

16.2.4　PC的控制（IF阶段）

掌握 ID、EX 阶段的处理流程后，我们再回到 IF 阶段，实现 **PC** 设定。

在 EX 阶段，跳转目标输出到 **alu_out**。因此，在 IF 阶段出现跳转指令时，要将 **alu_out** 连接到 **pc_next**。还要添加 **jmp_flg**，用于判断跳转指令，见清单 16.7。

清单16.7　07_Jump.scala

```
val jmp_flg  = (inst === JAL || inst === JALR) // 添加
val alu_out = Wire(UInt(WORD_LEN.W)) // 添加

val pc_next = MuxCase(pc_plus4, Seq(
  br_flg  -> br_target,
  jmp_flg -> alu_out // 添加
))
```

为了在 IF 阶段使用 **alu_out**，要提前用 **Wire** 对象声明。因此，要在 EX 阶段修改 **alu_out** 的变量声明，见清单 16.8。

清单16.8　07_Jump.scala

```
// val alu_out = MuxCase(···)
alu_out := MuxCase(···)
```

16.2.5　ra的回写（WB阶段）

向 **rd** 寄存器回写对应 **ra** 的 **PC+4**，见清单 16.9。

清单16.9　07_Jump.scala

```
val wb_data = MuxCase(alu_out, Seq(
  (wb_sel === WB_MEM) -> io.dmem.rdata,
  (wb_sel === WB_PC)  -> pc_plus4 // 添加
))
```

第17章

立即数加载指令的实现

本章实现立即数加载指令。

17.1 RISC-V的立即数加载指令定义

RISC-V 将 **LUI** 和 **AUIPC** 定义为立即数加载指令。立即数加载的汇编描述见清单 17.1。

清单17.1 立即数加载的汇编描述

```
lui   rd, imm_u
auipc rd, imm_u
```

立即数加载指令和至 **x[rd]** 的回写数据见表 17.1。

表 17.1 指令内容

指　令	至 x[rd] 的回写数据
LUI[1]	sext(imm_u[31:12]<<12)
AUIPC[2]	当前 PC+sext(imm_u[31:12]<<12)

立即数加载指令的位配置（**U** 格式）见表 17.2.

LUI 指令将立即数 20 位左移 12 位后的值保存在 **x[rd]** 中。**AUIPC** 指令将当前 **PC** 加上“与 **LUI** 进行相同操作处理”的立即数值后，写入 **x[rd]**。

①LUI：load upper immediate：加载高位立即数。

②AUIPC：add upper immediate to PC：将PC值加上高位立即数。

表 17.2　立即数加载指令的位配置（U 格式）

指令 \ 位	31 ~ 12	11 ~ 7	6 ~ 0
LUI	imm_u [31:12]	rd	0110111
AUIPC	imm_u[31:12]	rd	0010111

AUIPC 指令用于计算 **PC** 相对地址。例如，**AUIPC** 指令和 **JALR** 指令组合，用 **AUIPC** 指令指定立即数的高 20 位，用 **JALR** 指令指定立即数的低 12 位，可以跳转到 **PC** 的 32 位范围内任意相对地址。同样，**AUIPC** 和 **LW** 或 **SW** 指令组合，可以访问 **PC** 的 32 位范围内任意相对地址的存储器数据，如图 17.1 所示。

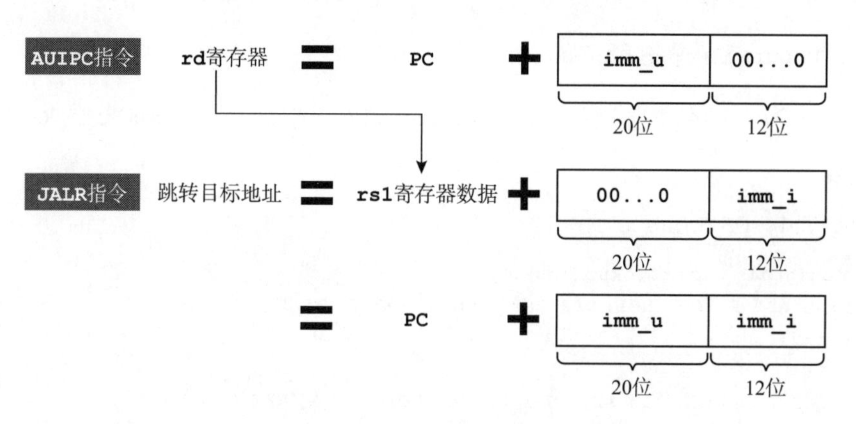

图 17.1　**AUIPC** 指令的使用示例

17.2　Chisel的实现

本章的 Core 实现文件保存在本书源代码文件中的 chisel-template/src/main/resources/cores/08_Lui.scala 目录下。

17.2.1　指令位模式的定义

根据表 17.2 的配置，在 Instructions.scala 中定义每条指令的 **BitPat**，见清单 17.2。

清单17.2　chisel-template/src/common/Instructions.scala

```
val LUI   = BitPat("b?????????????????????????0110111")
val AUIPC = BitPat("b?????????????????????????0010111")
```

17.2.2 译码和操作数数据的读取（ID阶段）

CPU 内部的处理，立即数加载指令仅添加了 ID 阶段的实现。

立即数imm_U的译码

首先，对 U 格式的立即数 imm_u 进行译码，见清单 17.3。

清单17.3 08_Lui.scala

```
val imm_u = inst(31,12)
val imm_u_shifted = Cat(imm_u, Fill(12, 0.U))
```

csignals的生成

然后，为立即数加载指令定义 csignals，添加用于 imm_u 的 OP2_IMU，见清单 17.4。

清单17.4 08_Lui.scala

```
val csignals = ListLookup(inst,
  List(ALU_X , OP1_RS1, OP2_RS2, MEN_X, REN_X, WB_X ),
  Array(
    ...
    LUI   -> List(ALU_ADD, OP1_X, OP2_IMU, MEN_X, REN_S, WB_ALU),
    AUIPC -> List(ALU_ADD, OP1_PC, OP2_IMU, MEN_X, REN_S, WB_ALU),
  )
)
```

操作数数据的读取

最后，将 U 格式的立即数连接到 op2_data，见清单 17.5。

清单17.5 08_Lui.scala

```
val op2_data = MuxCase(0.U(WORD_LEN.W), Seq(
  ...
  (op2_sel === OP2_IMU) -> imm_u_shifted // 添加
))
```

根据上述译码，LUI 指令能够输出 0+imm_u_shifted，AUIPC 指令能够输出 pc_reg+imm_u_shifted 到 alu_out。

LI[①] 指令

LUI 将立即数 20 位左移 12 位后的值加载到寄存器。当想直接将立即数加载到寄存器时，要使用 **LI** 指令。但是，RISC-V 中的 **LI** 是伪指令，实际编译时会展开为 **ADDI**、**AUIPC**、**LUI** 指令等。

例如，12 位以下的立即数可以仅用 **ADDI** 指令进行描述，见清单 17.6 和清单 17.7。

清单17.6　汇编语言

```
addi rd, x0, imm
```

清单17.7　汇编语言的含义

```
rd = x[0] + sext(imm)
   = sext(imm)
```

在 RISC-V 中，0 号寄存器（**x[0]**）的值始终为 0。利用这一点，不需要为立即数加载定义专用指令，使用既有指令即可实现立即数加载。

此外，生成 32 位立即数时，组合 **LUI** 或 **AUIPC** 指令生成的高 20 位，和 **ADDI** 指令生成的低 12 位，就得到了 32 位立即数。前面提到的 **AUIPC** 指令和 **JALR/LW/SW** 指令的组合也是同样的道理。

① LI：load immediate，加载立即数。

第18章

CSR指令的实现

本章实现 CSR 指令。

18.1 RISC-V的CSR指令定义

RISC-V 定义 CSR[①] 为“控制与状态寄存器”。控制寄存器用于中断 / 异常处理的管理、虚拟存储器的设定等。状态寄存器还能表示 CPU 的状态。

RISC-V 的 CSR 指令（定义为扩展指令 Zicsr）保留了 12 位作为 CSR 地址，可以访问 4096[②] 个 CSR。不同用途的寄存器名称不同，见表 18.1。

表 18.1　CSR 寄存器示例

地　址	名　称	记忆的数据
0x300	mstatus	机器状态（中断许可等）
0x305	mtvec	机器模式下发生异常时的处理的陷阱向量地址
0x341	mepc	机器模式下发生异常时的 PC
0x342	mcause	机器模式下发生中断 / 异常的主要原因

暂时不需要理解它们的含义，了解它们表示的 CPU 的控制和状态即可。但是，就机器模式而言，CPU 中有“CPU 模式”（特权级别）的概念，根据级别限制 CPU 可执行的操作。本书中制作的 CPU 不实现任何特权功能，换言之本书 CPU 一直在最高权限级别（机器模式）下运行，所有操作都可执行。

① CSR：control and status register，控制与状态寄存器。

② $2^{12}=4096$。

CSR 指令就是执行 CSR 读写的指令。**CSR** 指令的汇编描述见清单 18.1。

清单18.1　CSR指令的汇编描述

```
csrrw  rd, csr, rs1
csrrwi rd, csr, imm_z
csrrs  rd, csr, rs1
csrrsi rd, csr, imm_z
csrrc  rd, csr, rs1
csrrci rd, csr, imm_z
```

CSR 指令的运算内容见表 18.2。

表 18.2　CSR 指令的运算内容

指　令	至 CSRs[csr] 的写入数据	至 x[rd] 的写入数据
CSRRW[①]	x[rs1]	CSRs[csr]
CSRRWI[②]	uext(imm_z)	CSRs[csr]
CSRRS[③]	CSRs[csr] | x[rs1]	CSRs[csr]
CSRRSI[④]	CSRs[csr] I uext(imm_z)	CSRs[csr]
CSRRC[⑤]	CSRs[csr] & ~ x[rs1]	CSRs[csr]
CSRRCI[⑥]	CSRs[csr] & ~ uext(imm_z)	CSRs[csr]

CSR 指令的位配置（**I** 格式）见表 18.3。

表 18.3　CSR 指令的位配置（I 格式）

位 / 指　令	31 ~ 20	19 ~ 15	14 ~ 12	11 ~ 7	6 ~ 0
CSRRW	csr	rs1	001	rd	1110011
CSRRWI	csr	imm_z	101	rd	1110011
CSRRS	csr	rs1	010	rd	1110011
CSRRSI	csr	imm_z	110	rd	1110011
CSRRC	csr	rs1	011	rd	1110011
CSRRCI	csr	imm_z	111	rd	1110011

CSRs 表示 CSR 寄存器，**csr** 表示 CSR 地址，**imm_z** 表示用于 **CSR** 指令的

---

① read and write，读写。

② read and write immediate，即时读写。

③ read and set，读取和设置。

④ read and set immediate，即时读取和设置。

⑤ read and clear，读取和清除。

⑥ read and clear immediate，即时读取和清除。

5 位立即数，uext 表示零扩展。符号扩展中，sext 用最高位补齐扩展位，而 uext 始终用 0 补齐。

所有 CSR 指令同时对 CSR 进行写入和读取。在任何指令中读取 CSR 都是 CSRs[scr]，它们将被回写到寄存器 x[rd]。

写入 CSR 的数据因指令而异。CSRRW 指令直接写入寄存器 x[rs1] 的值，CSRRWI 指令直接写入立即数 uext(imm_z)。

CSRRS 指令和 CSRRSI 指令读取当前的 CSR 值，将其与 x[rs1] 或立即数的 OR 结果写入 CSR。这是借助 x[rs1] 或立即数中值为 1 的位，将对应的 CSR 位“置 1”的动作，如图 18.1 所示。

CSRRC 指令和 CSRRCI 指令读取当前的 CSR 值，取 x[rs1] 或立即数的 NOT，并将结果和读取的 CSR 值的 AND 结果写入 CSR。这是将 x[rs1] 或立即数为 1 的位对应的 CSR 清零的动作。

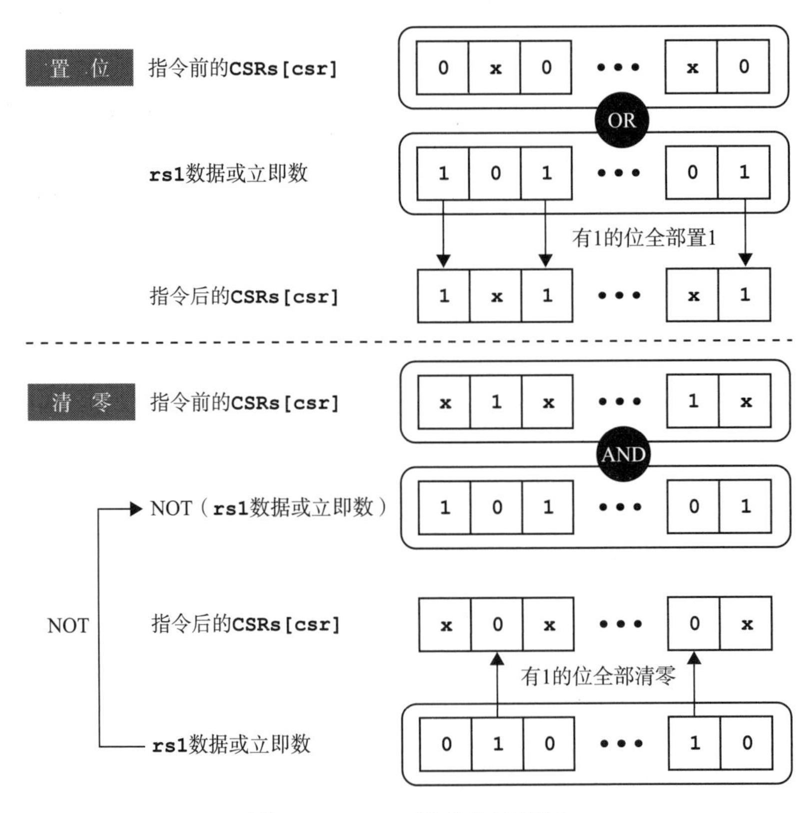

图 18.1　CSR 的置位和清零

18.2 Chisel的实现

本章的 Core 实现文件保存在本书源代码文件中的 chisel-template/src/main/resources/cores/09_Csr.scala 目录下。

可以在译完码的 EX 阶段之后的任意位置描述 CSR 的读写。此外，我们在 MEM 阶段描述 CSR 的读写，这与存储器的读写很类似。

18.2.1 指令位模式的定义

根据表 18.3 的配置，在 Instructions.scala 中定义每条指令的 **BitPat**，见清单 18.2。

清单18.2　chisel-template/src/common/Instructions.scala

```
val CSRRW  = BitPat("b?????????????????001?????1110011")
val CSRRWI = BitPat("b?????????????????101?????1110011")
val CSRRS  = BitPat("b?????????????????010?????1110011")
val CSRRSI = BitPat("b?????????????????110?????1110011")
val CSRRC  = BitPat("b?????????????????011?????1110011")
val CSRRCI = BitPat("b?????????????????111?????1110011")
```

18.2.2 立即数和译码信号的生成（ID阶段）

首先，对立即数 **imm_z** 进行译码，见清单 18.3。

清单18.3　09_Csr.scala

```
val imm_z = inst(19,15)
val imm_z_uext = Cat(Fill(27, 0.U), imm_z)
```

然后，为每个 **CSR** 指令定义 **csignals**，见清单 18.4。本书里，为 **ALU_COPY1**、立即数 **imm_z** 重新定义 **OP1_IMZ**、**WB_CSR**。**ALU_COPY1** 是 CSR 写入数据所需的 **rs1_data** 直接传递给 MEM 阶段的 **ALU**。此外，添加了 CSR 处理用的译码信号 **csr_cmd**。

清单18.4　09_Csr.scala

```
val csignals = ListLookup(inst,
  List(ALU_X , OP1_RS1, OP2_RS2, MEN_X, REN_X,WB_X , CSR_X),
  Array(
    ...
```

```
    CSRRW -> List(ALU_COPY1, OP1_RS1, OP2_X, MEN_X, REN_S, WB_CSR, CSR_W),
    CSRRWI -> List(ALU_COPY1, OP1_IMZ, OP2_X, MEN_X, REN_S, WB_CSR, CSR_W),
    CSRRS -> List(ALU_COPY1, OP1_RS1, OP2_X, MEN_X, REN_S, WB_CSR, CSR_S),
    CSRRSI -> List(ALU_COPY1, OP1_IMZ, OP2_X, MEN_X, REN_S, WB_CSR, CSR_S),
    CSRRC -> List(ALU_COPY1, OP1_RS1, OP2_X, MEN_X, REN_S, WB_CSR, CSR_C),
    CSRRCI -> List(ALU_COPY1, OP1_IMZ, OP2_X, MEN_X, REN_S, WB_CSR, CSR_C),
  )
)
val exe_fun :: op1_sel :: op2_sel :: mem_wen :: rf_wen :: wb_sel :: csr_cmd ::
  Nil = csignals
```

18.2.3 op1_data的连接（EX阶段）

将 **op1_data** 连接到 **alu_out**，以便将数据写入 CSR，并传递给 MEM 阶段，见清单 18.5。

清单18.5 09_Csr.scala

```
alu_out := MuxCase(0.U(WORD_LEN.W), Seq(
  ...
  (exe_fun === ALU_COPY1) -> op1_data // 添加 ALU_COPY1
))
```

18.2.4 CSR的读写（MEM阶段）

定义好 4096 个 CSR 后，进行读写处理的实现，见清单 18.6。

清单18.6 09_Csr.scala

```
val csr_regfile = Mem(4096, UInt(WORD_LEN.W))
val csr_addr = inst(31,20)

// CSR 的读取
val csr_rdata = csr_regfile(csr_addr)

// CSR 的写入
val csr_wdata = MuxCase(0.U(WORD_LEN.W), Seq(
  (csr_cmd === CSR_W) -> op1_data,
  (csr_cmd === CSR_S) -> (csr_rdata | op1_data),
  (csr_cmd === CSR_C) -> (csr_rdata & ~ op1_data)
))
when(csr_cmd > 0.U){ // CSR 指令时
  csr_regfile(csr_addr) := csr_wdata
}
```

csr_cmd用的常量在 Consts.scala 中定义，见清单 18.7，如果值在**1.U**以上，则判断为 **CSR** 指令。

清单18.7　Consts.scala

```
val CSR_LEN = 3
val CSR_X = 0.U(CSR_LEN.W)
val CSR_W = 1.U(CSR_LEN.W)
val CSR_S = 2.U(CSR_LEN.W)
val CSR_C = 3.U(CSR_LEN.W)
```

18.2.5　CSR读取数据的寄存器回写（WB阶段）

所有 **CSR** 指令均向寄存器回写 CSR 数据 **CSRs[csr]**，见清单 18.8。

清单18.8　09_Csr.scala

```
val wb_data = MuxCase(alu_out, Seq(
  ...
  (wb_sel === WB_CSR) -> csr_rdata // 添加
))
```

CSR 指令的 Chisel 实现到此结束！实际上因为不同 CSR 寄存器的访问权限不同，RISC-V 的 CSR 标准更加复杂。本书以理解 CPU 框架为目标，故不深究 RISC-V 的具体规范。

I

II

III

IV

V

附录

第 19 章 ECALL 的实现

本章实现 **ECALL** 指令。

19.1 RISC-V 的 ECALL 指令定义

ECALL① 指令是在发生异常时调用运行环境（OS）的指令。“调用运行环境（OS）”相当于在 Linux 操作系统上运行 C 程序时对 Linux 的系统调用。

ECALL 指令按惯例归类为 **I** 格式，但是第 7 ~ 31 位均为 0。**ECALL** 指令的汇编描述见清单 19.1。

清单19.1　ECALL指令的汇编描述

```
ecall
```

ECALL 指令的位配置（I 格式）见表 19.1。

表 19.1　ECALL 指令的位配置（I 格式）

31 ~ 7	6 ~ 0
00···0（均为 0）	1110011

下面来看 **ECALL** 指令的具体处理内容。首先根据 CPU 模式，将表 19.2 中值写入 CSR 的 **mcause** 寄存器（地址 **0x342**）。

本书在机器模式下实现，所以写入 11。

① **ECALL**：environment call，环境调用。

表 19.2　mcause 的定义

值	含 义
8	用户模式的 Ecall
9	监督模式的 Ecall
10	控制模式（Hypervisor Mode）的 Ecall
11	机器模式的 Ecall

接着，跳转到 CSR 之一 mtvec（地址 0x305）中保存的 trap_vector 地址。trap_vector 描述了异常发生时的处理（系统调用）。在本书无运行环境的 Chisel 实现中，至 trap_vector 的迁移会触发 riscv-tests 结束（后述）。

此外，根据 RISC-V 的 CSR 定义，发出 ECALL 指令时还需要将异常发生时的 PC 写入 mepc，将各种状态写入 mstatus 等。不过，考虑到 CSR 偏离了 CPU 制作的主题（RISC-V 特有的具体要求），本书仅实现下文中 riscv-tests 的最低要求 CSR。

19.2　Chisel的实现

本章的 Core 实现文件保存在本书源代码文件中的 template/src/main/resources/cores/10_Ecall.scala 目录下。

19.2.1　指令位模式的定义

根据表 19.1 的配置，在 Instructions.scala 中定义 ECALL 指令的 BitPat，见清单 19.2。

清单19.2　chisel-template/src/common/Instructions.scala

```
val ECALL = BitPat("b00000000000000000000000001110011")
```

19.2.2　PC的控制（IF阶段）

ECALL 指令会使 PC 跳转到 trap_vector 地址，见清单 19.3。

清单19.3　10_Ecall.scala

```
val pc_next = MuxCase(pc_plus4, Seq(
  ...
  // 0x305:mtvect 中保存的 trap_vector 地址
```

```
  (inst === ECALL) -> csr_regfile(0x305)
))
```

19.2.3 译码信号的生成（ID阶段）

定义 **ECALL** 指令用的 **csignals**，见清单 19.4。**ECALL** 指令不执行特定运算，ALU 到 WB 的后缀均为“_X”，但由于有 CSR 写入，故只添加 **CSR_E**。

清单19.4 10_Ecall.scala

```
val csignals = ListLookup(inst,
  List(ALU_X, OP1_RS1, OP2_RS2, MEN_X, REN_X, WB_X, CSR_X),
  Array(
    ...
    ECALL -> List(ALU_X, OP1_X , OP2_X , MEN_X, REN_X, WB_X, CSR_E)
  )
)
```

19.2.4 CSR写入（MEM阶段）

ECALL 指令将 **csr_addr** 设置为 **mcause** 寄存器，并写入 **11.U**，见清单 19.5。

清单19.5 10_Ecall.scala

```
// CSR 的地址 0x342 是 mcause 寄存器
val csr_addr = Mux(csr_cmd === CSR_E, 0x342.U(CSR_ADDR_LEN.W), inst(31,20))
...
val csr_wdata = MuxCase(0.U(WORD_LEN.W), Seq(
  ...
  (csr_cmd === CSR_E) -> 11.U(WORD_LEN.W) // 机器模式的 ECALL
))
```

至此，**ECALL** 指令的 Chisel 实现结束！我们实现了最基本的指令，下一章开始运行 **riscv-tests**。

第20章 用 riscv-tests 进行测试

从效率和准确性方面来说，手动提供机器语言并保证指令正确动作，并非上策。我们应该使用 **riscv-tests** 更加简便地确认指令实现的准确性。

riscv-tests 是在 RISC–V 生态系统中作为开源项目开发的测试包，可以针对不同指令进行动作确认和 CPU 性能测量。

20.1 riscv-tests的构建

我们已经在环境架构的 Docker 镜像中下载了 **riscv-tests**，下面据此架构测试代码。

首先，根据本书实现的 CPU 的 **PC** 起始地址 0 修改链接脚本。链接脚本用于定义存储器配置，将 C 程序翻译成机器语言。具体可以参考 21.3“链接”，现阶段只需理解可以设定 **PC** 起始地址即可。

riscv-tests 默认设置的起始地址是 **0x80000000**，我们将它修改成 **0x00000000**，如图 20.1 所示。

接着，按文档在 Docker 容器上构建，如图 20.2 所示。

这样就可以在容器内的 /src/target/share/riscv-tests/isa/ 目录下生成测试代码的 ELF 文件和 DUMP 文件群。ELF[1] 是一种翻译为机器语言的可执行文件格式。

①ELF：executable and linkable format，可执行可链接格式。

```
$ vim /opt/riscv/riscv-tests/env/p/link.ld
SECTIONS
{
  . = 0x00000000; // 修改从 "0x80000000" 开始的起始地址
  ...
}
```

图 20.1　在 Docker 容器中编辑 Lin.ld

```
$ cd /opt/riscv/riscv-tests $ autoconf
$ ./configure --prefix=/src/target # 指定生成测试代码的配置目录
$ make $ make install
```

图 20.2　在 Docker 容器中构建 riscv-tests

测试代码有多种模式，这里使用表 20.1 中的两种代码。

表 20.1　使用的测试代码

前　缀	内　容	目标指令示例
rv32ui-p-	用户级别的 32 位整数指令测试代码	ADD、SUB、LW、SW 指令等
rv32mi-p-	机器级别的 32 位整数指令测试代码	CSR、ECALL 指令等

用户级别的指令在权限最低的用户模式下也能执行，机器级别的指令在权限最高的机器模式下才能运行。

例如，**ADD** 指令的测试文件如图 20.3 所示。

```
$ file /src/target/share/riscv-tests/isa/rv32ui-p-add rv32ui-p-add:
  ELF 32-bit LSB executable, UCB RISC-V, version 1 (SYSV), statically
  linked, not stripped
```

图 20.3　在 Docker 容器中确认 ELF 文件

20.2　将ELF文件转换为BIN文件

ELF 文件具有可由内核（操作系统核心软件）重新配置的浮动信息，在运行时决定存储器地址。自制 CPU 没有实现内核，所以需要转换为原始的二进制文件——BIN 文件。

“**riscv64-unknown-elf-objcopy [ELF** 文件名 **] [** 输出文件名 **]**” 将

ELF 文件转换为指定格式。这里通过 **-O binary** 选项将输出文件格式指定为二进制文件，如图 20.4 所示。

```
$ mkdir /src/chisel-template/src/riscv
$ cd /src/chisel-template/src/riscv
$ riscv64-unknown-elf-objcopy -O binary /src/target/share/riscv-tests/isa/
rv32ui-p
-add rv32ui-p-add.bin
```

图 20.4　在 Docker 容器中将 ELF 文件转换为 BIN 文件

上述命令成功生成了 BIN 文件 rv32ui-p-add.bin。

20.3　BIN文件的十六进制化

最后，将 BIN 文件十六进制化，以便用 Chisel 读取，如图 20.5 所示。

```
$ od -An -tx1 -w1 -v rv32ui-p-add.bin >> rv32ui-p-add.hex
```

图 20.5　在 Docker 容器中将 BIN 文件十六进制化

od 命令是将文件转换为八进制或十六进制的命令。使用的 4 个选项的含义见表 20.2。

表 20.2　od 命令的选项

选　项	内　容
-An	隐藏各行左端显示的地址信息
-t	指定转换格式。**x1** 以 1 字节（8 位）为单位表示十六进制
-w	指定每行的数据宽度。**-w1** 输出 1 行 1 字节
-v	禁用以 * 省略相同内容连续行的默认设置

这样便可生成十六进制文件，见清单 20.1。

清单20.1　rv32ui-p-add.hex

```
6f
00
80
04
..
```

20.4 riscv-tests的路径条件

riscv-tests 的测试代码能否成功执行，要看全局指针（**gp**：对应寄存器 **x3**）的值是否为 1。这是 **riscv-tests** 规范要求的。

add 测试的 DUMP 文件见清单 20.2，仅供参考。

清单20.2 /src/target/share/riscv-tests/isa/rv32ui-p-add.dump

```
00000000 <_start>:
   0:    0480006f    j       48 <reset_vector>

00000004 <trap_vector>: # ECALL 指令的跳转目标
   4:    34202f73    csrr    t5,mcause # 由于 ECALL 指令 mcause=11，所以 t5=11
   8:    00800f93    li      t6,8
   c:    03ff0863    beq     t5,t6,3c <write_tohost>
  10:    00900f93    li      t6,9
  14:    03ff0463    beq     t5,t6,3c <write_tohost>
  18:    00b00f93    li      t6,11 # t6=11
  1c:    03ff0063    beq     t5,t6,3c <write_tohost>
                             # 条件成立，跳转至 <write_tohost>
  20:    00000f13    li      t5,0
  24:    000f0463    beqz    t5,2c <trap_vector+0x28>
  28:    000f0067    jr      t5
  2c:    34202f73    csrr    t5,mcause
  30:    000f5463    bgez    t5,38 <handle_exception>
  34:    0040006f    j       38 <handle_exception>
  ...

0000003c <write_tohost>:
  3c:    00001f17    auipc   t5,0x1
  40:    fc3f2223    sw      gp,-60(t5) # 1000 <tohost>
  44:    ff9ff06f    j       3c <write_tohost> # 测试以 pc=0x44 结束

  ...

00000048 <reset_vector>: # 初始化程序
  48:    00000093    li      ra,0 # 寄存器 x1 的初始化
  4c:    00000113    li      sp,0 # 寄存器 x2 的初始化

  ...

 118:    00000297    auipc   t0,0x0
 11c:    eec28293    addi    t0,t0,-276 # t0=4 <trap_vector>
```

```
  120:   30529073    csrw    mtvec,t0 # 将 t0=4 写入 CSR 的 mtvec
  ...
  164:   01428293    addi    t0,t0,20 # t0=174 <test_2>
  168:   34129073    csrw    mepc,t0 # 将 t0=174 写入 CSR 的 mepc
  16c:   f1402573    csrr    a0,mhartid
  170:   30200073    mret    #（未实现）将 mepc 设为 PC，即 PC 变为 174

00000174 <test_2>: # 具体测试开始
  174:   00000093    li      ra,0
  178:   00000113    li      sp,0
  17c:   00208733    add     a4,ra,sp
  180:   00000393    li      t2,0
  184:   00200193    li      gp,2 # gp 的计数
  188:   4c771663    bne     a4,t2,654 <fail>

  ...

00000638 <test_38>: # 最终测试模式
  638:   01000093    li      ra,16
  63c:   01e00113    li      sp,30
  640:   00208033    add     zero,ra,sp
  644:   00000393    li      t2,0
  648:   02600193    li      gp,38 # gp 的计数
  64c:   00701463    bne     zero,t2,654 <fail>
  650:   02301063    bne     zero,gp,670 <pass>

00000654 <fail>:
  654:   0ff0000f    fence
  658:   00018063    beqz    gp,658 <fail+0x4>
  65c:   00119193    slli    gp,gp,0x1
  660:   0011e193    ori     gp,gp,1
  664:   05d00893    li      a7,93
  668:   00018513    mv      a0,gp
  66c:   00000073    ecall   # 跳转至 trap_vector

00000670 <pass>:
  670:   0ff0000f fence
  674:   00100193    li      gp,1 # 成功时 gp=1
  678:   05d00893    li      a7,93
  67c:   00000513    li      a0,0
  680:   00000073    ecall   # 跳转至 trap_vector
  684:   c0001073    unimp
```

出现在操作数位置的符号是 ABI[①] 名，它是用来区分寄存器含义的别名，定义见表 20.3。

表 20.3　寄存器的 ABI 名

编　号	ABI 名	含　义
0	zero	常量值零
1	ra	返回地址
2	sp	堆栈指针
3	gp	全局指针
4	tp	线程指针
5 ~ 7	t0 ~ t2	临时寄存器
8	s0/fp	保存寄存器，帧指针
9	s1	保存寄存器
10 ~ 17	a0 ~ a7	函数的参数或返回值
18 ~ 27	s2 ~ s11	保存寄存器
28 ~ 31	t3 ~ t6	临时寄存器

在本书范围内，了解 DUMP 文件中的符号指的是各个寄存器即可。

下面，我们依次确认 DUMP 文件的内容。首先，程序从地址 0 的 **<start>** 开始，立即跳转到地址 48——负责初始化处理的 **<reset_vector>**。初始化处理将所有寄存器值更新为 0，或将 **ECALL** 指令的跳转目标 **trap_vector** 的地址 4 写入 CSR 的 **mtvec**。

这时出现的 **csrw** 是伪指令，仅向 CSR 写入，不进行读取。具体展开为 **csrrw x0, csr, rs1**，将 **rs1** 数据写入 **CSRs[csr]**，而 **rd** 寄存器是 0 寄存器，写入寄存器的值会被丢弃。

同样，**csrr** 也是伪指令，仅读取 CSR，不进行写入。具体展开为 **csrrs rd, csr, x0**，向 **rd** 寄存器写入 **CSRs[csr]**，而 **CSRs[csr]** 的值不改变。

从地址 174 开始，**test** 重复多个模式，每个模式都进行 **gp** 递增计数。测试失败则跳转至 **<fail>**，所有测试成功则跳转至 **<pass>**，分别用 **ECALL** 指令引发异常，而后跳转至 **<trap_vector>**。测试失败时，失败的测试编号（2 以上的值）会被写入 **gp**，**<pass>** 则将 1 存进 **gp**。

①ABI：application binary interface，应用程序二进制接口。

由于ECALL指令中的mcause=11，所以<trap_vector>使用地址1c的分支指令进行跳转。

在<write_tohost>中，指令40:fc3f2223 sw gp,-60(t5)将gp存储在存储器地址1000，无限循环。由此可知，可以用Core类的exit信号，在pc=0x44时结束测试。

顺便一提，本书未实现<fail>和<pass>开头的FENCE指令，它被称为内存屏障，作用是控制存储器屏障前的存储器加载及存储指令和I/O处理，执行存储器屏障之后的指令。在本书的实现中，指令按顺序执行，不会发生等待I/O处理的情况。但是，在指令处理顺序不确定的架构中，就需要实现这一指令。

20.5 riscv-tests的执行

本章的CPU实现文件以package riscvtests的形式保存在本书源代码文件中的chisel-template/src/main/scala/05_riscvtests目录下。

20.5.1 Chisel的实现

基本上以ECALL指令之前的实现为基础，添加运行riscv-tests所需的测试结束信号exit和通过条件判断信号gp。

测试结束信号exit

用Core类的exit信号，在PC为0x44时置true.B，见清单20.3。

清单20.3 Core.scala

```
io.exit := (pc_reg === 0x44.U(WORD_LEN.W))
```

通过条件判断信号gp

因为通过判断条件需要输出gp(x3)，所以分别为Core类和Top类添加输出端口，见清单20.4和清单20.5。

清单20.4 Core.scala

```
val io = IO(
  new Bundle {
    ...
```

```
    val gp = Output(UInt(WORD_LEN.W)) // 添加
  }
)
...
io.gp := regfile(3) // 添加
...
printf(p"gp : ${regfile(3)}\n") // 添加
```

清单20.5　Top.scala

```
class Top extends Module {
  val io = IO(new Bundle {
    val exit = Output(Bool())
    val gp = Output(UInt(WORD_LEN.W)) // 添加
  })
  ...
  io.gp := core.io.gp // 添加
}
```

20.5.2　运行测试

首先创建测试文件。基本上和 FetchTest.scala 一样，仅添加一行测试判断代码，如清单 20.6 所示。

清单20.6　chisel-template/src/test/scala/RiscvTests.scala

```
package riscvtests
...
class RiscvTest extends FlatSpec with ChiselScalatestTester {
  behavior of "mycpu"
  it should "work through hex" in {
    test(new Top) { c =>
      while (!c.io.exit.peek().litToBoolean){
        c.clock.step(1)
      }
      c.io.gp.expect(1.U) // 添加
    }
  }
}
```

“信号名 **.except()**”在信号与参数相等时通过测试。**riscv-tests** 的测试通过条件是 **gp** 为 1，所以指定参数为 **1.U**。

这里将 **ADD** 指令作为测试目标，在 **Memory** 类中加载 **riscv-tests** 的测试代码，见清单 20.7。

清单20.7　Memory.scala

```
loadMemoryFromFile(mem, "src/riscv/rv32ui-p-add.hex")
```

下面，在 Docker 容器上运行 **sbt** 测试命令，如图 20.6 所示。

```
$ cd /src/chisel-template
$ sbt "testOnly riscvtests.RiscvTest"
```

图 20.6　在 Docker 容器中运行 **sbt** 测试命令

测试结果如图 20.7 所示。

```
...
--------
io.pc    : 0x00000650
inst     : 0x02301063
gp       :          38 # <test_38> 结束时的 gp
--------
...
--------
io.pc    : 0x00000680 # <pass> 的 ECALL 指令
inst     : 0x00000073
gp       :           1 # 设定 gp=1
--------
...
--------
io.pc    : 0x00000044 # 测试结束
inst     : 0xff9ff06f
gp       :           1 # gp=1，测试通过
--------
test Top Success: 0 tests passed in 75 cycles in 0.431198 seconds 173.93 Hz
[info] RiscvTest:
[info] mycpu
[info] -should work through hex
[info] ScalaTest
[info] Run completed in 9 seconds, 677 milliseconds.
[info] Total number ot tests run:1
[info] Suites: completed 1, aborted 0
[info] Tests: succeeded 1, tailed 0, canceled 0, ignored 0, pending 0
[info] All tests passed.
[info] Passed: Total 1, Failed 0, Errors 0, Passed 1
[success] Total time: 20 s, completed Jan 24, 2021, 7:01:23 AM
```

图 20.7　测试结果

可以看到，**ADD** 指令测试通过。可以用同样的流程进行各种指令测试。

20.6 批量测试脚本

然而，为每条指令生成 HEX 文件、修改 Memory.scala 并运行测试过于烦琐。为此，我们准备了批量生成 HEX 文件的 Shell 脚本（tohex.sh），以及批量运行所有测试的 Shell 脚本（riscv-tests.sh）。

20.6.1 HEX文件的批量生成：tohex.sh

Shell 脚本见清单 20.8。

清单20.8 chisel-template/src/shell/tohex.sh

```
#!/bin/bash

FILES=/src/target/share/riscv-tests/isa/rv32*i-p-*
SAVE_DIR=/src/chisel-template/src/riscv

for f in $FILES
do
  FILE_NAME="${f##*/}" # 仅提取 $f 的文件名
  if [[ ! $f =~ "dump" ]]; then # 跳过 DUMP 文件，仅提取 ELF 文件
    riscv64-unknown-elf-objcopy -O binary $f $SAVE_DIR/$FILE_NAME.bin
    od -An -tx1 -w1 -v $SAVE_DIR/$FILE_NAME.bin > $SAVE_DIR/$FILE_NAME.hex
    rm -f $SAVE_DIR/$FILE_NAME.bin
  fi
done
```

运行 tohex.sh，如图 20.8 所示。

```
$ cd /src/chisel-template/src/shell
$ ./tohex.sh
```

图 20.8 在 Docker 容器中运行 tohex.sh

使用 tohex.sh，可以将 **riscv-tests** 的各个 ELF 文件十六进制化之后，保存在 /src/chisel-template/src/riscv/ 目录下。

20.6.2 riscv-tests的批量运行：riscv-tests.sh

接下来，在 **riscv-tests** 中提取主要测试模式（UI 用户级别整数指令，MI 机器级别整数指令），并对每条指令执行 **sbt** 测试命令，见清单 20.9。

清单20.9　chisel-template/src/shell/riscv_tests.sh

```
#!/bin/bash

# 各命令名的数组
UI_INSTS=(sw lw add addi sub and andi or ori xor xori sll srl sra slli srli srai
slt sltu slti sltiu beq bne blt bge bltu bgeu jal jalr lui auipc)
MI_INSTS=(csr scall)

WORK_DIR=/src/chisel-template
RESULT_DIR=$WORK_DIR/results
mkdir -p $RESULT_DIR

cd $WORK_DIR

function loop_test(){
  INSTS=${!1} # 将第 1 参数作为数组接收
  PACKAGE_NAME=$2
  ISA=$3
  DIRECTORY_NAME=$4
  # 将 RiscvTests.scala 的 package 名改为 $PACKAGE_NAME
  sed -e "s/{package}/$PACKAGE_NAME/"
  $WORK_DIR/src/test/resources/RiscvTests.scala > $WORK_DIR/src/test/
    scala/RiscvTests.scala

  for INST in ${INSTS[@]}
  do
  echo $INST
  # 为每条指令修改 Memory.scala 的 package 名、HEX 文件名
  sed -e "s/{package}/$PACKAGE_NAME/" -e "s/{isa}/$ISA/" -e "s/{inst}/$INST/"
    $WORK_DIR/src/main/resources/Memory.scala >
    $WORK_DIR/src/main/scala/$DIRECTORY_
    NAME/Memory.scala

  # 运行 sbt 测试命令，将输出保存到 $RESULT_DIR
  sbt "testOnly $PACKAGE_NAME.RiscvTest" > $RESULT_DIR/$INST.txt
  done
}

PACKAGE_NAME=$1 # 命令的第 1 个参数
DIRECTORY_NAME=$2 # 命令的第 2 参数
loop_test UI_INSTS[@] $PACKAGE_NAME "ui" $DIRECTORY_NAME
loop_test MI_INSTS[@] $PACKAGE_NAME "mi" $DIRECTORY_NAME
```

用“./riscv_tests.sh [package 名] [目录名]”为每个 package 创

建 RiscvTests.scala，为每条指令测试创建 Memory.scala，运行 **sbt** 测试命令，将测试结果输出为 /src/chisel-template/results/ 目录下的文本文件。将 **package** 名和目录名作为参数是为了在其他 **package** 也可以运行 **riscv-tests**。

置换 **package** 名和测试 HEX 文件名的 Memory.scala 保存在本书源代码文件中的 chisel-template/src/main/resources/ 目录下，见清单 20.10。

清单20.10 chisel-template/src/main/resources/Memory.scala

```
package {package}
  ...
  loadMemoryFromFile(mem, "src/riscv/rv32{isa}-p-{inst}.hex")
  ...
```

置换 **package** 名的 RiscvTests.scala 同样保存在本书源代码文件中的 chisel-template/src/test/resources/ 目录下，见清单 20.11。

清单20.11 chisel-template/src/test/resources/RiscvTests.scala

```
package {package}
...
```

在 Shell 脚本中，使用 **sed** 命令置换这些文件的各个 **package** 和指令。

如图 20.9 所示，在 Docker 容器中运行 riscv_tests.sh 可以批量运行所有指令的测试。

```
$ cd /src/chisel-template/src/shell
$ ./riscv_tests.sh riscvtests 05_RiscvTests
```

图 20.9 在 Docker 容器中运行 riscv_test.sh

批量测试结束后，各条指令的测试结果文件会输出到 /src/chisel-template/results/ 目录下。实际检查每个文件可知，所有指令测试成功。

第21章

试运行 C 程序

我们在前几章自制的 CPU 仅可以实现基础指令，其并非是高性能的，但是足以运行简单的 C 程序。本章的目标就是在自制 CPU 上运行 C 程序。

运行 C 程序需要遵循以下步骤。

① 创建 C 程序。

② 编译。

③ 链接。

④ 机器语言的十六进制化。

⑤ 通过 ChiselTest 运行测试。

本章的 Core 实现文件以 `package ctest` 的形式保存在本书源代码文件中的 chisel-template/src/main/scala/06_ctest/ 目录下。

21.1 创建C程序

本例 C 程序含 `if` 语句，见清单 21.1。

清单21.1 chisel-template/src/c/ctest.c

```
#include <stdio.h>

int main()
{
  const unsigned int x = 1;
```

```
  const unsigned int y = 2;
  unsigned int z = x + y;
  if (z == 1)
  {
  z = z + 1;
  }
  else
  {
  z = z + 2;
  }
  asm volatile("unimp");
  return 0;
}
```

asm(); 叫作内联汇编，可以直接编写汇编语言。**volatile** 关键字会禁用编译优化。这是为了防止编写的汇编语言被修改为其他形式。

unimp 表示未实现指令（unimplement），见清单 21.2。它在编译器 riscv64-unknown-elf-gcc 中被翻译成指令位 **C0001073**，见清单 21.3。这意味着 **CSRRW x0,cycle,x0**，会引发异常，因为 CSR 中的一个 **cycle**（地址为 **0xC00**，**cycle** 是记录运行循环数的寄存器）是只读的。本次未实现 CSR 的可读写功能，因此当 Core 侧检测到该指令位时，在 **exit** 信号中设置 **true.B**。

清单21.2 Core.scala

```
io.exit := (inst === UNIMP)
```

清单21.3 Consts.scala

```
val UNIMP = "x_c0001073".U(WORD_LEN.W)
```

请注意，定义 **unimp** 指令的位列时，需要将 Scala 的 **String** 型转换成 **UInt** 型。**c0001073** 用二进制数表示为 **11000000000000000001000001110011**，最高位为 1，因此 **c0001073** 在 Scala 上是 32 位 **Int** 型 **-1073737613**，作为负值处理。在 **0xc0001073.U** 中，**UInt** 不接受负值，所以 Chisel 编译会发生错误。

除此之外，在将 Scala 的 **String** 型转换为 Chisel 的 **UInt** 型时，无论位数多少，Chisel 都会将其转换为 **UInt** 型。但为了将 **string** 表示为十六进制数，需要在 **String** 型的前面加 **x** 或 **x_**。

21.2 编　译

为了在自制 CPU 上运行上述 C 程序，需要将其翻译为机器语言，也就是编译。编译软件又叫编译器，自制 CPU 的人通常会自制编译器。这是因为根据原始 ISA 自制 CPU 时，没有编译器能够输出这种 ISA 的机器语言。

但本书采用了 RISC–V 这种标准 ISA，得益于其生态环境，可以使用开源 GCC 提供的 RISC–V 专用编译器。使用 Docker 容器编译，如图 21.1 所示。

```
$ cd /src/chisel-template/src/c
$ riscv64-unknown-elf-gcc -march=rv32i -mabi=ilp32 -c -o ctest.o ctest.c
```

图 21.1　使用 Docker 容器编译

"**riscv64-unknown-elf-gcc**[源文件名]"是用编译器执行编译的基本命令格式。**riscv64-unknown-elf-gcc** 的选项名及对应含义，见表 21.1。

表 21.1　**riscv64-unknown-elf-gcc** 的选项

选项名	含　义
-march=<ISA>	指定 ISA
-mabi=<ABI>	指定 IBA
-c	编译但不链接
-o<file>	指定输出文件名

在 ISA 中指定的 **rv32i** 表示 RISC–V 32 位基本整数指令集 **I**。如果要增加乘除指令集 **M**，则指定 **rv32im**。它将在该 ISA 选项指定的指令集中编译。

ABI 是应用和系统（OS 等）之间的二进制接口，定义了数据类型、大小信息、表 20.3 中介绍的寄存器的 ABI 名等。本例指定的 **ilp32** 表示 **int**、**long**、**pointer** 均为 32 位，**long long** 为 64 位，**char** 为 8 位，**short** 为 16 位。

该编译命令生成的 ctest.o 是可重定位（relocatable）的 ELF 文件，如图 21.2 所示。可重定位指的是变量或函数未绑定特定地址，仅作为标志信息存在。

```
$ file ctest.o
ctest.o: ELF 32-bit LSB relocatable, UCB RISC-V, version 1 (SYSV), not stripped
```

图 21.2　在 Docker 容器中使用 cetst.o 进行文件格式的确认

编译和汇编

将 C 程序翻译为机器语言的具体流程如图 21.3 所示。

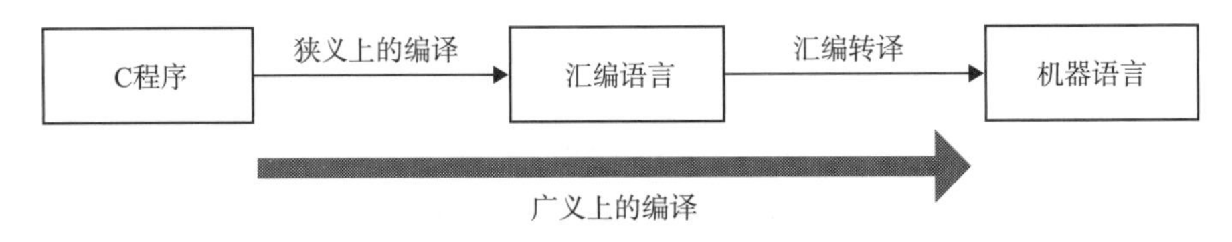

图 21.3　编译的流程

将 C 程序翻译为机器语言的过程就是广义上的编译。广义上的编译又分为狭义上的编译（将 C 语言翻译为汇编语言）和汇编转译（将汇编语言翻译为机器语言）。

gcc 命令实际上是依次执行狭义上的编译和汇编转译的程序。例如，用 **riscv64-unknown-elf-gcc** 命令指定 **-S** 选项，而不是 **-c** 选项，则仅用狭义上的编译就能停止处理，并输出翻译后的汇编语言，如图 21.4 所示。

```
$ riscv64-unknown-elf-gcc -march=rv32i -mabi=ilp32 -S ctest.c
$ cat ctest.s
    .file "ctest.c"
    .option nopic
    .option checkconstraints
    .attribute arch, "rv32i2p0"
    .attribute unaligned_access, 0
    .attribute stack_align, 16
    .text
    .align    2
    .globl    main
    .type main, @function
main:
    addi sp,sp,-32
    sw   s0,28(sp)
    addi s0,sp,32
    li   a5,1
...
```

图 21.4　狭义上的编译

汇编要使用 **riscv64-unknown-elf-as** 命令，如图 21.5 所示。

```
$ riscv64-unknown-elf-as -o ctest.o ctest.S
```

图 21.5 汇 编

21.3 链 接

组合可重定位文件，将它们绑定到特定地址，并将它们转换为可执行文件的过程称为链接。在大多数情况下，链接对象通常为多个文件，但本次的链接对象只有 ctest.o 一个文件。

链接方法用链接脚本 link.ld 指定，见清单 21.4。

清单21.4 chisel-template/src/c/link.ld

```
SECTIONS
{
  . = 0x00000000;
  .text : { *(.text) }
}
```

`.=0x000000000;` 中的“.”表示当前地址，此行代码的意思为设置当前地址（即起始地址）为 0。

编译时按节存储预先确定的数据。`.text` 中包含程序的机器语言。

`{*(.text)}` 表示任意对象文件（`*`）的 `.text` 节。这里只给出了 ctest.o，其含义与 `{ctest.o(.text)}` 相同。也就是说，`.text : { *(.text) }` 通过 `.text` 节配置了 ctest.o 的 `.text` 节。

综上所述，这个 link.ld 从地址 0 开始配置 ctest.c 的 `main()` 函数。使用该 link.ld 可以通过 **riscv64-unknown-elf-ld** 命令生成可执行文件 ctest，如图 21.6 所示。

```
$ riscv64-unknown-elf-ld -b elf32-littleriscv ctest.o -T link.ld -o ctest
```

图 21.6 在 Docker 容器中链接

“**riscv64-unknown-elf-ld[** 源文件名 **]**”就是链接命令。**riscv64-unknown-elf-ld** 的选项名及对应含义见表 21.2。

表 21.2 **riscv64-unknown-elf-ld** 的选项

选项名	含 义
-b<TARGET>	指定目标架构
-T<FILE>	指定读取链接脚本文件
-o<FILE>	指定输出文件名

-b 选项指定的 **elf32-littleriscv** 表示 RISC-V 32 位架构，**elf64-littleriscv** 表示 RISC-V64 位架构。

这样就生成了可执行文件 ctest，如图 21.7 所示。

```
$ file ctest
ctest: ELF 32-bit LSB executable, UCB RISC-V, version 1 (SYSV), statically
  linked,not stripped
```

图 21.7 在 Docker 容器中生成可执行文件 ctest

21.4 机器语言的十六进制化和DUMP文件的创建

最后，与十六进制化 **riscv-tests** 并创建 DUMP 文件相同，对机器语言进行十六进制化并创建 DUMP 文件，如图 21.8 所示。将 HEX 文件输出至 chisel-template/src/hex/，将 DUMP 文件见清单 21.5，输出至 chisel-template/src/dump/。

```
$ cd /src/chisel-template/src/c
$ riscv64-unknown-elf-objcopy -O binary ctest ctest.bin
$ od -An -tx1 -w1 -v ctest.bin > ../hex/ctest.hex
$ riscv64-unknown-elf-objdump -b elf32-littleriscv -D ctest > ../dump/ctest.
  elf.dmp
```

图 21.8 在 Docker 容器中创建 HEX 文件和 DUMP 文件

清单21.5 chisel-template/scr/dump/ctest.elf.dmp

```
00000000 <main>:
0:  fe010113    addi   sp,sp,-32
4:  00812e23    sw     s0,28(sp)
8:  02010413    addi   s0,sp,32
c:  00100793    li     a5,1
10: fef42623    sw     a5,-20(s0)
```

```
14: 00200793      li      a5,2
18: fef42423      sw      a5,-24(s0)
1c: fee42703      Iw      a4,-20(s0)
20: fe842783      Iw      a5,-24(s0)
24: 00f707b3      add     a5,a4,a5
28: fef42223      sw      a5,-28(s0)
2c: fe442703      Iw      a4,-28(s0)
30: 00100793      li      35,1
34: 00f71a63      bne     a4,a5,48 <main+0x48>
38: fe442783      Iw      a5,-28(s0)
3c: 00178793      addi    a5,a5,1
40: fef42223      sw      a5,-28(s0)
44: 0100006f      j       54 <main+0x54>
48: fe442783      Iw      a5,-28(s0)
4c: 00278793      addi    a5,a5,2
50: fef42223      sw      a5,-28(s0)
54: c0001073      unimp
```

21.5　运行测试

创建一个名为 CTest.scala 的测试文件，并将 FetchTest.scala 中的 **package** 名修改为 ctest，见清单 21.6，然后运行 **sbt** 测试命令。

清单21.6　chisel-template/src/test/scala/CTest.scala

```
package ctest
...
```

sbt 测试命令如图 21.9 所示。

```
$ cd /src/chisel-template
$ sbt "testOnly ctest.HexTest"
```

图 21.9　在 Docker 容器中运行 **sbt** 测试命令

测试结果如图 21.10 所示。

从图 21.10 中可以看到，运行加法和条件分支都没有什么问题。此处只是运行了极其简单的 C 程序，所以其结果可能会被视为理所当然。尽管只是仿真，但这也是在自制 CPU 上计算出的结果。

虽然这些只是基础功能，但我们成功地自制了能够正常工作的 CPU，第Ⅱ部分到此为止。第Ⅱ部分的实现内容如图 21.11 所示。

```
# add     a5,a4,a5
-----------
io.pc     :       0x00000024
inst      :       0x00f707b3
rs1_addr  :       14
rs2_addr  :       15
wb_addr   :       15
rs1_data  :       0x00000001
rs2_data  :       0x00000002
wb_data   :       0x00000003 # 1+2=3
-----------
...
# bne a4,a5/48
-----------
io.pc     :       0x00000034
pc_next   :       0x00000048 # if 条件不成立，跳转至地址 48
inst      :       0x00f71a63
rs1_addr  :       14
rs2_addr  :       15
rs1_data  :       0x00000003 # a5=3(z)
rs2_data  :       0x00000001 # a4=1
-----------
...
# addi a5,a5/2
-----------
io.pc     :       0x0000004c
inst      :       0x00278793
rs1_addr  :       15
wb_addr   :       15
rs1_data  :       0x00000003 # z
wb_data   :       0x00000005 # z = z + 2
```

图 21.10　测试结果

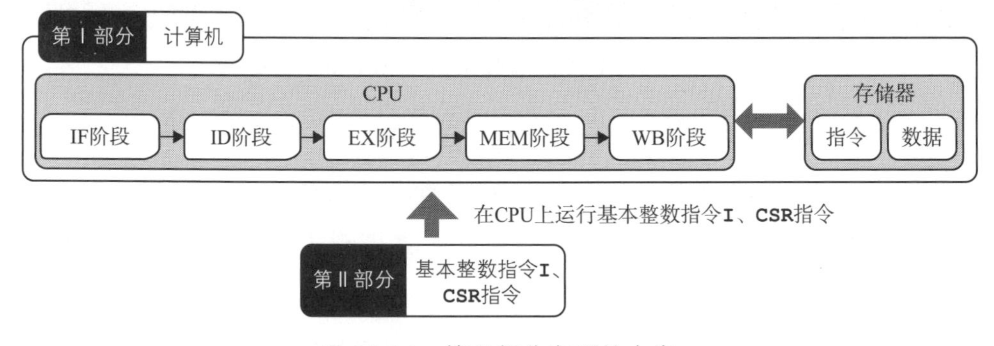

图 21.11　第Ⅱ部分实现的内容

第 III 部分

流水线的实现

第22章

什么是流水线

到目前为止，我们学习了如何使用Chisel实现各条指令。本章将介绍流水线技术，使用这种技术可以高效处理多条指令。第Ⅲ部分要实现的内容如图22.1所示。

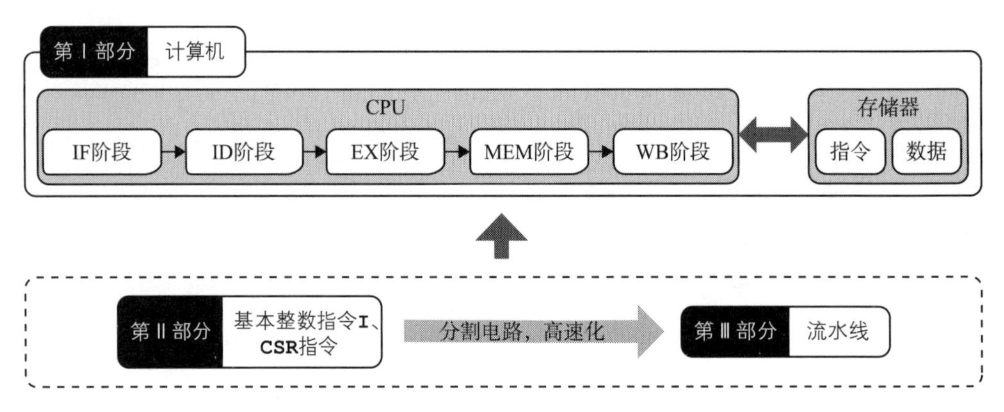

图22.1　第Ⅲ部分实现的内容

22.1　流水线的意义

流水线是指将一条指令分割为多个阶段进行处理，从而并行处理多条指令。

设某个电路要对某条指令执行4次循环。顺序执行3次该指令，则需要$4 \times 3 = 12$个循环，见表22.1。

表 22.1　顺序执行示例

循　环	1	2	3	4	5	6	7	8	9	10	11	12
电　路	指令 1				指令 2				指令 3			

将该指令分为 A 和 B 两个阶段进行处理。A、B 每个阶段的处理都需要执行 2 次循环，B 阶段要用到 A 阶段的处理结果，前后具有依赖性。使用这种方法，执行 3 次指令只需要 8 个循环，见表 22.2。

这种方法的关键在于，将指令分割为两个阶段进行处理，使两个阶段同时工作。A、B 阶段叫作流水线阶段，本例中有两个阶段。

表 22.2　流水线示例

循环 / 电路	1	2	3	4	5	6	7	8
电路 A	指令 1-A		指令 2-A		指令 3-A			
电路 B			指令 1-B		指令 2-B		指令 3-B	

流水线阶段越多，流水线效率越高。例如，将上述各阶段进一步分割为两个阶段（A 阶段分为 A' 阶段和 A'' 阶段，B 阶段分为 B' 阶段和 B'' 阶段），假设它们均需要执行 1 次循环，那么执行 3 次指令的时间就可以缩短到 6 个循环，见表 22.3。

表 22.3　流水线阶段的细化

循环 / 电路	1	2	3	4	5	6
电路 A'	指令 1-A'	指令 2-A'	指令 3-A'			
电路 A''		指令 1-A''	指令 2- A''	指令 3- A''		
电路 B'			指令 1-B'	指令 2-B'	指令 3-B'	
电路 B''				指令 1-B''	指令 2-B''	指令 3-B''

为了增加流水线阶段，我们需要细化运算单元。举例来说，对比使用洗烘一体机，分别使用洗衣机和烘干机的吞吐量更大。

一般用吞吐量表示单位时间内可以处理的任务量，延迟表示发出请求到系统响应的时间。

在上述流水线示例中，非流水线电路完成 3 项处理的时间 = 延迟 = 12 个循环，每个循环的处理数 = 吞吐量 = 3/12 = 0.25。从表 22.2 可以看出，流水线的延迟 = 8 个循环，吞吐量 = 3/8 = 0.375，效率明显提高。

22.2 创建CPU流水线

对取指令到寄存器回写的各个阶段进行流水线处理。常见的处理器流水线阶段见表 22.4。

表 22.4 常见的处理器流水线阶段

电路 \ 循环	1	2	3	4	5	6	7
指令 1	IF	ID	EX	MEM	WB		
指令 2		IF	ID	EX	MEM	WB	
指令 3			IF	ID	EX	MEM	WB

然而，这只是对处理器进行了简单的电路分割，还不是完整的流水线。因为尽管电路在概念上被分割开，但在物理上仍然是一个电路，无法识别各条指令分别进行到哪一阶段了。

解决这个问题的方法是使用基于寄存器的时钟同步电路。在各个流水线阶段之间设置寄存器，如图 22.2 所示。寄存器在时钟上升沿记录各个阶段的输出，这样就可以防止输出传播超过两个阶段，保证一个周期处理一个阶段。

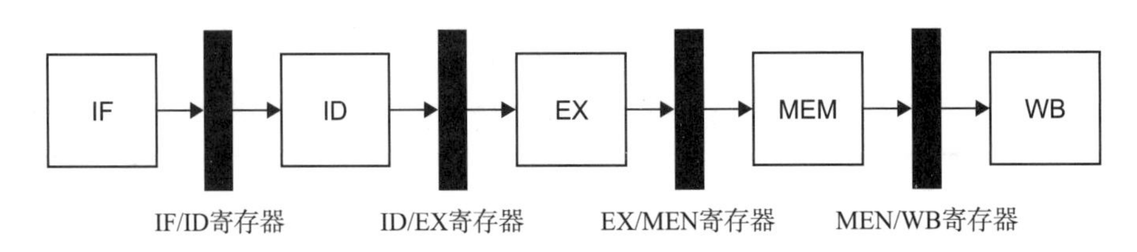

图 22.2 流水线寄存器

乍一看，经过寄存器似乎降低了处理速度，因为这会增加流水线寄存器及其控制电路，扩大电路规模。但是由于每个阶段要处理的任务量变少，整体上缩短了处理时间，这样可以提高 CPU 的吞吐量。

22.3 在第Ⅲ部分完成的Chisel代码

在此给出下一章之后要实现的 CPU 流水线的完整代码 Core.scala，见清单 22.1。本次不修改 Top.scala 和 Memory.scala。后续如果需要查阅全部代码，请看本节。

清单22.1　chisel-template/src/main/scala/09_pipeline_datahazard/Core.scala

```
package pipeline_datahazard

import chisel3._
import chisel3.util._
import common.Instructions._
import common.Consts._

class Core extends Module {
  val io = IO(
    new Bundle {
      val imem = Flipped(new ImemPortIo())
      val dmem = Flipped(new DmemPortIo())
      val gp   = Output(UInt(WORD_LEN.W))
      val exit = Output(Bool())
    }
  )
  val regfile = Mem(32, UInt(WORD_LEN.W))
  val csr_regfile = Mem(4096, UInt(WORD_LEN.W))

  //**********************************
  // 流水线状态寄存器

  // IF/ID 阶段
  val id_reg_pc   = RegInit(0.U(WORD_LEN.W))
  val id_reg_inst = RegInit(0.U(WORD_LEN.W))

  // ID/EX 阶段
  val exe_reg_pc            = RegInit(0.U(WORD_LEN.W))
  val exe_reg_wb_addr       = RegInit(0.U(ADDR_LEN.W))
  val exe_reg_op1_data      = RegInit(0.U(WORD_LEN.W))
  val exe_reg_op2_data      = RegInit(0.U(WORD_LEN.W))
  val exe_reg_rs2_data      = RegInit(0.U(WORD_LEN.W))
  val exe_reg_exe_fun       = RegInit(0.U(EXE_FUN_LEN.W))
  val exe_reg_mem_wen       = RegInit(0.U(MEN_LEN.W))
  val exe_reg_rf_wen        = RegInit(0.U(REN_LEN.W))
  val exe_reg_wb_sel        = RegInit(0.U(WB_SEL_LEN.W))
  val exe_reg_csr_addr      = RegInit(0.U(CSR_ADDR_LEN.W))
  val exe_reg_csr_cmd       = RegInit(0.U(CSR_LEN.W))
  val exe_reg_imm_i_sext    = RegInit(0.U(WORD_LEN.W))
  val exe_reg_imm_s_sext    = RegInit(0.U(WORD_LEN.W))
  val exe_reg_imm_b_sext    = RegInit(0.U(WORD_LEN.W))
  val exe_reg_imm_u_shifted = RegInit(0.U(WORD_LEN.W))
  val exe_reg_imm_z_uext    = RegInit(0.U(WORD_LEN.W))
```

```
// EX/MEM State
val mem_reg_pc              = RegInit(0.U(WORD_LEN.W))
val mem_reg_wb_addr         = RegInit(0.U(ADDR_LEN.W))
val mem_reg_op1_data        = RegInit(0.U(WORD_LEN.W))
val mem_reg_rs2_data        = RegInit(0.U(WORD_LEN.W))
val mem_reg_mem_wen         = RegInit(0.U(MEN_LEN.W))
val mem_reg_rf_wen          = RegInit(0.U(REN_LEN.W))
val mem_reg_wb_sel          = RegInit(0.U(WB_SEL_LEN.W))
val mem_reg_csr_addr        = RegInit(0.U(CSR_ADDR_LEN.W))
val mem_reg_csr_cmd         = RegInit(0.U(CSR_LEN.W))
val mem_reg_imm_z_uext      = RegInit(0.U(WORD_LEN.W))
val mem_reg_alu_out         = RegInit(0.U(WORD_LEN.W))

// MEM/WB State
val wb_reg_wb_addr          = RegInit(0.U(ADDR_LEN.W))
val wb_reg_rf_wen           = RegInit(0.U(REN_LEN.W))
val wb_reg_wb_data          = RegInit(0.U(WORD_LEN.W))

//**********************************
// IF 阶段

val if_reg_pc = RegInit(START_ADDR)
io.imem.addr: = if_reg_pc
val if_inst = io.imem.inst

val stall_flg               = Wire(Bool())
val exe_br_flg              = Wire(Bool())
val exe_br_target           = Wire(UInt(WORD_LEN.W))
val exe_jmp_flg             = Wire(Bool())
val exe_alu_out             = Wire(UInt(WORD_LEN.W))

val if_pc_plus4 = if_reg_pc + 4.U(WORD_LEN.W)
val if_pc_next = MuxCase(if_pc_plus4, Seq(
  // 优先顺序很重要！跳转成立和停顿 (stall) 同时发生时，优先进行跳转处理
  exe_br_flg            -> exe_br_target,
  exe_jmp_flg           -> exe_alu_out,
  (if_inst === ECALL)   -> csr_regfile(0x305), // go to trap_vector
  stall_flg             -> if_reg_pc, // stall
))
if_reg_pc := if_pc_next

//**********************************
// IF/ID Register
id_reg_pc := Mux(stall_flg, id_reg_pc, if_reg_pc)
id_reg_inst := MuxCase(if_inst, Seq(
  // 优先顺序很重要！跳转成立和停顿同时发生时，优先进行跳转处理
```

```
  (exe_br_flg || exe_jmp_flg) -> BUBBLE,
  stall_flg -> id_reg_inst
))

//**********************************
// Instruction Decode (ID) Stage
// 为了检测 stall_flg，临时仅对寄存器编号译码
val id_rs1_addr_b = id_reg_inst(19, 15)
val id_rs2_addr_b = id_reg_inst(24, 20)

// 与 EX 的数据冒险→ stall
val id_rs1_data_hazard = (exe_reg_rf_wen === REN_S) &&
  (id_rs1_addr_b =/= 0.U) && (id_rs1_addr_b === exe_reg_wb_addr)
val id_rs2_data_hazard = (exe_reg_rf_wen === REN_S) &&
  (id_rs2_addr_b =/= 0.U) && (id_rs2_addr_b === exe_reg_wb_addr)
stall_flg := (id_rs1_data_hazard || id_rs2_data_hazard)

// 分支、跳转、停顿时将 ID BUBBLE 化
val id_inst = Mux((exe_br_flg || exe_jmp_flg || stall_flg), BUBBLE, id_reg_inst)

val id_rs1_addr = id_inst(19, 15)
val id_rs2_addr = id_inst(24, 20)
val id_wb_addr  = id_inst(11, 7)

val mem_wb_data = Wire(UInt(WORD_LEN.W))
val id_rs1_data = MuxCase(regfile(id_rs1_addr), Seq(
  (id_rs1_addr === 0.U) -> 0.U(WORD_LEN.W),
  ((id_rs1_addr === mem_reg_wb_addr) && (mem_reg_rf_wen === REN_S)) ->
    mem_wb_data,  // 从 MEN 直通
  ((id_rs1_addr === wb_reg_wb_addr ) && (wb_reg_rf_wen === REN_S)) ->
    wb_reg_wb_data   // 从 WB 直通
))
val id_rs2_data = MuxCase(regfile(id_rs2_addr), Seq(
  (id_rs2_addr === 0.U) -> 0.U(WORD_LEN.W),
  ((id_rs2_addr === mem_reg_wb_addr) && (mem_reg_rf_wen === REN_S)) ->
    mem_wb_data,  // 从 MEN 直通
  ((id_rs2_addr === wb_reg_wb_addr ) && (wb_reg_rf_wen === REN_S)) ->
    wb_reg_wb_data   // 从 WB 直通
))

val id_imm_i = id_inst(31, 20)
val id_imm_i_sext = Cat(Fill(20, id_imm_i(11)), id_imm_i)
val id_imm_s = Cat(id_inst(31, 25), id_inst(11, 7))
val id_imm_s_sext = Cat(Fill(20, id_imm_s(11)), id_imm_s)
val id_imm_b = Cat(id_inst(31), id_inst(7), id_inst(30, 25), id_inst(11, 8))
val id_imm_b_sext = Cat(Fill(19, id_imm_b(11)), id_imm_b, 0.U(1.U))
```

```
val id_imm_j = Cat(id_inst(31), id_inst(19, 12), id_inst(20), id_inst(30, 21))
val id_imm_j_sext = Cat(Fill(11, id_imm_j(19)), id_imm_j, 0.U(1.U))
val id_imm_u = id_inst(31,12)
val id_imm_u_shifted = Cat(id_imm_u, Fill(12, 0.U))
val id_imm_z = id_inst(19,15)
val id_imm_z_uext = Cat(Fill(27, 0.U), id_imm_z)
val csignals = ListLookup(id_inst,
  List(ALU_X , OP1_RS1, OP2_RS2, MEN_X, REN_X, WB_X , CSR_X),
  Array(
    LW     -> List(ALU_ADD , OP1_RS1, OP2_IMI, MEN_X, REN_S, WB_MEM, CSR_X),
    SW     -> List(ALU_ADD , OP1_RS1, OP2_IMS, MEN_S, REN_X, WB_X , CSR_X),
    ADD    -> List(ALU_ADD , OP1_RS1, OP2_RS2, MEN_X, REN_S, WB_ALU, CSR_X),
    ADDI   -> List(ALU_ADD , OP1_RS1, OP2_IMI, MEN_X, REN_S, WB_ALU, CSR_X),
    SUB    -> List(ALU_SUB , OP1_RS1, OP2_RS2, MEN_X, REN_S, WB_ALU, CSR_X),
    AND    -> List(ALU_AND , OP1_RS1, OP2_RS2, MEN_X, REN_S, WB_ALU, CSR_X),
    OR     -> List(ALU_OR , OP1_RS1, OP2_RS2, MEN_X, REN_S, WB_ALU, CSR_X),
    XOR    -> List(ALU_XOR , OP1_RS1, OP2_RS2, MEN_X, REN_S, WB_ALU, CSR_X),
    ANDI   -> List(ALU_AND , OP1_RS1, OP2_IMI, MEN_X, REN_S, WB_ALU, CSR_X),
    ORI    -> List(ALU_OR , OP1_RS1, OP2_IMI, MEN_X, REN_S, WB_ALU, CSR_X),
    XORI   -> List(ALU_XOR , OP1_RS1, OP2_IMI, MEN_X, REN_S, WB_ALU, CSR_X),
    SLL    -> List(ALU_SLL , OP1_RS1, OP2_RS2, MEN_X, REN_S, WB_ALU, CSR_X),
    SRL    -> List(ALU_SRL , OP1_RS1, OP2_RS2, MEN_X, REN_S, WB_ALU, CSR_X),
    SRA    -> List(ALU_SRA , OP1_RS1, OP2_RS2, MEN_X, REN_S, WB_ALU, CSR_X),
    SLLI   -> List(ALU_SLL , OP1_RS1, OP2_IMI, MEN_X, REN_S, WB_ALU, CSR_X),
    SRLI   -> List(ALU_SRL , OP1_RS1, OP2_IMI, MEN_X, REN_S, WB_ALU, CSR_X),
    SRAI   -> List(ALU_SRA , OP1_RS1, OP2_IMI, MEN_X, REN_S, WB_ALU, CSR_X),
    SLT    -> List(ALU_SLT , OP1_RS1, OP2_RS2, MEN_X, REN_S, WB_ALU, CSR_X),
    SLTU   -> List(ALU_SLTU , OP1_RS1, OP2_RS2, MEN_X, REN_S, WB_ALU, CSR_X),
    SLTI   -> List(ALU_SLT , OP1_RS1, OP2_IMI, MEN_X, REN_S, WB_ALU, CSR_X),
    SLTIU  -> List(ALU_SLTU , OP1_RS1, OP2_IMI, MEN_X, REN_S, WB_ALU, CSR_X),
    BEQ    -> List(BR_BEQ , OP1_RS1, OP2_RS2, MEN_X, REN_X, WB_X , CSR_X),
    BNE    -> List(BR_BNE , OP1_RS1, OP2_RS2, MEN_X, REN_X, WB_X , CSR_X),
    BGE    -> List(BR_BGE , OP1_RS1, OP2_RS2, MEN_X, REN_X, WB_X , CSR_X),
    BGEU   -> List(BR_BGEU , OP1_RS1, OP2_RS2, MEN_X, REN_X, WB_X , CSR_X),
    BLT    -> List(BR_BLT , OP1_RS1, OP2_RS2, MEN_X, REN_X, WB_X , CSR_X),
    BLTU   -> List(BR_BLTU , OP1_RS1, OP2_RS2, MEN_X, REN_X, WB_X , CSR_X),
    JAL    -> List(ALU_ADD , OP1_PC , OP2_IMJ, MEN_X, REN_S, WB_PC , CSR_X),
    JALR   -> List(ALU_JALR , OP1_RS1, OP2_IMI, MEN_X, REN_S, WB_PC , CSR_X),
    LUI    -> List(ALU_ADD , OP1_X , OP2_IMU, MEN_X, REN_S, WB_ALU, CSR_X),
    AUIPC  -> List(ALU_ADD , OP1_PC , OP2_IMU, MEN_X, REN_S, WB_ALU, CSR_X),
    CSRRW  -> List(ALU_COPY1, OP1_RS1, OP2_X , MEN_X, REN_S, WB_CSR, CSR_W),
    CSRRWI -> List(ALU_COPY1, OP1_IMZ, OP2_X , MEN_X, REN_S, WB_CSR, CSR_W),
    CSRRS  -> List(ALU_COPY1, OP1_RS1, OP2_X , MEN_X, REN_S, WB_CSR, CSR_S),
    CSRRSI -> List(ALU_COPY1, OP1_IMZ, OP2_X , MEN_X, REN_S, WB_CSR, CSR_S),
    CSRRC  -> List(ALU_COPY1, OP1_RS1, OP2_X , MEN_X, REN_S, WB_CSR, CSR_C),
    CSRRCI -> List(ALU_COPY1, OP1_IMZ, OP2_X , MEN_X, REN_S, WB_CSR, CSR_C),
```

```
    ECALL  -> List(ALU_X , OP1_X , OP2_X , MEN_X, REN_X, WB_X , CSR_E)
  )
)
val id_exe_fun :: id_op1_sel :: id_op2_sel :: id_mem_wen ::
  id_rf_wen :: id_wb_s el :: id_csr_cmd :: Nil = csignals
val id_op1_data = MuxCase(0.U(WORD_LEN.W), Seq(
  (id_op1_sel === OP1_RS1) -> id_rs1_data,
  (id_op1_sel === OP1_PC)  -> id_reg_pc,
  (id_op1_sel === OP1_IMZ) -> id_imm_z_uext
))
val id_op2_data = MuxCase(0.U(WORD_LEN.W), Seq(
  (id_op2_sel === OP2_RS2) -> id_rs2_data,
  (id_op2_sel === OP2_IMI) -> id_imm_i_sext,
  (id_op2_sel === OP2_IMS) -> id_imm_s_sext,
  (id_op2_sel === OP2_IMJ) -> id_imm_j_sext,
  (id_op2_sel === OP2_IMU) -> id_imm_u_shifted
))

val id_csr_addr = Mux(id_csr_cmd === CSR_E, 0x342.U(CSR_ADDR_LEN.W),
  id_inst(31,20))

//***********************************
// ID/EX 阶段
exe_reg_pc            := id_reg_pc
exe_reg_op1_data      := id_op1_data
exe_reg_op2_data      := id_op2_data
exe_reg_rs2_data      := id_rs2_data
exe_reg_wb_addr       := id_wb_addr
exe_reg_rf_wen        := id_rf_wen
exe_reg_exe_fun       := id_exe_fun
exe_reg_wb_sel        := id_wb_sel
exe_reg_imm_i_sext    := id_imm_i_sext
exe_reg_imm_s_sext    := id_imm_s_sext
exe_reg_imm_b_sext    := id_imm_b_sext
exe_reg_imm_u_shifted := id_imm_u_shifted
exe_reg_imm_z_uext    := id_imm_z_uext
exe_reg_csr_addr      := id_csr_addr
exe_reg_csr_cmd       := id_csr_cmd
exe_reg_mem_wen       := id_mem_wen

//***********************************
// EX 阶段
exe_alu_out := MuxCase(0.U(WORD_LEN.W), Seq(
  (exe_reg_exe_fun === ALU_ADD)  -> (exe_reg_op1_data + exe_reg_op2_data),
  (exe_reg_exe_fun === ALU_SUB)  -> (exe_reg_op1_data - exe_reg_op2_data),
  (exe_reg_exe_fun === ALU_AND)  -> (exe_reg_op1_data & exe_reg_op2_data),
```

```
    (exe_reg_exe_fun === ALU_OR)    -> (exe_reg_op1_data | exe_reg_op2_data),
    (exe_reg_exe_fun === ALU_XOR)   -> (exe_reg_op1_data ^ exe_reg_op2_data),
    (exe_reg_exe_fun === ALU_SLL)   -> (exe_reg_op1_data <<
      exe_reg_op2_data(4, 0))(31, 0),
    (exe_reg_exe_fun === ALU_SRL ) -> (exe_reg_op1_data >>
      exe_reg_op2_data(4, 0)).asUInt(),
    (exe_reg_exe_fun === ALU_SRA)   -> (exe_reg_op1_data.asSInt() >>
      exe_reg_op2_data(4, 0)).asUInt(),
    (exe_reg_exe_fun === ALU_SLT)   -> (exe_reg_op1_data.asSInt() <
      exe_reg_op2_data.asSInt()).asUInt(),
    (exe_reg_exe_fun === ALU_SLTU) -> (exe_reg_op1_data < exe_reg_op2_data).
      asUInt(),
    (exe_reg_exe_fun === ALU_JALR) -> ((exe_reg_op1_data + exe_reg_op2_data)
      & ~ 1.U(WORD_LEN.W)),
    (exe_reg_exe_fun === ALU_COPY1) -> exe_reg_op1_data
  ))

  // 分支
  exe_br_flg := MuxCase(false.B, Seq(
    (exe_reg_exe_fun === BR_BEQ)   -> (exe_reg_op1_data === exe_reg_op2_data),
    (exe_reg_exe_fun === BR_BNE)   -> !(exe_reg_op1_data ===
      exe_reg_op2_data),
    (exe_reg_exe_fun === BR_BLT)   -> (exe_reg_op1_data.asSInt() <
      exe_reg_op2_data.asSInt()),
    (exe_reg_exe_fun === BR_BGE)   -> ! (exe_reg_op1_data.asSInt() <
      exe_reg_op2_data.asSInt()),
    (exe_reg_exe_fun === BR_BLTU) -> (exe_reg_op1_data < exe_reg_op2_data),
    (exe_reg_exe_fun === BR_BGEU) -> !(exe_reg_op1_data < exe_reg_op2_data)
  ))
  exe_br_target := exe_reg_pc + exe_reg_imm_b_sext

  exe_jmp_flg := (exe_reg_wb_sel === WB_PC)

  //************************************
  // EX/MEM 寄存器
  mem_reg_pc           := exe_reg_pc
  mem_reg_op1_data     := exe_reg_op1_data
  mem_reg_rs2_data     := exe_reg_rs2_data
  mem_reg_wb_addr      := exe_reg_wb_addr
  mem_reg_alu_out      := exe_alu_out
  mem_reg_rf_wen       := exe_reg_rf_wen
  mem_reg_wb_sel       := exe_reg_wb_sel
  mem_reg_csr_addr     := exe_reg_csr_addr
  mem_reg_csr_cmd      := exe_reg_csr_cmd
  mem_reg_imm_z_uext   := exe_reg_imm_z_uext
  mem_reg_mem_wen      := exe_reg_mem_wen
```

```
//************************************
// MEM 阶段

io.dmem.addr  := mem_reg_alu_out
io.dmem.wen   := mem_reg_mem_wen
io.dmem.wdata := mem_reg_rs2_data

// CSR
val csr_rdata = csr_regfile(mem_reg_csr_addr)

val csr_wdata = MuxCase(0.U(WORD_LEN.W), Seq(
  (mem_reg_csr_cmd === CSR_W) -> mem_reg_op1_data,
  (mem_reg_csr_cmd === CSR_S) -> (csr_rdata | mem_reg_op1_data),
  (mem_reg_csr_cmd === CSR_C) -> (csr_rdata & ~ mem_reg_op1_data),
  (mem_reg_csr_cmd === CSR_E) -> 11.U(WORD_LEN.W)
))

when(mem_reg_csr_cmd > 0.U){
  csr_regfile(mem_reg_csr_addr) := csr_wdata
}

mem_wb_data := MuxCase(mem_reg_alu_out, Seq(
  (mem_reg_wb_sel === WB_MEM) -> io.dmem.rdata,
  (mem_reg_wb_sel === WB_PC) -> (mem_reg_pc + 4.U(WORD_LEN.W)),
  (mem_reg_wb_sel === WB_CSR) -> csr_rdata
))

//************************************
// MEM/WB 寄存器
wb_reg_wb_addr := mem_reg_wb_addr
wb_reg_rf_wen := mem_reg_rf_wen
wb_reg_wb_data := mem_wb_data

//************************************
// WB 阶段

when(wb_reg_rf_wen === REN_S) {
  regfile(wb_reg_wb_addr) := wb_reg_wb_data
}

//************************************
// IO 调试
io.gp                          := regfile(3)
//io.exit                      := (mem_reg_pc === 0x44.U(WORD_LEN.W))
io.exit                        := (id_reg_inst === UNIMP)
```

```
  printf(p"if_reg_pc          : 0x${Hexadecimal(if_reg_pc)}\n")
  printf(p"id_reg_pc          : 0x${Hexadecimal(id_reg_pc)}\n")
  printf(p"id_reg_inst        : 0x${Hexadecimal(id_reg_inst)}\n")
  printf(p"stall_flg          : 0x${Hexadecimal(stall_flg)}\n")
  printf(p"id_inst            : 0x${Hexadecimal(id_inst)}\n")
  printf(p"id_rs1_data        : 0x${Hexadecimal(id_rs1_data)}\n")
  printf(p"id_rs2_data        : 0x${Hexadecimal(id_rs2_data)}\n")
  printf(p"exe_reg_pc         : 0x${Hexadecimal(exe_reg_pc)}\n")
  printf(p"exe_reg_op1_data   : 0x${Hexadecimal(exe_reg_op1_data)}\n")
  printf(p"exe_reg_op2_data   : 0x${Hexadecimal(exe_reg_op2_data)}\n")
  printf(p"exe_alu_out        : 0x${Hexadecimal(exe_alu_out)}\n")
  printf(p"mem_reg_pc         : 0x${Hexadecimal(mem_reg_pc)}\n")
  printf(p"mem_wb_data        : 0x${Hexadecimal(mem_wb_data)}\n")
  printf(p"wb_reg_wb_data     : 0x${Hexadecimal(wb_reg_wb_data)}\n")
  printf("---------\n")
}
```

第23章

流水线寄存器的设置

接下来，我们将讲解如何在流水线各个阶段之间设置寄存器。

第Ⅱ部分实现的CPU一次只能处理一条指令，因此每条指令的关联信号只有一个，如`PC`寄存器`reg_pc`。本次要实现的CPU能始终同时处理5条指令，因此会存在多个关联信号，如在IF、ID、EX、MEM阶段都会出现`reg_pc`。

为了区别上述信号，对每个阶段的信号增加如“`if_`”“`id_`”“`exe_`”“`mem_`”“`wb_`”的前缀。以`pc_reg`为例，将其分别命名为“`if_reg_pc`”“`id_reg_pc`”“`exe_reg_pc`”“`mem_reg_pc`”“`wb_reg_pc`”。

当多个阶段出现同名信号时，为了便于确定其属于哪个阶段，我们也为其增加前缀。

本章的实现文件以`package pipeline`的形式保存在本书源代码文件中的chisel-template/src/main/scala/07_pipeline/目录下。实现流水线只是在各阶段之间加入寄存器而已，实际上很简单。

23.1 寄存器的定义

首先定义一组要在流水线各个阶段之间使用的寄存器。由于寄存器较多，刚开始看见时可能会感到困惑，但实质上它只用于在后续阶段中提取信号，见清单23.1。此外，大写字母的变量是清单4.3中定义的常数。

清单23.1　Core.scala

```
//**********************************
// 流水线状态寄存器

// IF/ID 状态
val id_reg_pc              = RegInit(0.U(WORD_LEN.W))
val id_reg_inst            = RegInit(0.U(WORD_LEN.W))

// ID/EX 状态
val exe_reg_pc             = RegInit(0.U(WORD_LEN.W))
val exe_reg_wb_addr        = RegInit(0.U(ADDR_LEN.W))
val exe_reg_op1_data       = RegInit(0.U(WORD_LEN.W))
val exe_reg_op2_data       = RegInit(0.U(WORD_LEN.W))
val exe_reg_rs2_data       = RegInit(0.U(WORD_LEN.W))
val exe_reg_exe_fun        = RegInit(0.U(EXE_FUN_LEN.W))
val exe_reg_mem_wen        = RegInit(0.U(MEN_LEN.W))
val exe_reg_rf_wen         = RegInit(0.U(REN_LEN.W))
val exe_reg_wb_sel         = RegInit(0.U(WB_SEL_LEN.W))
val exe_reg_csr_addr       = RegInit(0.U(CSR_ADDR_LEN.W))
val exe_reg_csr_cmd        = RegInit(0.U(CSR_LEN.W))
val exe_reg_imm_i_sext     = RegInit(0.U(WORD_LEN.W))
val exe_reg_imm_s_sext     = RegInit(0.U(WORD_LEN.W))
val exe_reg_imm_b_sext     = RegInit(0.U(WORD_LEN.W))
val exe_reg_imm_u_shifted  = RegInit(0.U(WORD_LEN.W))
val exe_reg_imm_z_uext     = RegInit(0.U(WORD_LEN.W))

// EX/MEM 状态
val mem_reg_pc             = RegInit(0.U(WORD_LEN.W))
val mem_reg_wb_addr        = RegInit(0.U(ADDR_LEN.W))
val mem_reg_op1_data       = RegInit(0.U(WORD_LEN.W))
val mem_reg_rs2_data       = RegInit(0.U(WORD_LEN.W))
val mem_reg_mem_wen        = RegInit(0.U(MEN_LEN.W))
val mem_reg_rf_wen         = RegInit(0.U(REN_LEN.W))
val mem_reg_wb_sel         = RegInit(0.U(WB_SEL_LEN.W))
val mem_reg_csr_addr       = RegInit(0.U(CSR_ADDR_LEN.W))
val mem_reg_csr_cmd        = RegInit(0.U(CSR_LEN.W))
val mem_reg_imm_z_uext     = RegInit(0.U(WORD_LEN.W))
val mem_reg_alu_out        = RegInit(0.U(WORD_LEN.W))

// MEM/WB 状态
val wb_reg_wb_addr         = RegInit(0.U(ADDR_LEN.W))
val wb_reg_rf_wen          = RegInit(0.U(REN_LEN.W))
val wb_reg_wb_data         = RegInit(0.U(WORD_LEN.W))
```

23.2 IF阶段

本质上，取指令和 **PC** 设置与使用流水线前基本相同，只需要给各个变量加上“**if_**”“**exe_**”等前缀。

23.2.1 取指令和PC控制

此处需要新增 **ex_jmp_flg** 作为跳转指令标志。

原本在 **pc_next** 的 **MuxCase** 中，已将 **(inst === JAL || inst === JALR) -> alu_out** 作为跳转的目标地址连接了起来。

但在 CPU 流水线中，为了在 EX 阶段计算出跳转的目标地址，我们需要使用 **exe_jmp_flg** 信号，见清单 23.2，使用方法为 **exe_jmp_flg** → **exe_alu_out**。

清单23.2　Core.scala

```
val if_reg_pc  = RegInit(START_ADDR)
io.imem.addr := if_reg_pc
val if_inst    = io.imem.inst

val exe_br_flg     = Wire(Bool())
val exe_br_target = Wire(UInt(WORD_LEN.W))
val exe_jmp_flg    = Wire(Bool())
val exe_alu_out    = Wire(UInt(WORD_LEN.W))

val if_pc_plus4 = if_reg_pc + 4.U(WORD_LEN.W)
val if_pc_next = MuxCase(if_pc_plus4, Seq(
  exe_br_flg          -> exe_br_target,
  exe_jmp_flg         -> exe_alu_out,
  (if_inst === ECALL) -> csr_regfile(0x305)
))
if_reg_pc := if_pc_next
```

23.2.2 IF/ID寄存器的写入

将 IF 阶段计算出的各个信号写入 IF/ID 寄存器，见清单 23.3。

清单23.3　Core.scala

```
id_reg_pc   := if_reg_pc
id_reg_inst := if_inst
```

I II III IV V 附录

23.3 ID阶段

各种译码处理与使用流水线前相同，只需要增加前缀“**id_**”。

23.3.1 寄存器编号的译码和寄存器数据的读取

寄存器编号的译码和寄存器数据的读取过程，见清单 23.4。

清单23.4 Core.scala

```
val id_rs1_addr = id_reg_inst(19, 15)
val id_rs2_addr = id_reg_inst(24, 20)
val id_wb_addr  = id_reg_inst(11, 7)

val id_rs1_data = Mux((id_rs1_addr =/= 0.U(WORD_LEN.U)),
  regfile(id_rs1_addr), 0.U(WORD_LEN.W))
val id_rs2_data = Mux((id_rs2_addr =/= 0.U(WORD_LEN.U)),
  regfile(id_rs2_addr), 0.U(WORD_LEN.W))
```

23.3.2 立即数的译码

立即数的译码见清单 23.5。

清单23.5 Core.scala

```
val id_imm_i = id_reg_inst(31, 20)
val id_imm_i_sext = Cat(Fill(20, id_imm_i(11)), id_imm_i)
val id_imm_s = Cat(id_reg_inst(31, 25), id_reg_inst(11, 7))
val id_imm_s_sext = Cat(Fill(20, id_imm_s(11)), id_imm_s)
val id_imm_b = Cat(id_reg_inst(31), id_reg_inst(7), id_reg_inst(30, 25),
  id_reg_inst(11, 8))
val id_imm_b_sext = Cat(Fill(19, id_imm_b(11)), id_imm_b, 0.U(1.U))
val id_imm_j = Cat(id_reg_inst(31), id_reg_inst(19, 12),
  id_reg_inst(20), id_reg_inst(30, 21))
val id_imm_j_sext = Cat(Fill(11, id_imm_j(19)), id_imm_j, 0.U(1.U))
val id_imm_u = id_reg_inst(31,12)
val id_imm_u_shifted = Cat(id_imm_u, Fill(12, 0.U))
val id_imm_z = id_reg_inst(19,15)
val id_imm_z_uext = Cat(Fill(27, 0.U), id_imm_z)
```

23.3.3 csignals的译码

csignals 的译码见清单 23.6。

清单23.6　Core.scala

```
val csignals = ListLookup(id_reg_inst, ···)
val id_exe_fun :: id_op1_sel :: id_op2_sel :: id_mem_wen ::
  id_rf_wen :: id_wb_sel :: id_csr_cmd :: Nil = csignals
```

23.3.4　操作数数据的选择

操作数数据的选择见清单 23.7。

清单23.7　Core.scala

```
val id_op1_data = MuxCase(0.U(WORD_LEN.W), Seq(
  (id_op1_sel === OP1_RS1) -> id_rs1_data,
  (id_op1_sel === OP1_PC)  -> id_reg_pc,
  (id_op1_sel === OP1_IMZ) -> id_imm_z_uext
))
val id_op2_data = MuxCase(0.U(WORD_LEN.W), Seq(
  (id_op2_sel === OP2_RS2) -> id_rs2_data,
  (id_op2_sel === OP2_IMI) -> id_imm_i_sext,
  (id_op2_sel === OP2_IMS) -> id_imm_s_sext,
  (id_op2_sel === OP2_IMJ) -> id_imm_j_sext,
  (id_op2_sel === OP2_IMU) -> id_imm_u_shifted
))
```

23.3.5　生成csr_addr

在使用流水线前，**csr_addr** 在 MEM 阶段的 CSR 处理部分，但为了从指令列译码，我们将其转移至 ID 阶段，见清单 23.8。

清单23.8　Core.scala

```
val id_csr_addr = Mux(id_csr_cmd === CSR_E, 0x342.U(CSR_ADDR_LEN.W),
  id_inst(31,20))
```

23.3.6　ID/EX寄存器的写入

将 ID 阶段导出的各个信号写入 ID/EX 寄存器，见清单 23.9。

清单23.9　Core.scala

```
exe_reg_pc             := id_reg_pc
exe_reg_op1_data       := id_op1_data
exe_reg_op2_data       := id_op2_data
exe_reg_rs2_data       := id_rs2_data
```

```
exe_reg_wb_addr        := id_wb_addr
exe_reg_rf_wen         := id_rf_wen
exe_reg_exe_fun        := id_exe_fun
exe_reg_wb_sel         := id_wb_sel
exe_reg_imm_i_sext     := id_imm_i_sext
exe_reg_imm_s_sext     := id_imm_s_sext
exe_reg_imm_b_sext     := id_imm_b_sext
exe_reg_imm_u_shifted  := id_imm_u_shifted
exe_reg_imm_z_uext     := id_imm_z_uext
exe_reg_csr_addr       := id_csr_addr
exe_reg_csr_cmd        := id_csr_cmd
exe_reg_mem_wen        := id_mem_wen
```

23.4 EX阶段

本质上，EX 阶段的实现与使用流水线前基本相同，只需要增加前缀“**exe_**”。

23.4.1 至alu_out的信号连接

至 **alu_out** 的信号连接，见清单 23.10。

清单23.10 Core.scala

```
exe_alu_out := MuxCase(0.U(WORD_LEN.W), Seq(
  (exe_reg_exe_fun === ALU_ADD)   -> (exe_reg_op1_data + exe_reg_op2_data),
  (exe_reg_exe_fun === ALU_SUB)   -> (exe_reg_op1_data - exe_reg_op2_data),
  (exe_reg_exe_fun === ALU_AND)   -> (exe_reg_op1_data & exe_reg_op2_data),
  (exe_reg_exe_fun === ALU_OR)    -> (exe_reg_op1_data | exe_reg_op2_data),
  (exe_reg_exe_fun === ALU_XOR)   -> (exe_reg_op1_data ^ exe_reg_op2_data),
  (exe_reg_exe_fun === ALU_SLL)   -> (exe_reg_op1_data <<
    exe_reg_op2_data(4, 0))(31, 0),
  (exe_reg_exe_fun === ALU_SRL)   -> (exe_reg_op1_data >>
    exe_reg_op2_data(4, 0)).asUInt(),
  (exe_reg_exe_fun === ALU_SRA)   ->
    (exe_reg_op1_data.asSInt() >> exe_reg_op2_data(4, 0)).asUInt(),
  (exe_reg_exe_fun === ALU_SLT)   ->
    (exe_reg_op1_data.asSInt() < exe_reg_op2_data.asSInt()).asUInt(),
  (exe_reg_exe_fun === ALU_SLTU)  -> (exe_reg_op1_data < exe_reg_op2_data).
    asUInt(),
  (exe_reg_exe_fun === ALU_JALR)  ->
    ((exe_reg_op1_data + exe_reg_op2_data) & ~ 1.U(WORD_LEN.W)),
  (exe_reg_exe_fun === ALU_COPY1) -> exe_reg_op1_data
))
```

23.4.2　分支指令的处理

分支指令的处理，见清单 23.11。

清单23.11　Core.scala

```
exe_br_flg := MuxCase(false.B, Seq(
  (exe_reg_exe_fun === BR_BEQ)  -> (exe_reg_op1_data === exe_reg_op2_data),
  (exe_reg_exe_fun === BR_BNE)  -> !(exe_reg_op1_data === exe_reg_op2_data),
  (exe_reg_exe_fun === BR_BLT)  -> (exe_reg_op1_data.asSInt() <
    exe_reg_op2_data.asSInt()),
  (exe_reg_exe_fun === BR_BGE)  -> !(exe_reg_op1_data.asSInt() <
    exe_reg_op2_data.asSInt()),
  (exe_reg_exe_fun === BR_BLTU) -> (exe_reg_op1_data < exe_reg_op2_data),
  (exe_reg_exe_fun === BR_BGEU) -> !(exe_reg_op1_data < exe_reg_op2_data)
))
exe_br_target := exe_reg_pc + exe_reg_imm_b_sext
```

如上文所述，仅在 IF 阶段新增 **exe_jmp_flg**，见清单 23.12。跳转指令能够判断 **wb_sel** 信号是否为 **WB_PC**。

清单23.12　Core.scala

```
exe_jmp_flg := (exe_reg_wb_sel === WB_PC)
```

23.4.3　EX/MEM寄存器的写入

最后将各个信号写入 EX/MEM 寄存器，见清单 23.13。

清单23.13　Core.scala

```
mem_reg_pc          := exe_reg_pc
mem_reg_op1_data    := exe_reg_op1_data
mem_reg_rs2_data    := exe_reg_rs2_data
mem_reg_wb_addr     := exe_reg_wb_addr
mem_reg_alu_out     := exe_alu_out
mem_reg_rf_wen      := exe_reg_rf_wen
mem_reg_wb_sel      := exe_reg_wb_sel
mem_reg_csr_addr    := exe_reg_csr_addr
mem_reg_csr_cmd     := exe_reg_csr_cmd
mem_reg_imm_z_uext  := exe_reg_imm_z_uext
mem_reg_mem_wen     := exe_reg_mem_wen
```

23.5 MEM阶段

MEM 阶段也与其他阶段相同，其实现方法几乎与使用流水线前相同，仅需要增加前缀“**mem_**”。

23.5.1 存储器访问

存储器的访问见清单 23.14。

清单23.14 Core.scala

```
io.dmem.addr  := mem_reg_alu_out
io.dmem.wen   := mem_reg_mem_wen
io.dmem.wdata := mem_reg_rs2_data
```

23.5.2 CSR

CSR 的代码见清单 23.15。

清单23.15 Core.scala

```
val csr_rdata = csr_regfile(mem_reg_csr_addr)

val csr_wdata = MuxCase(0.U(WORD_LEN.W), Seq(
  (mem_reg_csr_cmd === CSR_W) -> mem_reg_op1_data,
  (mem_reg_csr_cmd === CSR_S) -> (csr_rdata | mem_reg_op1_data),
  (mem_reg_csr_cmd === CSR_C) -> (csr_rdata & ~ mem_reg_op1_data),
  (mem_reg_csr_cmd === CSR_E) -> 11.U(WORD_LEN.W)
))

when(mem_reg_csr_cmd > 0.U){
  csr_regfile(mem_reg_csr_addr) := csr_wdata
}
```

23.5.3 wb_data

使用流水线前，**wb_data** 在 WB 阶段，但由于需要连接 **io.dmem.rdata**，我们将其转移至 MEM 阶段，见清单 23.16。

清单23.16 Core.scala

```
val mem_wb_data = MuxCase(mem_reg_alu_out, Seq(
  (mem_reg_wb_sel === WB_MEM) -> io.dmem.rdata,
```

```
  (mem_reg_wb_sel === WB_PC)  -> (mem_reg_pc + 4.U(WORD_LEN.W)),
  (mem_reg_wb_sel === WB_CSR) -> csr_rdata
))
```

23.5.4　写入MEM/WB寄存器

最后将各个信号写入 MEM/WB 寄存器，见清单 23.17。

清单23.17　Core.scala

```
wb_reg_wb_addr := mem_reg_wb_addr
wb_reg_rf_wen  := mem_reg_rf_wen
wb_reg_wb_data := mem_wb_data
```

23.6　WB阶段

在 WB 阶段，给各个变量增加前缀“**wb_**”，见清单 23.18。

清单23.18　Core.scala

```
when(wb_reg_rf_wen === REN_S) {
  regfile(wb_reg_wb_addr) := wb_reg_wb_data
}
```

至此，我们已经完成了寄存器的设置！但是，目前 CPU 还无法通过流水线处理工作。下一章我们来学习流水线中所需的冒险处理。

第 24 章 分支冒险处理

在流水线中，仅用寄存器分割各个阶段还是不够的，因为指令之间的依赖关系会导致无法正确运行指令。

这就是冒险（hazard），具体分为以下两种。

· 分支（控制）冒险

· 数据冒险

本章先来介绍分支冒险。

24.1 什么是分支冒险

分支冒险指的是在执行分支指令或跳转指令时，前一个流水线阶段中正在处理的指令变为无效的指令。

在我们正在开发的 CPU 流水线中，EX 阶段负责判断分支是否成立并计算分支目标地址，因此在 EX 阶段才能确定下一条要执行的指令的地址。这意味着，在 EX 阶段前的 IF 阶段和 ID 阶段正在处理的指令可能会变为无效的指令。

最简单的解决办法是在 EX 阶段确定下一条要执行的指令的地址前，禁用 IF 阶段和 ID 阶段，但这意味着无法同时执行 IF、ID、EX 阶段，进而无法体现流水线的优势。

因此，在计算机处理指令时，通常会假设分支指令不发生，继续处理后续指令，只在发生分支冒险时，才会在 IF、ID 阶段禁用原本要执行的指令。这种方法叫作静态分支预测，意思是“假设分支指令不会发生”。

具体来说，在执行分支指令或跳转指令时，依旧在下一个循环中获取 **PC+4** 地址的指令。这与原本的行为相同，无须修改实现文件。

当 EX 阶段执行分支指令或跳转指令时，禁用正在处理后续指令的 IF、ID 阶段。禁用两个阶段的方法就是停止两个循环的流水线。这种流水线的工作停止叫作流水线停顿（pipeline stall），简称停顿。由于停顿就像流水线上的气泡，因此我们将其称为 BUBBLE（气泡），如图 24.1 所示。

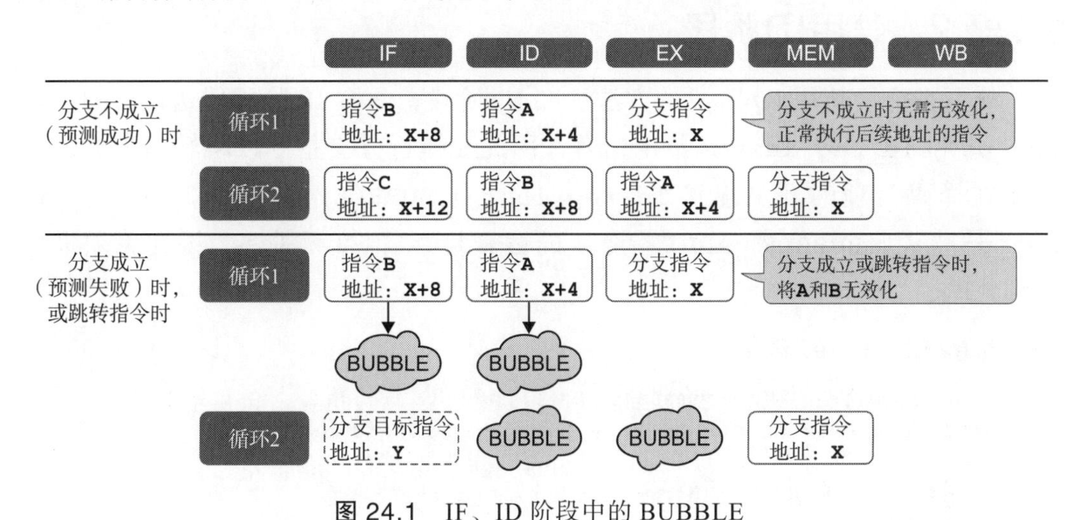

图 24.1　IF、ID 阶段中的 BUBBLE

24.2　Chisel的实现

本章的实现文件以 **package pipeline_brhazard** 的形式保存在本书源代码文件中的 chisel-template/src/main/scala/08_pipeline_brhazard/ 目录下。

24.2.1　禁用IF阶段

首先用 Conts.scala 定义 **BUBBLE** 变量，见清单 24.1。

清单24.1　Consts.scala

```
val BUBBLE = 0x00000013.U(WORD_LEN.W)
```

指令列 **0x00000013** 表示 **ADDI x0,x0,0**，也就是 **NOP** 指令（空操作指令）。

逻辑上 **NOP** 指令可以是任何指令，如 **XOR x0,x0,x0** 等。为了提高硬件资源使用效率，在 RISC-V 中，采用 **ADDI** 指令作为 **NOP** 指令。

当 EX 阶段执行分支指令或跳转指令时，可以连接此阶段的 **BUBBLE** 与 **id_reg_inst** 禁用 IF 阶段，见清单 24.2。

清单24.2　Core.scala

```
id_reg_inst := Mux((exe_br_flg || exe_jmp_flg), BUBBLE, if_inst)
```

24.2.2　禁用ID阶段

接下来介绍禁用 ID 阶段的方法。在 ID 阶段，只有 IF 阶段传送过来的 **id_reg_pc** 和 **id_reg_inst** 是给定信号，因此在执行分支指令或跳转指令时，只需要在译码处理的开头连接 **id_reg_inst** 与 **BUBBLE**，见清单 24.3。对 **id_reg_pc** 来说，**BUBBLE**（**ADDI** 指令）的运算与 **PC** 值毫无关系，因此无须进行停顿处理。

清单24.3　Core.scala

```
// 分支成立或跳转指令时增加 BUBBLE 化的多路复用器，向 id_inst 输出
val id_inst = Mux((exe_br_flg || exe_jmp_flg), BUBBLE, id_reg_inst)

// 在之后的译码处理中将所有 id_reg_inst 替换为 id_inst
val id_rs1_addr = id_inst(19, 15)
val id_rs2_addr = id_inst(24, 20)
val id_wb_addr  = id_inst(11, 7)
...
```

24.2.3　增加调试信号

主要调试信号用 **printf** 输出，见清单 24.4。

清单24.4　Core.scala

```
printf(p"if_reg_pc          : 0x${Hexadecimal(if_reg_pc)}\n")
printf(p"id_reg_pc          : 0x${Hexadecimal(id_reg_pc)}\n")
printf(p"id_reg_inst        : 0x${Hexadecimal(id_reg_inst)}\n")
printf(p"id_inst            : 0x${Hexadecimal(id_inst)}\n")
printf(p"id_rs1_data        : 0x${Hexadecimal(id_rs1_data)}\n")
printf(p"id_rs2_data        : 0x${Hexadecimal(id_rs2_data)}\n")
```

```
printf(p"exe_reg_pc          : 0x${Hexadecimal(exe_reg_pc)}\n")
printf(p"exe_reg_op1_data    : 0x${Hexadecimal(exe_reg_op1_data)}\n")
printf(p"exe_reg_op2_data    : 0x${Hexadecimal(exe_reg_op2_data)}\n")
printf(p"exe_alu_out         : 0x${Hexadecimal(exe_alu_out)}\n")
printf(p"mem_reg_pc          : 0x${Hexadecimal(mem_reg_pc)}\n")
printf(p"mem_wb_data         : 0x${Hexadecimal(mem_wb_data)}\n")
printf(p"wb_reg_wb_data      : 0x${Hexadecimal(wb_reg_wb_data)}\n")
```

分支冒险处理，到此结束！

24.3　分支冒险测试

下面，我们通过实际测试对比进行分支冒险处理前后的区别。

24.3.1　创建用于测试的C程序

用于测试的 C 程序，见清单 24.5。

清单24.5　chisel-template/src/c/br_hazard.c

```
#include <stdio.h>

int main()
{
  asm volatile("addi a0, x0, 1");
  asm volatile("addi a1, x0, 2");
  asm volatile("jal ra, jump");

  // 不可执行的指令
  asm volatile("addi a0, x0, 2");
  asm volatile("addi a1, x0, 3");

  // 跳转目标
  asm volatile("jump:");
  asm volatile("nop");
  asm volatile("nop");
  asm volatile("nop");
  asm volatile("nop");
  asm volatile("add a2, a0, a1");
  asm volatile("nop");
  asm volatile("nop");
  asm volatile("nop");
  asm volatile("nop");
```

```
  asm volatile("unimp");
  return 0;
}
```

24.3.2 创建HEX文件和DUMP文件

为避免后续重复手动完成 C 程序的编译、十六进制化，以及创建 DUMP 文件，我们使用 Makefile 实现自动化，并将编译器优化选项 **-O2** 加到 **gcc** 命令中，见清单 24.6。如果没有添加优化选项，则原本不需要的加载或存储的指令会保留下来，导致反汇编结果的可读性降低。

清单24.6 /src/chisel-template/src/c/Makefile

```
# %: 通配符
# $@: 目标名
# $<: 起始相依文件名
%: %.c # 左边是目标名，右边是所需的相依文件群
  riscv64-unknown-elf-gcc -O2 -march=rv32iv -mabi=ilp32 -c -o $@.o $<
  riscv64-unknown-elf-ld -b elf32-littleriscv $@.o -T link.ld -o $@
  riscv64-unknown-elf-objcopy -O binary $@ $@.bin
  od -An -tx1 -w1 -v $@.bin > ../hex/$@.hex
  riscv64-unknown-elf-objdump -b elf32-littleriscv -D $@ > ../dump/$@.elf.dmp
  rm -f $@.o
  rm -f $@
  rm -f $@.bin
```

使用方法是将想要生成的文件名作为参数（目标名）并执行 **make** 命令，如图 24.2 所示。

```
$ cd /src/chisel-template/src/c
$ make br_hazard
```

图 24.2 在 Docker 容器中创建 HEX 文件和 DUMP 文件

为了理解 Makefile 的行为，我们写出设置 **make br_hazard** 时实际执行的命令，如图 24.3 所示。

使用上述代码，可以使 br_hazard.c 自动生成 br_hazard.hex、br_hazard.elf.dump，见清单 24.7。br_hazard.c 将 HEX 文件输出至 /src/chisel-template/src/hex/，DUMP 文件输出至 /src/chisel-template/src/dump/。

```
$ riscv64-unknown-elf-gcc -O2 -march=rv32iv -mabi=ilp32 -c -o br_hazard.
o br_hazard.c
$ riscv64-unknown-elf-ld -b elf32-littleriscv br_hazard.o -T link.
  ld -o br_hazard
$ riscv64-unknown-elf-objcopy -O binary br_hazard br_hazard.bin
$ od -An -tx1 -w1 -v br_hazard.bin > ../hex/br_hazard.hex
$ riscv64-unknown-elf-objdump -b elf32-littleriscv -D br_hazard > ../dump/
  br_hazard.elf.dmp
$ rm -f br_hazard.o
$ rm -f br_hazard
$ rm -f br_hazard.bin
```

图 24.3　Makefile 的行为

清单24.7　chisel-template/src/dump/br_hazard.elf.dmp

```
00000000 <main>:
  0:   00100513    li       a0,1
  4:   00200593    li       a1,2
  8:   00c000ef    jal      ra,14 <jump> # 跳转指令
  c:   00200513    li       a0,2 # 不可执行的指令
  10:  00300593    li       a1,3 # 不可执行的指令

00000014 <jump>:
  14:  00000013    nop
  18:  00000013    nop
  1c:  00000013    nop
  20:  00000013    nop
  24:  00b50633    add      a2,a0za1
  28:  00000013    nop
  2c:  00000013    nop
  30:  00000013    nop
  34:  00000013    nop
  38:  c0001073    unimp
```

如果在 EX 阶段处理地址 **8** 的跳转指令的循环中，IF、ID 阶段无停顿，则地址 **c** 和 **10** 的 **ADDI**（**LI**）指令会被执行，进而覆盖 **a0**、**a1** 的值。因此，在 EX 阶段处理跳转指令的循环中，需要对 IF 阶段的地址 **10**、ID 阶段的地址 **c** 采取分支冒险处理。

顺便提一句，中间插入的 **NOP** 指令是将地址 **0**、**4**、**c**、**10** 的 **ADDI**（**LI**）指令传送到流水线的末端。

24.3.3 分支冒险处理前的CPU测试

首先使用 **package pipeline** 测试未采用分支冒险处理的 CPU。

在 Memory.scala 中修改要加载的 HEX 文件的文件名，见清单 24.8。

清单24.8 07_pipeline/Memory.scala

```
loadMemoryFromFile(mem, "src/hex/br_hazard.hex")
```

创建仅将 FetchTest.scala 的 **package** 名修改为 **pipeline** 的测试文件，见清单 24.9，然后运行 **sbt** 测试命令，如图 24.4 所示。

清单24.9 chisel-template/src/test/scala/PipelineTest.scala

```
package pipeline
...
```

```
$ cd /src/chisel-template
$ sbt "testOnly pipeline.HexTest"
```

图 24.4 在 Docker 容器中运行 **sbt** 测试命令

测试结果如图 24.5 所示，在不应执行跳转指令的情况下，后续两个指令也被执行了。

```
...
# 不可执行的地址 c 的指令也直接执行
-----------
exe_reg_pc          : 0x0000000c
exe_reg_op1_data    : 0x00000000
exe_reg_op2_data    : 0x00000002
exe_alu_out         : 0x00000002
-----------

# 不可执行的地址 10 的指令也直接执行
-----------
exe_reg_pc          : 0x00000010
exe_reg_op1_data    : 0x00000000
exe_reg_op2_data    : 0x00000003
exe_alu_out         : 0x00000003
-----------
```

图 24.5 测试结果

```
...
# 跳转目标 [add a2,a0,a1] 的操作数被更新为 2 和 3
-----------
exe_reg_pc          : 0x00000024
exe_reg_op1_data    : 0x00000002
exe_reg_op2_data    : 0x00000003
exe_alu_out         : 0x00000005
```

续图 24.5

24.3.4　分支冒险处理后的CPU测试

接下来，用 **package pipeline_brhazard** 测试进行分支冒险处理后的 CPU。

在 Memory.scala 中修改要加载的 HEX 文件的文件名，见清单 24.10。

清单24.10　08_pipeline_brhazard/Memory.scala

```
loadMemoryFromFile(mem, "src/hex/br_hazard.hex")
```

创建仅将 FetchTest.scala 的 **package** 名修改为 **pipeline_brhazard** 的测试文件，见清单 24.11，然后执行 **sbt** 测试命令，如图 24.6 所示。

清单24.11　chisel-template/src/test/scala/PipelineBrHazardTest.scala

```
package pipeline_brhazard
...
```

```
$ cd /src/chisel-template
$ sbt "testOnly pipeline_brhazard.HexTest"
```

图 24.6　在 Docker 容器中运行 **sbt** 测试命令

测试结果如图 24.7 所示，在 EX 阶段执行跳转指令时，IF、ID 阶段停顿。

```
...
# 发生分支冒险时，将 IF、ID 阶段 BUBBLE 化
----------
if_reg_pc         : 0x00000010
id_reg_pc         : 0x0000000c
id.inst           : 0x00000013 # 将 ID 阶段的指令 BUBBLE 化
exe_reg_pc        : 0x00000008 # JAL 指令 @EX →发生分支冒险
----------
```

图 24.7　测试结果

```
if-reg_pc            : 0x00000014 # 跳转目标地址
id_reg_pc            : 0x00000010
id_reg_inst          : 0x00000013 # 上个循环@在 IF 输入 BUBBLE 信号
exe_reg_pc           : 0x0000000c
----------
...
# a0,a1 的值也正确
----------
exe_reg_pc           : 0x00000024 # add a2,a0,a1
exe_reg_op1_data     : 0x00000001 # a0=1 (≠2)
exe_reg_op2_data     : 0x00000002 # a1=2 (≠3)
exe_alu_out          : 0x00000003
```

续图 24.7

静态分支预测和动态分支预测

上文使用的分支预测方法是当执行分支指令时，在下一循环中获取后续的指令。这相当于始终预测“分支不成立”，这种固定预测结果的行为叫作静态分支预测。

而动态分支预测不固定预测结果，其根据代码执行时的分支历史结果，改变预测结果。2 位计数器和分支历史表就属于动态分支预测。

见表 24.1，2 位计数器是具有 4 种状态的状态机。

表 24.1　2 位计数器

值	状　态
00	强分支不成立的预测
01	弱分支不成立的预测
10	弱分支成立的预测
11	强分支成立的预测

2 位计数器根据分支成立和不成立进行状态迁移。如图 24.8 所示，当初始值为 00（强分支不成立）时，即使曾经分支成立并迁移至 01，如再次分支不成立，值也要回到 00。也就是说，两次连续分支成立（预测失败）才能变为分支成立，反转预测。

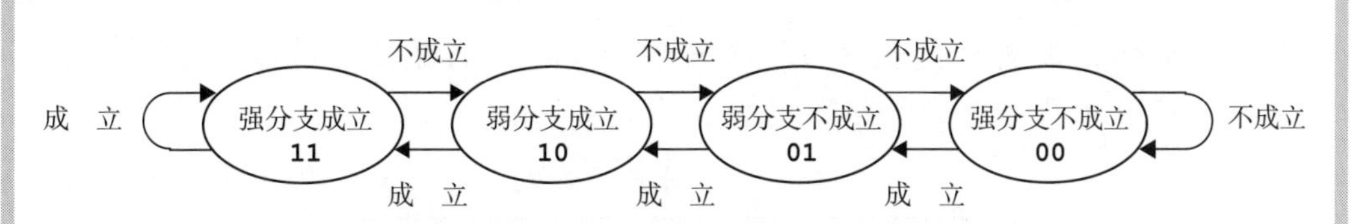

图 24.8　2 位计数器的状态迁移图

1 位计数器的动态分支预测逻辑与 2 位计数器的相同。1 位计数器的值与状态的对应关系见表 24.2，如果分支成立，则状态迁移至 1；如果分支不成立，则状态迁移至 0。

表 24.2　1 位计数器

值	状　态
0	分支不成立的预测
1	分支成立的预测

假设程序在预测 100 次分支是否成立的过程中，有 99 次分支不成立，1 次分支成立。因为 1 位计数器会在分支成立时迁移状态，所以结束 100 次预测时，结果中有 2 次预测失败；而 2 位计数器在第一次预测失败后不迁移状态，所以结果中有 1 次预测失败，如图 24.9 所示。而大多数程序的分支往往只有成立或不成立一个状态，因此 2 位计数器能够提高分支预测精度。

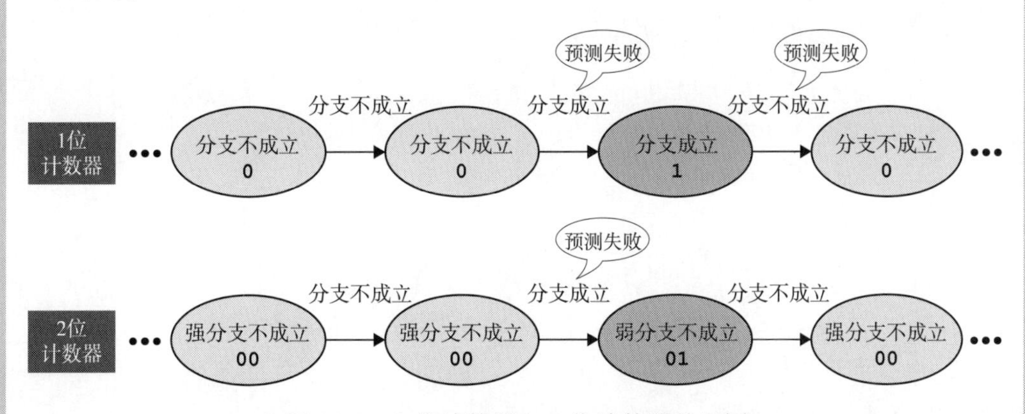

图 24.9　1 位计数器和 2 位计数器的不同

2 位计数器通过将其存储在称为分支历史表的小容量存储器中来使用。分支历史表以分支指令地址的低位编号为索引。见表 24.3，以 8 位指令地址为例，分支历史表存储一个与该指令对应的 2 位计数器，然后通过索引来获取对应的 2 位计数器的值，实现分支预测。

表 24.3　分支历史表

索　引	2 位计数器
14	00
2c	11
40	10

在本章所展示的流水线中，分支是否成立和分支目标地址都在 EX 阶段确定，所以即使提高 IF 阶段的分支预测精度，IF 阶段也需要等待分支目标地址的确定，无法提高整体的处理效率。我们必须在提高预测精度的同时，尽早确定分支目标地址。

因此，除了分支预测，还有一种名为分支目标地址预测的技术，这种技术将分支历史和跳转目标地址存储在名为 **Branch Target Buffer** 的缓存中。分支冒险处理仍有提高效率的空间，但本书不深入探讨它们的实现方法。

第25章 数据冒险处理

我们继续介绍另一种冒险——数据冒险。

25.1 什么是数据冒险

数据冒险指的是当流水线上并行处理的指令间存在数据依赖时，在被依赖方指令处理结束之前，依赖方要停顿的情况。

上述情况具体发生在下列两个条件同时成立时。

· ID 阶段读取的寄存器编号 **rd1_addr/rs2_addr** 与 EX/MEM/WB 阶段的指令 **wb_addr** 一致

· EX/MEM/WB 阶段的指令就是寄存器写入指令（**rf_wen===REN_S**）

数据冒险的案例如图 25.1 所示。

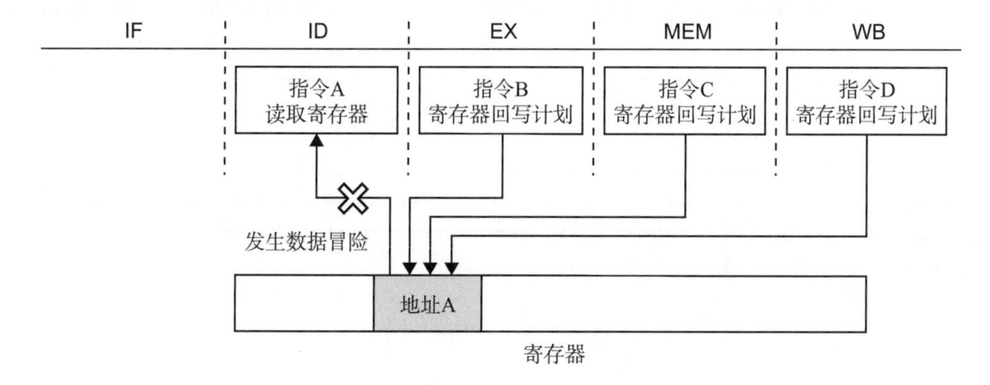

图 25.1　数据冒险的案例

一般情况下，发生数据冒险要停顿流水线，但在某些情况下可以用下面两种方法绕开停顿。

· 在硬件上直通（旁路）

· 在软件（编译器）上调整指令顺序，避免发生数据冒险

优化编译器超出本书范畴，因此我们仅实现在硬件上直通。

本章的实现文件以 **package pipeling_datahazard** 形式保存在本书源代码文件中的 chisel-template/src/main/scala/09_pipeline_datahazard/ 目录下，实现逻辑是在可能的情况下实现硬件上直通，在其他情况下执行停顿。

25.2 直通的Chisel实现

我们在讲解时将 **regfile** 定义的 32 个寄存器称为通用寄存器，区别于流水线寄存器。直通指的是当数据依赖方的指令已经完成回写数据的计算时，直接读取回写数据，而非从通用寄存器读取输入数据。

通常情况下，如果使用先行指令将数据回写到通用寄存器中，需要等待完成数据回写。但是回写数据本身已经在回写前的 MEM 阶段完成了计算，并存储在 MEM 阶段的 **men_wb_data** 或 MEM/WB 寄存器内的 **wb_reg_wb_data** 中。因此，我们无须从通用寄存器中读取数据，只需通过它们的信号便可访问正确的数据，进而避免发生流水线停顿的情况，如图 25.2 所示。

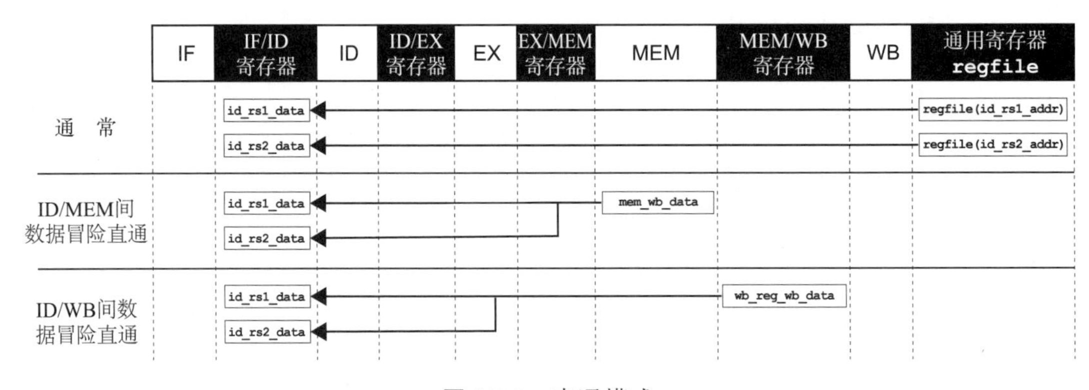

图 25.2　直通模式

在 Chisel 中的实现，见清单 25.1。

清单25.1　Core.scala（ID阶段）

```
val mem_wb_data = Wire(UInt(WORD_LEN.W))

val id_rs1_data = MuxCase(regfile(id_rs1_addr), Seq(
  (id_rs1_addr === 0.U) -> 0.U(WORD_LEN.W),

  // 从 MEM 直通
  ((id_rs1_addr === mem_reg_wb_addr) && (mem_reg_rf_wen === REN_S)) ->
    mem_wb_data,

  // 从 WB 直通
  ((id_rs1_addr === wb_reg_wb_addr ) && (wb_reg_rf_wen === REN_S)) ->
    wb_reg_wb_data
))

// rs2 与 rs1 相同
val id_rs2_data = MuxCase(regfile(id_rs2_addr), Seq(
  (id_rs2_addr === 0.U) -> 0.U(WORD_LEN.W),
  ((id_rs2_addr === mem_reg_wb_addr) && (mem_reg_rf_wen === REN_S)) ->
    mem_wb_data,
  ((id_rs2_addr === wb_reg_wb_addr ) && (wb_reg_rf_wen === REN_S)) ->
    wb_reg_wb_data
))
```

25.3　停顿的Chisel实现

ID/MEM 间、ID/WB 间的数据冒险可通过直通来避免停顿。但当 ID/EX 间发生数据冒险时，由于 EX 阶段的回写数据计算尚未完成，ID/EX 无法通过直通来避免停顿。因此 IF 和 ID 两个阶段的处理需要停顿一个循环，待数据依赖方的指令在 MEM 阶段算出回写数据 **mem_wb_data** 后，就可以直通了，如图 25.3 所示。

具体的停顿处理如下。

① 不为 **PC** 计数，维持当前 **PC**，以便在下一个循环的 IF 阶段再次处理相同的指令。

② 为 IF/ID 寄存器输入上一个循环的数值，以便在下一个循环的 ID 阶段再次处理相同的指令。

③ BUBBLE 化 ID 阶段，即不执行处理中的指令。

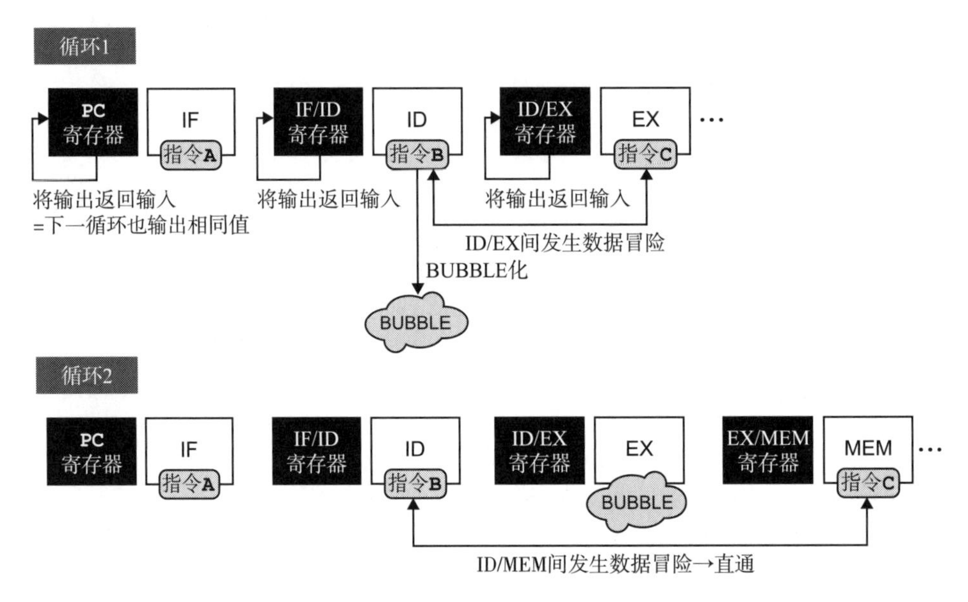

图 25.3　ID 与 EX 数据冒险的停顿处理

首先在 ID 阶段增加判断是否发生停顿的 **stall_flg** 信号，然后按照上述 3 个步骤处理停顿。

25.3.1　添加stall_flg信号（ID阶段）

在 ID 阶段添加判断是否发生停顿的 **stall_flg** 信号。**stall_flg** 信号通过 **id_rs1_addr** 和 **id_rs2_addr** 计算。当信号出现停顿（**stall_flg===true.B**）时，需要使 **id_rs1_addr** 和 **id_rs2_addr** BUBBLE 化，也就是将它们改为 0 号寄存器（在后文中会提到），如不修改，则会发生循环引用，因此给它们添加“_b”的后缀，见清单 25.2。

清单25.2　Core.scala

```
val stall_flg = Wire(Bool()) // 在 IF 阶段提前定义
...
val id_rs1_addr_b = id_reg_inst(19, 15)
val id_rs2_addr_b = id_reg_inst(24, 20)

val id_rs1_data_hazard = (exe_reg_rf_wen === REN_S) &&
  (id_rs1_addr_b =/= 0.U) && (id_rs1_addr_b === exe_reg_wb_addr)
```

```
val id_rs2_data_hazard = (exe_reg_rf_wen === REN_S) &&
  (id_rs2_addr_b =/= 0.U) && (id_rs2_addr_b === exe_reg_wb_addr)

stall_flg := (id_rs1_data_hazard || id_rs2_data_hazard)
```

使用该 **stall_flg** 信号，在各个阶段实现停顿处理。

25.3.2　停顿处理（IF阶段）

首先，在停顿时不为 **PC** 计数，维持当前 **PC**，见清单 25.3。

清单25.3　Core.scala（IF阶段）

```
val if_pc_next = MuxCase(if_pc_plus4, Seq(
  // 优先顺序很重要！跳转成立和停顿同时发生时，优先进行跳转处理
  exe_br_flg            -> exe_br_target,
  exe_jmp_flg           -> exe_alu_out,
  (if_inst === ECALL) -> csr_regfile(0x305),
  stall_flg -> if_reg_pc // 追加
))
```

接下来，为 IF/ID 寄存器输入上一个循环的值，以便在下一个循环的 ID 阶段再次处理相同的指令，见清单 25.4。

清单25.4　Core.scala（IF/ID寄存器）

```
id_reg_pc := Mux(stall_flg, id_reg_pc, if_reg_pc)
id_reg_inst := MuxCase(if_inst, Seq(
  // 优先顺序很重要！跳转成立和停顿同时发生时，优先进行跳转处理
  (exe_br_flg || exe_jmp_flg) -> BUBBLE,
  stall_flg -> id_reg_inst
))
```

其中要注意跳转成立和停顿同时发生的情况。因为 **JAL** 和 **JALR** 指令会对寄存器回写，所以 **exe_jmp_flg** 和 **stall_flg** 可能同时为 1。这时跳转处理要优先于停顿处理，**MuxCase** 的条件式先记述跳转指令。如果颠倒优先级，在 IF 阶段 **PC** 中应设置的分支目标地址信息将会丢失，错误的指令将会在下一个循环的 IF、ID 阶段被重新处理。

25.3.3　BUBBLE化（ID阶段）

最后将 ID 阶段的指令 BUBBLE 化，见清单 25.5。

清单25.5 Core.scala

```
// 除分支跳转指令，停顿时也 BUBBLE 化
val id_inst = Mux((exe_br_flg || exe_jmp_flg || stall_flg), BUBBLE, id_reg_inst)

// 之后继续与上面相同的译码处理
val id_rs1_addr = id_inst(19, 15)
val id_rs2_addr = id_inst(24, 20)
val id_wb_addr  = id_inst(11, 7)
...
```

25.3.4 添加调试信号

本次新增调试信号 **stall_flg**，见清单 25.6。

清单25.6 Core.scala

```
printf(p"stall_flg : $stall_flg\n")
```

数据冒险处理的 Chisel 实现到此结束！

25.4 数据冒险测试

下面，我们使用发生数据冒险的程序测试下面两种模式。

① ID/WB 间数据冒险直通。

② ID/EX 间数据冒险引发停顿→ ID/MEM 间数据冒险直通。

25.4.1 ID/WB间数据冒险直通模式

编写一个用于测试 ID/WB 间的数据冒险直通模式的 C 程序，见清单 25.7，并创建 HEX 文件和 DUMP 文件，如图 25.4 所示。

清单25.7 chisel-template/src/c/hazard_wb.c

```
#include <stdio.h>

int main()
{
  asm volatile("addi a0, x0, 1");
  asm volatile("nop");
  asm volatile("nop");
  asm volatile("add a1, a0, a0"); // 3 个之前的 ADDI 指令和 ID/WB 间发生数据冒险
```

```
  asm volatile("nop");
  asm volatile("nop");
  asm volatile("nop");
  asm volatile("unimp");
  return 0;
}
```

```
$ cd /src/chisel-template/src/c
$ make hazard_wb
```

图 25.4　在 Docker 容器中创建 HEX 文件和 DUMP 文件

创建的 DUMP 文件，见清单 25.8。

清单25.8　chisel-template/src/dump/hazard_wb.elf.dmp

```
00000000 <main>:
   0:  00100513    li      a0,1
   4:  00000013    nop
   8:  00000013    nop
   c:  00a505b3    add     a1,a0,a0
  10: 00000013     nop
  14: 00000013     nop
  18: 00000013     nop
  1c: c0001073     unimp
```

ID/WB 间的数据冒险如图 25.5 所示。

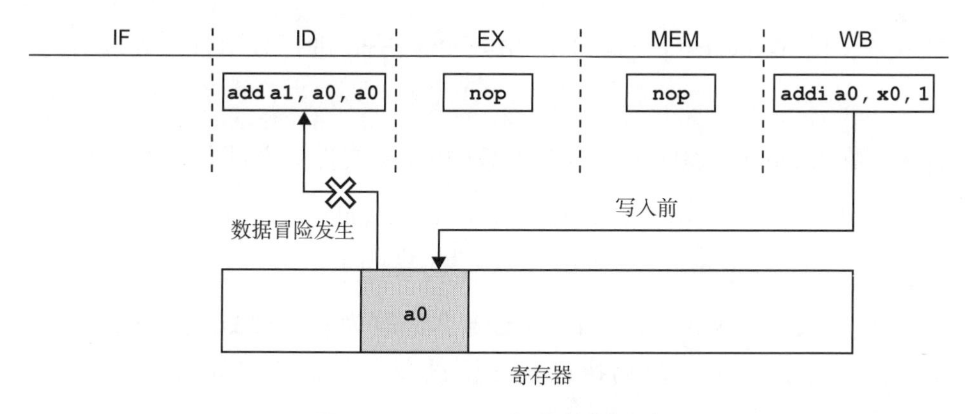

图 25.5　ID/WB 间的数据冒险

▌数据冒险处理前的CPU测试

用 **`package pipeline_brhazard`** 进行数据冒险处理前的 CPU 测试。

首先，在 Memory.scala 中修改要加载的 HEX 文件的文件名，见清单 25.9。

清单25.9 08_pipeline_brhazard/Memory.scala

```
loadMemoryFromFile(mem, "src/hex/hazard_wb.hex")
```

接下来，执行 **sbt** 测试命令，如图 25.6 所示。

```
$ cd /src/chisel-template
$ sbt "testOnly pipeline_brhazard.HexTest"
```

图 25.6　在 Docker 容器中运行 **sbt** 测试命令

测试结果如图 25.7 所示，数据冒险的发生使得“后行指令”在“先行指令”的寄存器回写完成前，在 ID 阶段就访问了寄存器，读取了错误数据 **a0=0**。不过，可以确认的是，已经给 **wb_reg_wb_data** 输入了可以直通的数据，只要将其直通至 **id_rs1_data**、**id_rs2_data** 就可以了。

```
id_reg_pc      : 0x0000000c # add a1,a0,a0
id_rs1_data    : 0x00000000 # a0=0 ( ≠ 1) 不可
id_rs2.data    : 0x00000000 # a0=0 ( ≠ 1) 不可
wb_reg_wb_data : 0x00000001 # 可以直通的数据源
```

图 25.7　测试结果

数据冒险处理后的CPU测试

接下来，用 **package pipeling_datahazard** 进行数据冒险处理后的 CPU 测试。

首先，在 Memory.scala 中修改要加载的 HEX 文件的文件名，见清单 25.10。

清单25.10 09_pipeline_datahazard/Memory.scala

```
loadMemoryFromFile(mem, "src/hex/hazard_wb.hex")
```

创建仅将 FetchTest.scala 的 **package** 名修改为 **pipeline_datahazard** 的测试文件，见清单 25.11。然后执行 **sbt** 测试命令，如图 25.8 所示。

清单25.11 chisel-template/src/test/scala/PipelineDataHazardTest.scala

```
package pipeline_datahazard
...
```

```
$ cd /src/chisel-template
$ sbt "testOnly pipeline_datahazard.HexTest"
```

图 25.8　在 Docker 容器中运行 **sbt** 测试命令

测试结果如图 25.9 所示，**wb_reg_wb_data** 已正确直通。

```
id_reg_pc      : Qx0000000c # add a1za0za0
id_rs1_data    : 0x00000001 # 直通 wb_reg_wb_data
id_rs2_data    : 0x00000001 # 直通 wb_reg_wb_data
wb_reg_wb_data : 0x00000001 # 直通源
```

图 25.9　测试结果

25.4.2　ID/EX间数据冒险引发停顿→ID/MEM间直通模式

编写用于测试 ID/EX 间数据冒险引发停顿→ ID/MEM 间直通模式的 C 程序，见清单 25.12。创建 HEX 文件和 DUMP 文件，如图 25.10 所示。

清单25.12　chisel-template/src/c/hazard_ex.c

```c
#include <stdio.h>
int main()
{
  asm volatile("addi a0, x0, 1");
  asm volatile("add a1, a0, a0");
  asm volatile("nop");
  asm volatile("nop");
  asm volatile("nop");
  asm volatile("unimp");
  return 0;
}
```

```
$ cd /src/chisel-template/src/c
$ make hazard_ex
```

图 25.10　在 Docker 容器中创建 HEX 文件和 DUMP 文件

创建的 DUMP 文件，见清单 25.13。

清单25.13　chisel-template/src/dump/hazard_ex.elf.dmp

```
00000000 <main>:
0:   00100513   li     a0,1
4:   00a505b3   add    a1,a0,a0
8:   00000013   nop
```

```
c:   00000013   nop
10:  00000013   nop
14:  c0001073   unimp
```

ID/EX 间的数据冒险如图 25.11 所示。

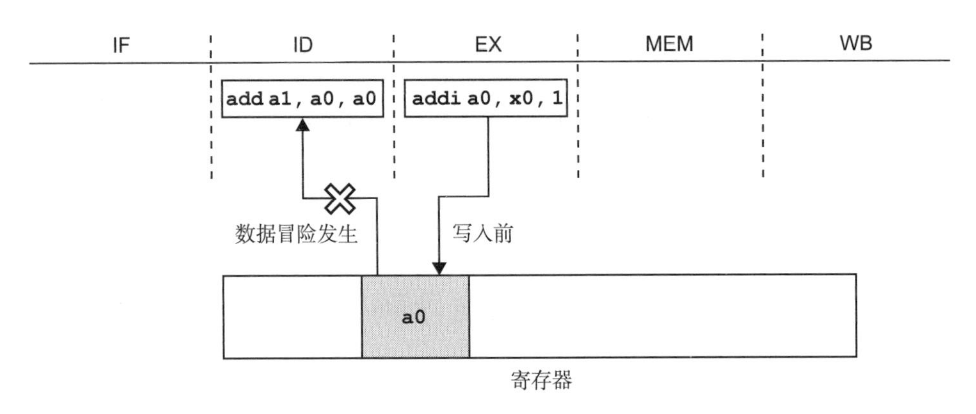

图 25.11　ID/EX 间的数据冒险

数据冒险处理前的CPU测试

用 **package pipeline_brhazard** 进行数据冒险处理前的 CPU 测试。在 Memory.scala 中修改要加载的 HEX 文件的文件名，见清单 25.14，然后执行 **sbt** 测试命令，如图 25.12 所示。

清单25.14　08_pipeline_brhazard/Memory.scala

```
loadMemoryFromFile(mem, "src/hex/hazard_ex.hex")
```

```
$ cd /src/chisel-template
$ sbt "testOnly pipeline_brhazard.HexTest"
```

图 25.12　在 Docker 容器中运行 **sbt** 测试命令

测试结果如图 25.13 所示。

```
id_reg_pc    : 0x00000004 # add a1,a0,a0
id_rs1_data : 0x00000000 # a0=0( ≠ 1) 不可
id_rs2_data : 0x00000000 # a0=0( ≠ 1) 不可
```

图 25.13　测试结果

可见，处于 EX 阶段的指令尚未完成寄存器回写，同时它跟后一条指令之间存在数据依赖，所以 ID 阶段读取的寄存器数据是错误的值（**a0=0**）。

数据冒险处理后的CPU测试

接下来，用 **package pipeling_datahazard** 进行数据冒险处理后的 CPU 测试。在 Memory.scala 中修改要加载的 HEX 文件的文件名，见清单 25.15。然后执行 **sbt** 测试命令，如图 24.14 所示。

清单25.15　Memory.scala

```
loadMemoryFromFile(mem, "src/hex/hazard_ex.hex")
```

```
$ cd /src/chisel-template
$ sbt "testOnly pipeline_datahazard.HexTest"
```

图 25.14　在 Docker 容器中运行 **sbt** 测试命令

测试结果如图 25.15 所示。当 ID/EX 间发生数据冒险时，IF/ID 阶段停顿，ID 阶段 BUBBLE 化。当下一个循环的 ID/MEM 间发生数据冒险时，**mem_wb_data** 成功直通。

```
# ID/EX 间发生数据冒险
if_reg_pc     : 0x00000008
id_reg_pc     : 0x00000004 # add a1,a0,a0
stall_flg     : 1 # ID/EX 间发生数据冒险→ stall_flg 为 1
id_inst       : 0x00000013 # 将 ID 阶段 BUBBLE 化
exe_reg_pc    : 0x00000000 # addi a0,x0,1
------
# ID/MEM 间发生数据冒险
if _reg_pc    : 0x00000008 # 停顿使之与上一个循环相同
id_reg_pc     : 0x00000004 # 停顿使之与上一个循环相同
id_rs1_data   : 0x00000001 # ID/MEM 间发生数据冒险→直通 mem_wb_data
id_rs2_data   : 0x00000001 # ID/MEM 间发生数据冒险→直通 mem_wb_data
mem_reg_pc    : 0x00000000 # addi a0,x0,1
mem_wb_data   : 0x00000001 # 直通源
```

图 25.15　测试结果

25.4.3　riscv-tests测试

我们已经实现了完整的流水线，最后还要测试一下流水线是否能顺利通过 **riscv-tests** 测试。

PC 信号只能连接到 EX/MEM 寄存器，但在 **riscv-tests** 中通过判断时机没有问题，所以可以用 **mem_reg_pc** 判断 **exit** 信号，见清单 25.16。最后，如图 25.16 所示执行 **riscv-tests** 批量测试命令。

清单25.16 Core.scala

```
io.exit := (mem_reg_pc === 0x44.U(WORD_LEN.W))
```

```
$ cd /src/chisel-template/src/shell
$ ./riscv_tests.sh pipeline_datahazard 09_pipeline_datahazard
```

图 25.16 在 Docker 容器中执行 **riscv-test** 批量测试命令

此处省略测试结果的展示，本章所实现的流水线顺利通过了 **riscv-tests** 各条指令的测试。流水线的实现到此结束！

第 IV 部分

向量扩展指令的实现

I
II
III
IV
V
附录

第26章 什么是向量指令

第Ⅳ部分将实现向量扩展指令 **v**，其是 RISC-V 的特征之一。第Ⅳ部分要实现的内容如图 26.1 所示。

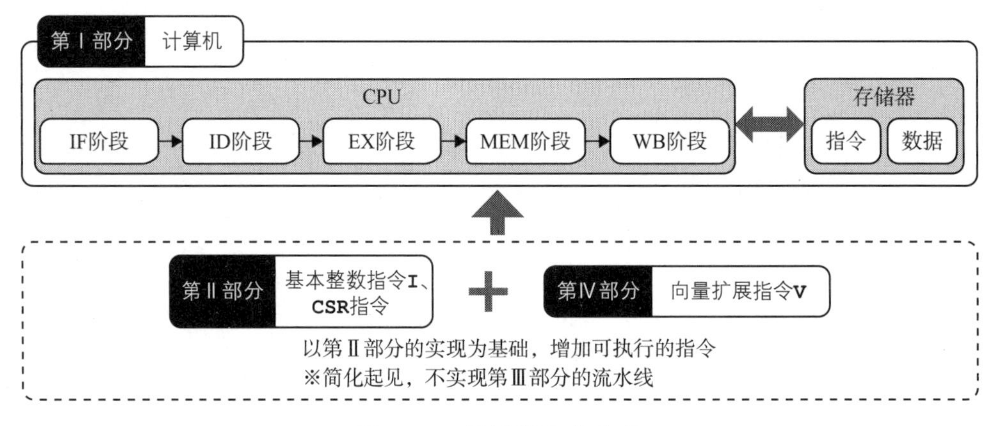

图 26.1　第Ⅳ部分的定位

本章先来介绍向量指令的内容和意义，以及 RISC-V 向量指令的特征。

26.1 什么是SIMD

根据迈克尔·J·弗林对并行处理结构的分类，向量指令属于 **SIMD**，见表 26.1，用一条指令处理多个数据。弗林分类如图 26.2 所示。

本书实现的自制 CPU 的架构属于 **SISD**[①]。其使用单个处理器，并行的指令

① single instruction/single data，单指令处理单数据。

数为 1，一次仅处理一个数据。虽然流水线属于并行处理，但严格地说，其并未同时进行相同的操作，由于在每个循环中，EX 阶段的运算电路仅能处理一条指令，各个阶段的电路也只能处理一条指令，所以自制 CPU 属于 **SISD**。

表 26.1　弗林分类

分　类	并行指令数	并行数据数
SISD	1	1
SIMD	1	多个
MISD①	多个	1
MIMD②	多个	多个

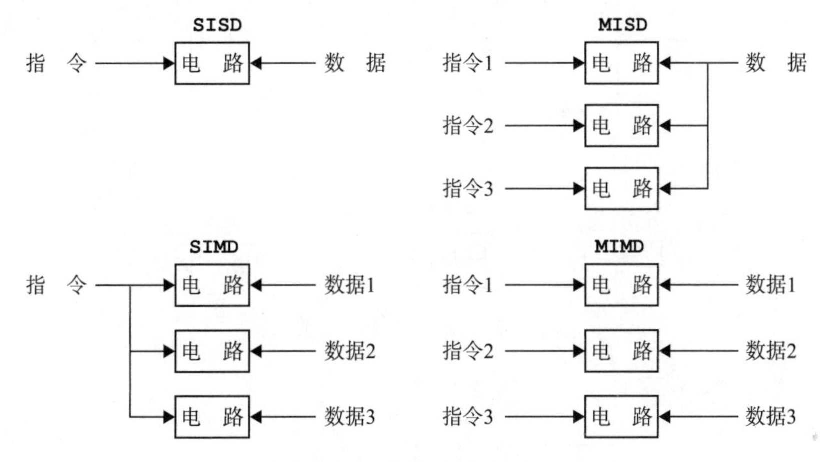

图 26.2　弗林分类示意图

相比之下，**SIMD** 是对多个数据执行一条指令。例如，向量 **a** 和向量 **b** 中的各个元素相加，标量运算（**SISD**）和向量运算（**SIMD**）的代码区别见清单 26.1 和清单 26.2。

清单26.1　标量运算

```
for (i = 0; i < n; ++i)
{
  // 每个元素的运算循环 n 次
  c[i] = a[i] + b[i];
}
```

① **MISD**：multi instruction/single data，多指令处理单数据。

② **MIMD**：multi instruction/multi data，多指令处理多数据。

清单26.2　向量运算

```
// VL=[ 一条指令可以运算的元素数 ]
for (i = 0; i < n; i += VL)
{
  // VL 个同时做加法（暂时忽略 n/VL 的剩余）
  c [i:i + VL - 1] = a [i:i + VL - 1] + b [i:i + VL - 1];
}
```

标量运算如图 26.3 所示。

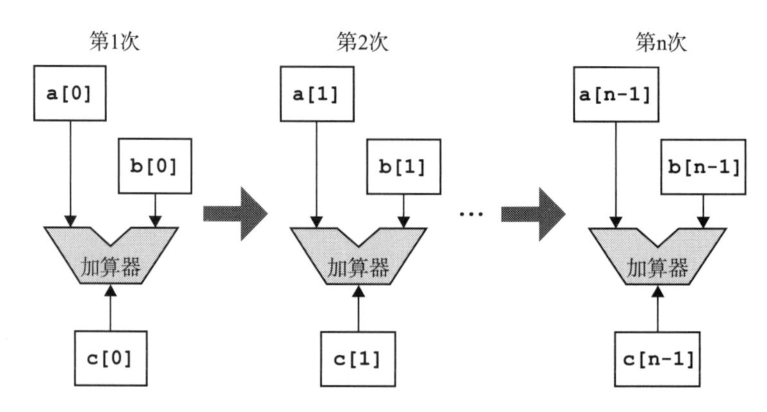

图 26.3　标量运算的示意图

向量运算如图 26.4 所示。

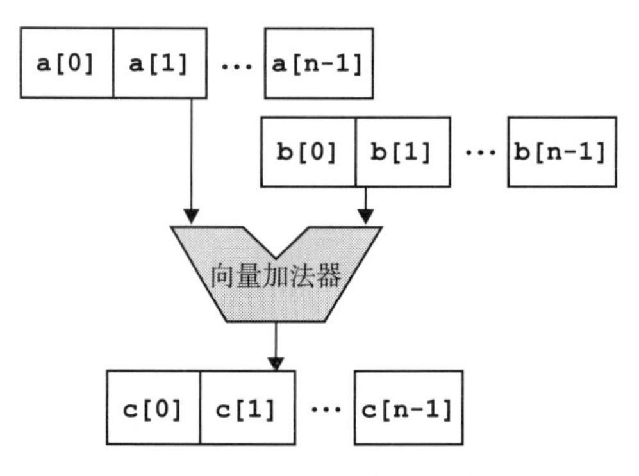

图 26.4　向量运算的示意图

综上所述，支持向量运算可以提高数据并行处理的性能。

向量运算被应用于各种领域，包括近年来备受瞩目的机器学习。例如，机器学习中的深度学习方法就利用向量进行计算的，见清单 26.3。

清单26.3　深度学习的向量计算示例

```
/* u : 输出向量（N×1）
  W : 权重矩阵（N×M）
  h : 输入向量（M×1）
  b : 偏置向量（N×1） */
u = Wh + b
```

此处省略对代码的详细讲解。向量运算性能的提高将给世界带来巨大影响。

26.2　既有的向量架构

向量架构的开发已经有了多次进展，其目前主要分为以下两种。

· 多媒体扩展指令

· GPU

多媒体扩展指令是英特尔（Intel）开发的 CPU 的 **SIMD** 扩展指令（以下简称 **SIMD** 指令）①。具体来说，英特尔在 1996 年开发 **MMX**② 指令后，陆续开发了 **SSE**③、**AVX**④ 等 **SIMD** 指令。“多媒体”的命名源于它能应用于图像、声音、影像等多方面。

GPU 是 Graphics Processing Unit（图形处理器）的缩写。其原本是专门处理三维图像的处理器。后来随着技术革新，它进化为 GPGPU⑤，GPGPU 在逐步剥离图形渲染功能的同时，新增了对“物理计算、加密解密、科学计算、人工智能训练推理”等功能的支持。GPU 比 CPU 的核心更多，实现了高速的向量运算。

但是 GPU 无法独自工作，需要与 CPU 组合使用。组合使用不同种类的处理器被称为异构计算，仅使用同种类核心的处理器叫作同构计算。而 **SIMD** 指令只是 CPU 的扩展指令集，CPU 单体可以执行标量运算和向量运算。

---

① CPU的**SIMD**指令还包括ARM的**NEON**等，此处仅指Intel的**SIMD**指令。

② **MMX**：multimedia extension，多媒体扩展。

③ **SSE**：streaming SIMD extensions，**SIMD**流指令扩展。

④ **AVX**：advanced vector extensions，高级向量扩展指令。

⑤ GPGPU：general purpose GPU，通用图形处理器。

26.3 RISC-V向量指令和SIMD指令的不同

RISC-V 将向量运算指令定义为向量扩展指令 **V**，下文统称为 **RVV** 指令[①]。

RISC-V 架构师大卫·帕特森表示，RISC-V 的“V”不仅代表伯克利 **RISC** 的第 5 个项目，还代表向量。RISC-V 在向量架构中仍有很大的发展前景。

RVV 指令虽然与 Intel CPU 的 **SIMD** 指令相似。但其中一个重要的区别是，SIMD 的向量寄存器长度固定，而 **RVV** 指令的寄存器长度可变。

向量寄存器是向量运算专用的寄存器，每次向量运算可以计算的数量受向量寄存器长度的限制。本书中实现的 **SISD** 指令的寄存器长度为 32 位，相当于操作数长度被限制在 32 位。

26.3.1 SIMD指令的向量寄存器长度

在 **SIMD** 指令中，每条指令的向量寄存器长度都被固定为指定值。例如，根据使用的向量寄存器长度，定义的内存加载指令，见表 26.2。

表 26.2 单精度浮点数的 SIMD 加载指令示例

ISA	向量寄存器长度	操作码	汇编语言	内 容
SSE	128 位	0F28	VMOVAPS xmm1,[存储器地址]	存储器向 xmm1 加载
AVX	256 位	VEX.256.0F.WIG 28	VMOVAPS ymm1,[存储器地址]	存储器向 ymm1 加载
AVX512	512 位	EVWX.512.0F.W0 28	VMOVAPS zmm1,[存储器地址]	存储器向 zmm1 加载

在操作码中出现的 **VEX** 和 **EVEX** 是操作码专用前缀，用“.”连接一系列信息（省略具体内容）。与 RISC 不同，采用可变长度指令 CISC 的 Intel ISA 可以通过使用前缀等方式重复进行指令扩展。**xmm** 表示 128 位的向量寄存器，**ymm** 表示 256 位的向量寄存器，**zmm** 表示 512 位的向量寄存器。

随着 **SIMD** 指令的发展，当向量寄存器长度扩展到 128 位、256 位、512 位等时，要重新定义指令，故 **SIMD** 指令集变得越来越复杂。当然，不同硬件可使用的向量寄存器长度不同，改变目标硬件时，软件也需要重写。

① 撰写本书时，RISC-V的向量扩展指令版本号是V.0.9，参数尚在探讨中。

26.3.2　RVV指令的向量寄存器长度

RVV 指令不会将向量寄存器长度编码到指令中。因此 SIMD 指令根据使用的向量寄存器长度发布不同指令，而 RVV 指令可以发布与长度无关的通用向量指令。这样既能够保持 ISA 的简洁，我们也能编写与硬件无关的程序。

此外，能够将向量寄存器长度从程序中分离出来意味着清单 26.2 中一次运算可计算的元素数（VL[①]）也可以从程序中分离出来。具体来说，硬件上可用于一次运算的元素数（VL）= 向量寄存器长度（VLEN）/ 标准元素宽度（SEW）。例如，当 VLEN = 128 位时，如果 SEW = 32 位，则一次运算可以计算 4 个元素，如图 26.5 所示。

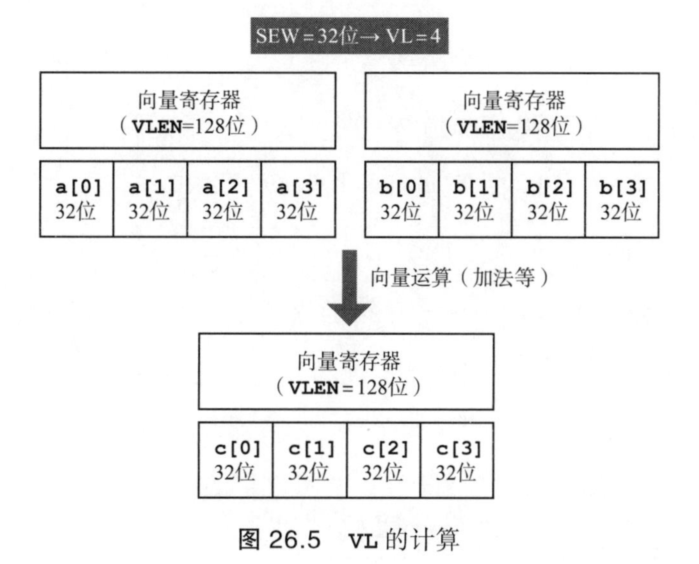

图 26.5　VL 的计算

见表 26.3，在程序中指定 VLEN 的 SIMD 指令，显然需要程序员先计算 VL，再对循环处理进行硬编码；而 RVV 指令只需要在程序上编写 SEW，其他的就可以交给硬件进行处理了。

在软件上用于管理硬件资源的 SIMD 指令，使程序和硬件的联系更加紧密，以致编译器难以进行通用优化。因此，使用 SIMD 指令的内置函数对每个目标硬件编程的情况是很常见的。内置函数使用直接为 VLEN、SEW 信息编码的函数。

① VL：Vector Length，向量长度。

表 26.3　**SIMD** 指令和 **RVV** 指令

ISA	**VLEN**	**SEW**	**VL**
RVV 指令	硬件固定值	指定软件	硬件自动计算
SIMD 指令	指定软件	指定软件	指定软件

例如，内置函数 **_mm512_add_pd(x, y)** 表示使用 **VLEN** = 512 位的向量寄存器，以 **SEW** = 64 位（**double** 型）对 **x** 和 **y** 做向量加法。

而 **RVV** 指令的硬件和软件为松耦合，更容易建立不依赖硬件的通用编译技术。基于 Sifive 公司的提议，RISC-V 向量指令编译器已经在 GNU 编译器 GCC 中实现，自动向量化技术也在开发中。

由此可见，RISC-V 在 **SIMD** 指令的基础上引入了向量架构。

我们将在第Ⅳ部分用 Chisel 实现以下 4 种基本向量指令。

· **VSETVLI**：向量 **CSR** 设定指令

· **VLE32.V** 和 **VLE64.V**：向量加载指令

· **VADD.VV**：向量之间的加法指令

· **VSE32.V** 和 **VSE64.V**：向量存储指令

学会使用上述指令，你一定能够实现第Ⅱ部分的各种标量运算和向量运算。

超级计算机“富岳”

日本的超级计算机富岳搭载的 CPU 是 A64FX。这是富士通和 ARM 共同研发的 CPU，使用 ARM 专为服务器开发的“Armv8.2-ASVE 512bit”指令集。富岳使用向量扩展指令 **SVE**[①] 曾在 TOP500、Green500 等多项性能测试中夺得世界第一。在连接大量 GPU 等加速器的超级计算机盛行的背景下，仅凭 CPU 获得世界第一的富岳让我们认知到了 RISC-V 的广阔前景。

① **SVE**：Scalable Vector Extension，可缩放向量扩展指令。

26.4 在第Ⅳ部分完成的Chisel代码

在此给出第Ⅳ部分要使用的 Core.scala 和 Memory.scala 的完整代码，见清单 26.4 和清单 26.5。本次不修改 Top.scala。后续如果需要查阅全部代码，请看本节。

清单26.4 chisel-template/src/main/scala/13_vse/Core.scala

```
package vse

import chisel3._
import chisel3.util._
import common.Instructions._
import common.Consts._

class Core extends Module {
  val io = IO(
    new Bundle {
      val imem = Flipped(new ImemPortIo())
      val dmem = Flipped(new DmemPortIo())
      val pc = Output(UInt(WORD_LEN.W))
      val gp = Output(UInt(WORD_LEN.W))
      val exit = Output(Bool())
    }
  )

  val regfile = Mem(32, UInt(WORD_LEN.W))
  val vec_regfile = Mem(32, UInt(VLEN.W))
  val csr_regfile = Mem(4096, UInt(WORD_LEN.W))

  //**********************************
  // IF 阶段

  val pc_reg = RegInit(START_ADDR)
  io.imem.addr := pc_reg
  val inst = io.imem.inst
  val pc_plus4 = pc_reg + 4.U(WORD_LEN.W)
  val br_target = Wire(UInt(WORD_LEN.W))
  val br_flg = Wire(Bool())
  val jmp_flg = (inst === JAL || inst === JALR)
  val alu_out = Wire(UInt(WORD_LEN.W))

  val pc_next = MuxCase(pc_plus4, Seq(
    br_flg -> br_target,
```

```
    jmp_flg -> alu_out,
    (inst === ECALL) -> csr_regfile(0x305) // go to trap_vector
  ))
  pc_reg := pc_next

  //**********************************
  // ID 阶段

  val rs1_addr = inst(19, 15)
  val rs2_addr = inst(24, 20)
  val wb_addr = inst(11, 7)
  val rs1_data = Mux((rs1_addr =/= 0.U(WORD_LEN.U)), regfile(rs1_addr),
    0.U(WORD_LEN.W))
  val rs2_data = Mux((rs2_addr =/= 0.U(WORD_LEN.U)), regfile(rs2_addr),
    0.U(WORD_LEN.W))

  val imm_i = inst(31, 20)
  val imm_i_sext = Cat(Fill(20, imm_i(11)), imm_i)
  val imm_s = Cat(inst(31, 25), inst(11, 7))
  val imm_s_sext = Cat(Fill(20, imm_s(11)), imm_s)
  val imm_b = Cat(inst(31), inst(7), inst(30, 25), inst(11, 8))
  val imm_b_sext = Cat(Fill(19, imm_b(11)), imm_b, 0.U(1.U))
  val imm_j = Cat(inst(31), inst(19, 12), inst(20), inst(30, 21))
  val imm_j_sext = Cat(Fill(11, imm_j(19)), imm_j, 0.U(1.U))
  val imm_u = inst(31,12)
  val imm_u_shifted = Cat(imm_u, Fill(12, 0.U))
  val imm_z = inst(19,15)
  val imm_z_uext = Cat(Fill(27, 0.U), imm_z)

  val csignals = ListLookup(inst, List(ALU_X, OP1_RS1, OP2_RS2, MEN_X,
    REN_X, WB_X, CSR_X),
    Array(
      LW -> List(ALU_ADD , OP1_RS1, OP2_IMI, MEN_X, REN_S, WB_MEM , CSR_X),
      SW -> List(ALU_ADD , OP1_RS1, OP2_IMS, MEN_S, REN_X, WB_X , CSR_X),
      ADD -> List(ALU_ADD , OP1_RS1, OP2_RS2, MEN_X, REN_S, WB_ALU , CSR_X),
      ADDI -> List(ALU_ADD , OP1_RS1, OP2_IMI, MEN_X, REN_S, WB_ALU , CSR_X),
      SUB -> List(ALU_SUB , OP1_RS1, OP2_RS2, MEN_X, REN_S, WB_ALU , CSR_X),
      AND -> List(ALU_AND , OP1_RS1, OP2_RS2, MEN_X, REN_S, WB_ALU , CSR_X),
      OR -> List(ALU_OR , OP1_RS1, OP2_RS2, MEN_X, REN_S, WB_ALU , CSR_X),
      XOR -> List(ALU_XOR , OP1_RS1, OP2_RS2, MEN_X, REN_S, WB_ALU , CSR_X),
      ANDI -> List(ALU_AND , OP1_RS1, OP2_IMI, MEN_X, REN_S, WB_ALU , CSR_X),
      ORI -> List(ALU_OR , OP1_RS1, OP2_IMI, MEN_X, REN_S, WB_ALU , CSR_X),
      XORI -> List(ALU_XOR , OP1_RS1, OP2_IMI, MEN_X, REN_S, WB_ALU , CSR_X),
      SLL -> List(ALU_SLL , OP1_RS1, OP2_RS2, MEN_X, REN_S, WB_ALU , CSR_X),
      SRL -> List(ALU_SRL , OP1_RS1, OP2_RS2, MEN_X, REN_S, WB_ALU , CSR_X),
      SRA -> List(ALU_SRA , OP1_RS1, OP2_RS2, MEN_X, REN_S, WB_ALU , CSR_X),
```

```
    SLLI -> List(ALU_SLL , OP1_RS1, OP2_IMI, MEN_X, REN_S, WB_ALU , CSR_X),
    SRLI -> List(ALU_SRL , OP1_RS1, OP2_IMI, MEN_X, REN_S, WB_ALU , CSR_X),
    SRAI -> List(ALU_SRA , OP1_RS1, OP2_IMI, MEN_X, REN_S, WB_ALU , CSR_X),
    SLT -> List(ALU_SLT , OP1_RS1, OP2_RS2, MEN_X, REN_S, WB_ALU , CSR_X),
    SLTU -> List(ALU_SLTU , OP1_RS1, OP2_RS2, MEN_X, REN_S, WB_ALU , CSR_X),
    SLTI -> List(ALU_SLT , OP1_RS1, OP2_IMI, MEN_X, REN_S, WB_ALU , CSR_X),
    SLTIU -> List(ALU_SLTU , OP1_RS1, OP2_IMI, MEN_X, REN_S, WB_ALU , CSR_X),
    BEQ -> List(BR_BEQ , OP1_RS1, OP2_RS2, MEN_X, REN_X, WB_X , CSR_X),
    BNE -> List(BR_BNE , OP1_RS1, OP2_RS2, MEN_X, REN_X, WB_X , CSR_X),
    BGE -> List(BR_BGE , OP1_RS1, OP2_RS2, MEN_X, REN_X, WB_X , CSR_X),
    BGEU -> List(BR_BGEU , OP1_RS1, OP2_RS2, MEN_X, REN_X, WB_X , CSR_X),
    BLT -> List(BR_BLT , OP1_RS1, OP2_RS2, MEN_X, REN_X, WB_X , CSR_X),
    BLTU -> List(BR_BLTU , OP1_RS1, OP2_RS2, MEN_X, REN_X, WB_X , CSR_X),
    JAL -> List(ALU_ADD , OP1_PC , OP2_IMJ, MEN_X, REN_S, WB_PC , CSR_X),
    JALR -> List(ALU_JALR , OP1_RS1, OP2_IMI, MEN_X, REN_S, WB_PC , CSR_X),
    LUI -> List(ALU_ADD , OP1_X , OP2_IMU, MEN_X, REN_S, WB_ALU , CSR_X),
    AUIPC -> List(ALU_ADD , OP1_PC , OP2_IMU, MEN_X, REN_S, WB_ALU , CSR_X),
    CSRRW -> List(ALU_COPY1 , OP1_RS1, OP2_X , MEN_X, REN_S, WB_CSR , CSR_W),
    CSRRWI -> List(ALU_COPY1 , OP1_IMZ, OP2_X , MEN_X, REN_S, WB_CSR , CSR_W),
    CSRRS -> List(ALU_COPY1 , OP1_RS1, OP2_X , MEN_X, REN_S, WB_CSR , CSR_S),
    CSRRSI -> List(ALU_COPY1 , OP1_IMZ, OP2_X , MEN_X, REN_S, WB_CSR , CSR_S),
    CSRRC -> List(ALU_COPY1 , OP1_RS1, OP2_X , MEN_X, REN_S, WB_CSR , CSR_C),
    CSRRCI -> List(ALU_COPY1 , OP1_IMZ, OP2_X , MEN_X, REN_S, WB_CSR , CSR_C),
    ECALL -> List(ALU_X , OP1_X , OP2_X , MEN_X, REN_X, WB_X , CSR_E),
    VSETVLI -> List(ALU_X , OP1_X , OP2_X , MEN_X, REN_S, WB_VL , CSR_V),
    VLE -> List(ALU_COPY1 , OP1_RS1, OP2_X , MEN_X, REN_V, WB_MEM_V, CSR_X),
    VADDVV -> List(ALU_VADDVV, OP1_X , OP2_X , MEN_X, REN_V, WB_ALU_V, CSR_X),
    VSE -> List(ALU_COPY1 , OP1_RS1, OP2_X , MEN_V, REN_X, WB_X , CSR_X),
  )
)
val exe_fun :: op1_sel :: op2_sel :: mem_wen :: rf_wen :: wb_sel ::
  csr_cmd :: Nil = csignals
val op1_data = MuxCase(0.U(WORD_LEN.W), Seq(
  (op1_sel === OP1_RS1) -> rs1_data,
  (op1_sel === OP1_PC) -> pc_reg,
  (op1_sel === OP1_IMZ) -> imm_z_uext
))

val op2_data = MuxCase(0.U(WORD_LEN.W), Seq(
  (op2_sel === OP2_RS2) -> rs2_data,
  (op2_sel === OP2_IMI) -> imm_i_sext,
  (op2_sel === OP2_IMS) -> imm_s_sext,
  (op2_sel === OP2_IMJ) -> imm_j_sext,
  (op2_sel === OP2_IMU) -> imm_u_shifted
))
```

```
val vs1_data = Cat(Seq.tabulate(8)(n => vec_regfile(rs1_addr + n.U)).reverse)
val vs2_data = Cat(Seq.tabulate(8)(n => vec_regfile(rs2_addr + n.U)).reverse)
val vs3_data = Cat(Seq.tabulate(8)(n => vec_regfile(wb_addr + n.U)).reverse)

//**********************************
// EX 阶段

alu_out := MuxCase(0.U(WORD_LEN.W), Seq(
  (exe_fun === ALU_ADD) -> (op1_data + op2_data),
  (exe_fun === ALU_SUB) -> (op1_data - op2_data),
  (exe_fun === ALU_AND) -> (op1_data & op2_data),
  (exe_fun === ALU_OR) -> (op1_data | op2_data),
  (exe_fun === ALU_XOR) -> (op1_data ^ op2_data),
  (exe_fun === ALU_SLL) -> (op1_data << op2_data(4, 0))(31, 0),
  (exe_fun === ALU_SRL) -> (op1_data >> op2_data(4, 0)).asUInt(),
  (exe_fun === ALU_SRA) -> (op1_data.asSInt() >> op2_data(4, 0)).asUInt(),
  (exe_fun === ALU_SLT) -> (op1_data.asSInt() < op2_data.asSInt()).asUInt(),
  (exe_fun === ALU_SLTU) -> (op1_data < op2_data).asUInt(),
  (exe_fun === ALU_JALR) -> ((op1_data + op2_data) & ~ 1.U(WORD_LEN.W)),
  (exe_fun === ALU_COPY1) -> op1_data
))

// 分支
br_target := pc_reg + imm_b_sext
br_flg := MuxCase(false.B, Seq(
  (exe_fun === BR_BEQ) -> (op1_data === op2_data),
  (exe_fun === BR_BNE) -> !(op1_data === op2_data),
  (exe_fun === BR_BLT) -> (op1_data.asSInt() < op2_data.asSInt()),
  (exe_fun === BR_BGE) -> !(op1_data.asSInt() < op2_data.asSInt()),
  (exe_fun === BR_BLTU) -> (op1_data < op2_data),
  (exe_fun === BR_BGEU) -> !(op1_data < op2_data)
))

// 向量
val csr_vsew = csr_regfile(VTYPE_ADDR)(4,2)
val csr_sew = (1.U(1.W) << (csr_vsew + 3.U(3.W))).asUInt()
val vaddvv = WireDefault(0.U((VLEN*8).W))

for(vsew <- 0 to 7){
  var sew = 1 << (vsew + 3)
  var num = VLEN*8 / sew // vsew32 则 num=4*8, vsew16 则 num=8*8
  when(csr_sew === sew.U){
    vaddvv := Cat(Seq.tabulate(num)(
      n => (vs1_data(sew * (n+1) - 1, sew * n) + vs2_data(sew * (n+1) - 1,
        sew * n))
    ).reverse)
```

```
    }
  }

  val v_alu_out = MuxCase(0.U((VLEN*8).W), Seq(
    (exe_fun === ALU_VADDVV) -> vaddvv
  ))

  //**********************************
  // MEM 阶段

  io.dmem.addr := alu_out
  io.dmem.wen := mem_wen
  io.dmem.wdata := rs2_data
  io.dmem.vwdata := vs3_data

  val csr_vl = csr_regfile(VL_ADDR)
  val data_len = csr_sew * csr_vl
  io.dmem.data_len := data_len

  // CSR
  val csr_addr = Mux(csr_cmd === CSR_E, 0x342.U(CSR_ADDR_LEN.W), inst(31,20))
  val csr_rdata = csr_regfile(csr_addr)
  val csr_wdata = MuxCase(0.U(WORD_LEN.W), Seq(
    (csr_cmd === CSR_W) -> op1_data,
    (csr_cmd === CSR_S) -> (csr_rdata | op1_data),
    (csr_cmd === CSR_C) -> (csr_rdata & ~ op1_data),
    (csr_cmd === CSR_E) -> 11.U(WORD_LEN.W)
    // ECALL的回写数据用"8 + prv mode (=3:machine mode)"固定
  ))

  when(csr_cmd > 0.U){
    csr_regfile(csr_addr) := csr_wdata
  }

  // VSETVLI
  val vtype = imm_i_sext
  val vsew = vtype(4,2)
  val vlmul = vtype(1,0)
  val vlmax = ((VLEN.U << vlmul) >> (vsew + 3.U(3.W))).asUInt()
  val avl = rs1_data

  val vl = MuxCase(0.U(WORD_LEN.W), Seq(
    (avl <= vlmax) -> avl,
    (avl > vlmax) -> vlmax
  ))
```

```
when(csr_cmd === CSR_V){
  csr_regfile(VL_ADDR) := vl
  csr_regfile(VTYPE_ADDR) := vtype
}

//**********************************
// WB 阶段

val wb_data = MuxCase(alu_out, Seq(
  (wb_sel === WB_MEM) -> io.dmem.rdata,
  (wb_sel === WB_PC ) -> pc_plus4,
  (wb_sel === WB_CSR) -> csr_rdata,
  (wb_sel === WB_VL ) -> vl
))
val v_wb_data = Mux(wb_sel === WB_MEM_V, io.dmem.vrdata, v_alu_out)

when(rf_wen === REN_S) {
  regfile(wb_addr) := wb_data
}.elsewhen(rf_wen === REN_V) {
  val last_reg_id = data_len / VLEN.U

  for(reg_id <- 0 to 7){
    when(reg_id.U < last_reg_id){
      vec_regfile(wb_addr + reg_id.U) := v_wb_data(VLEN* (reg_id+1)-1,
        VLEN*reg_id)
    }.elsewhen(reg_id.U === last_reg_id){
      val remainder = data_len % VLEN.U
      val tail_width = VLEN.U - remainder
      val org_reg_data = vec_regfile(wb_addr + reg_id.U)
      val tail_reg_data = ((org_reg_data >> remainder) << remainder)
        (VLEN-1, 0)
      val effective_v_wb_data = ((v_wb_data(VLEN*(reg_id+1)-1,
        VLEN*reg_id) << tail_width)(VLEN-1, 0) >> tail_width).asUInt()
      val undisturbed_v_wb_data = tail_reg_data | effective_v_wb_data
      vec_regfile(wb_addr + reg_id.U) := undisturbed_v_wb_data
    }
  }
}

//**********************************
// IO 调试
io.gp := regfile(3)
io.pc := pc_reg
io.exit := (inst === UNIMP)
printf(p"io.pc : 0x${Hexadecimal(pc_reg)}\n")
printf(p"inst : 0x${Hexadecimal(inst)}\n")
```

```
  printf(p"rs1_addr : $rs1_addr\n")
  printf(p"rs2_addr : $rs2_addr\n")
  printf(p"wb_addr : $wb_addr\n")
  printf(p"rs1_data : 0x${Hexadecimal(rs1_data)}=${rs1_data}\n")
  printf(p"rs2_data : 0x${Hexadecimal(rs2_data)}=${rs2_data}\n")
  printf(p"wb_data : 0x${Hexadecimal(wb_data)}\n")
  printf(p"vs1_data : 0x${Hexadecimal(vs1_data)}\n")
  printf(p"vs2_data : 0x${Hexadecimal(vs2_data)}\n")
  printf(p"dmem.rdata : 0x${Hexadecimal(io.dmem.rdata)}\n")
  printf(p"dmem.vrdata : 0x${Hexadecimal(io.dmem.vrdata)}\n")
  printf(p"vec_regfile(1.U) : 0x${Hexadecimal(vec_regfile(1.U))}\n")
  printf(p"vec_regfile(2.U) : 0x${Hexadecimal(vec_regfile(2.U))}\n")
  printf(p"vec_regfile(3.U) : 0x${Hexadecimal(vec_regfile(3.U))}\n")
  printf(p"vec_regfile(4.U) : 0x${Hexadecimal(vec_regfile(4.U))}\n")
  printf(p"vec_regfile(5.U) : 0x${Hexadecimal(vec_regfile(5.U))}\n")
  printf(p"vec_regfile(6.U) : 0x${Hexadecimal(vec_regfile(6.U))}\n")
  printf(p"vec_regfile(7.U) : 0x${Hexadecimal(vec_regfile(7.U))}\n")
  printf(p"vec_regfile(8.U) : 0x${Hexadecimal(vec_regfile(8.U))}\n")
  printf(p"vec_regfile(9.U) : 0x${Hexadecimal(vec_regfile(9.U))}\n")
  printf("---------\n")
}
```

清单26.5　chisel-template/src/main/scala/13_vse/Memory.scala

```
package vse

import chisel3._
import chisel3.util._
import common.Consts._
import chisel3.util.experimental.loadMemoryFromFile

class ImemPortIo extends Bundle {
  val addr = Input(UInt(WORD_LEN.W))
  val inst = Output(UInt(WORD_LEN.W))
}

class DmemPortIo extends Bundle {
  val addr     = Input(UInt(WORD_LEN.W))
  val rdata    = Output(UInt(WORD_LEN.W))
  val wen      = Input(UInt(MEN_LEN.W))
  val wdata    = Input(UInt(WORD_LEN.W))
  val vrdata   = Output(UInt((VLEN*8).W))
  val vwdata   = Input(UInt((VLEN*8).W))
  val data_len = Input(UInt(WORD_LEN.W))
}
```

```
class Memory extends Module {
  val io = IO(new Bundle {
    val imem = new ImemPortIo() v
    al dmem = new DmemPortIo()
  })

  val mem = Mem(16384, UInt(8.W))
  loadMemoryFromFile(mem, "src/hex/vse32_m2.hex")
  io.imem.inst := Cat(
    mem(io.imem.addr + 3.U(WORD_LEN.W)),
    mem(io.imem.addr + 2.U(WORD_LEN.W)),
    mem(io.imem.addr + 1.U(WORD_LEN.W)),
    mem(io.imem.addr)
  )

  def readData(len: Int) = Cat(Seq.tabulate(len / 8)(n => mem(io.dmem.
    addr + n.U(WORD_LEN.W))).reverse)
  io.dmem.rdata  := readData(WORD_LEN)
  io.dmem.vrdata := readData(VLEN*8)

  switch(io.dmem.wen){
    is(MEN_S){
      mem(io.dmem.addr)       := io.dmem.wdata(7,0)
      mem(io.dmem.addr + 1.U) := io.dmem.wdata(15,8)
      mem(io.dmem.addr + 2.U) := io.dmem.wdata(23,16)
      mem(io.dmem.addr + 3.U) := io.dmem.wdata(31,24)
    }
    is(MEN_V){
      val data_len_byte = io.dmem.data_len / 8.U
      for(i <- 0 to VLEN - 1){ // 最大 [VLEN*8]bit = VLEN byte
        when(i.U < data_len_byte){
          mem(io.dmem.addr + i.U) := io.dmem.vwdata(8*(i+1)-1, 8*i)
        }
      }
    }
  }
}
```

第 27 章

VSETVLI 指令的实现

本章将实现 **VSETVLI** 指令，其是在发出向量指令之前需要用到的一条设定指令。

27.1 RISC-V的VSETVLI指令定义

VSETVLI 指令是处理向量指令之前所需的 CSR 设定指令[①]。

具体来说，就是将可以在一次计算中处理的元素数（**VL**）和标准元素宽度（**SEW**）等信息记录在 CSR 中。这些是后续向量指令所需的信息。虽然 **RVV** 指令新增了 7 个向量 **CSR**，但本书只实现表 27.1 中的两条指令。

表 27.1 向量 CSR

地 址	名 称	含 义
0xC20	VL	vector length：每次计算的元素数
0xC21	VTYPE	vector data type register：含 SEW 在内的各种运算信息

VSETVLI 指令格式见清单 27.1。

清单27.1 VSETVLI指令的汇编描述

```
vsetvli rd, rs1, vtypei
```

VSETVLI 指令的位配置（**I** 格式）见表 27.2。

① 向量设定指令包括使用立即数作为操作数的**VSETVLI**指令和使用寄存器作为操作数的**VSETVL**指令。由于两条指令执行相同的操作，本书仅实现操作相较简单的**VSETVLI**指令。

表 27.2 **VSETVLI** 指令的位配置（**I** 格式）

31 ~ 20	19 ~ 15	14 ~ 12	11 ~ 7	6 ~ 0
imm_i[11 : 0]	rs1	111	rd	1010111

指定要在 **rs1** 寄存器中计算的 **AVL**①。**AVL** 相当于清单 26.1 中的 **n**。

vtypei 用 **I** 格式立即数 **imm_i** 指定，用符号扩展后的 **imm_i** 描述 **VTYPE** 信息。

向 rd 回写实际一条指令执行的向量元素数（**VL**）。如上文所述，硬件上可用于一次运算的元素数（**VL**）= 向量寄存器长度（**VLEN**）/ 标准元素宽度（**SEW**）。**VLEN** 是硬件固定值（本书为 128 位），SEW 由 **VTYPE** 指定。

除了这些，**VL** 和 **VTYPE**② 也被写入 CSR。后文将继续讲解 **VTYPE**。

27.2 VTYPE

VTYPE 描述的信息③见表 27.3。

表 27.3 **VTYPE**

位	含 义
XLEN-1	vill（设定值不当时取 1）
XLEN-2:8	预约区域（值为 0）
7	vma④
6	vta⑤
5	vlmul[2]
4:2	vsew[2:0]
1:0	vlmul[1:0]

在本书实现的 32 位架构中，**XLEN** = 32。

① **AVL**：application vector length，应用向量长度。

② **VTYPE**：vector data type register，向量数据类型寄存器。

③ 计划将**VTYPE**的位配置按照说明书V0.9向V1.0升级修改。具体来说，**VTYPE[5:3]**修改为**vsew[2:0]**，**VTYPE[2:0]**修改为**vlmul[2:0]**。撰写本书时对应新说明书的GCC编译器尚未发布，仍安装V0.9。但对本书内容没有任何影响，请放心阅读。

④ **vma**：vector mask agnostic，向量掩码。

⑤ **vta**：vector tail agnostic，向量尾部置位。

27.2.1　SEW和LMUL

VTYPE 包括以下两大重要元素。

- **SEW**：向量的一个元素的位数。由 **VTYPE** 的 **vsew** 指定
- **LMUL**：使用的向量寄存器数。由 **VTYPE** 的 **vlmul** 指定。修改 **LMUL** 可以模拟增减 **VLEN**

具体指定信息，见表 27.4、表 27.5。

表 27.4　SEW

vsew（位）	vsew（无符号十进制数）	SEW	汇编描述
000	0	8 位 $=2^3$	e8
001	1	16 位 $=2^4$	e16
010	2	32 位 $=2^5$	e32
011	3	64 位 $=2^6$	e64
100	4	128 位 $=2^7$	e128
101	5	256 位 $=2^8$	e256
110	6	512 位 $=2^9$	e512
111	7	1024 位 $=2^{10}$	e1024

表 27.5　LMUL

vlmul（位）	vlmul（有符号十进制数）	LMUL	汇编描述
000	0	1 个 $=2^0$	m1
001	1	2 个 $=2^1$	m2
010	2	4 个 $=2^2$	m4
011	3	8 个 $=2^3$	m8
101	–3	1/8 个 $=2^{-3}$	mf8
110	–2	1/4 个 $=2^{-2}$	mf4
111	–1	1/2 个 $=2^{-1}$	mf2

为了理解 **SEW** 和 **LMUL** 的含义，我们以向量寄存器长度 = 128 位举例，见表 27.6。

表 27.6　VSETVLI 指令示例

指　令	AVL（a0）	SEW	LMUL	VLMAX	VL（t0）
vsetvli t0, a0, e32, m1	8	32 位	1	128/32 = 4	4
vsetvli t0, a0, e16, m1	8	16 位	1	128/16 = 8	8
vsetvli t0, a0, e32, m1	2	32 位	1	128/32 = 4	2

续表 27.6

指　令	AVL（a0）	SEW	LMUL	VLMAX	VL（t0）
vsetvli t0, a0, e32, m2	8	32 位	2	(128 × 2)/32 = 8	8
vsetvli t0, a0, e32, mf2	8	32 位	1/2	(128 × 1/2)/32 = 2	2

我们用 **VSETVLI** 讲解实际计算元素数（**VL**）的方法。首先，一次运算可以计算的最大元素数 **VLMAX** 的计算方法见清单 27.2。

清单27.2　**VLMAX**的计算方法

```
VLMAX = VLEN × LMUL / SEW
```

VLMAX 的计算如图 27.1 所示。

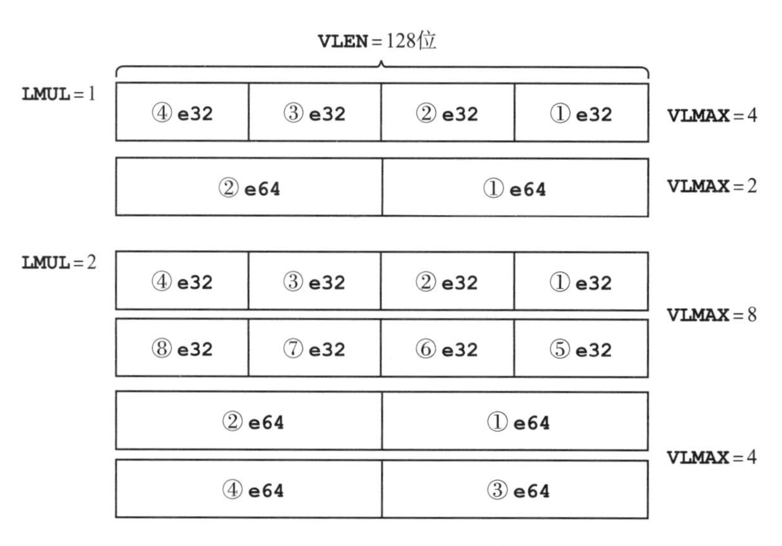

图 27.1　**VLMAX** 的计算

根据想计算的元素数 **AVL** 决定 **VL**，见表 27.7。

表 27.7　**VL** 的计算方法

AVL	VL
VLMAX 以下	AVL
VLMAX ～ VLMAX × 2	可在（AVL/2）～ VLMAX 中任意设定
VLMAX × 2 以上	VLMAX

如果大于等于 **VLMAX** 且小于等于 2 倍 **VLMAX**，则需要重复两次向量运算，而计算多少个元素取决于硬件的设计。具体来说，可以在 **AVL/2 ≤ VL ≤ VLMAX** 自由设定 **VL**，表 27.8 中的各种取值都可以。

表 27.8　VL 的取值

第 1 次	第 2 次
VLMAX	AVL-VLMAX
AVL/2	AVL/2
1	AVL-1

根据预期的应用程序，考虑是尽可能提前计算更好，还是平均分配每个周期更好，以防存储器传输量达到瓶颈。本书采用前者并加以实现，尽可能使用 **VLMAX** 进行计算。

27.2.2　vill、vta、vma

VTYPE 元素还有 **vill**、**vta**、**vma**。本书省略了它们的实现，但本节对相关内容进行了简单总结。

如果设置了不适当的值，**vill** 将被置 1。

vta 规定如何处理 **tail** 元素，**vma** 规定如何处理因掩码而变得不活跃（inactive）的元素。

tail 元素指的是向量寄存器中超出 **VL** 范围的元素（不需要计算的元素），如图 27.2 所示。

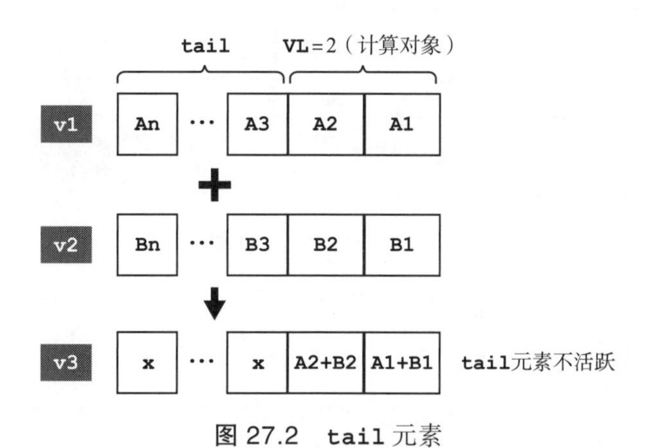

图 27.2　tail 元素

关于掩码，向量指令可以利用掩码寄存器控制是否对每个元素执行运算。掩码为 1 时执行，为 0 时不执行，如图 27.3 所示。此外，**RVV** 指令中增加了 32 个向量寄存器 **v0** ~ **v31**，通常使用 **v0** 作为掩码寄存器。

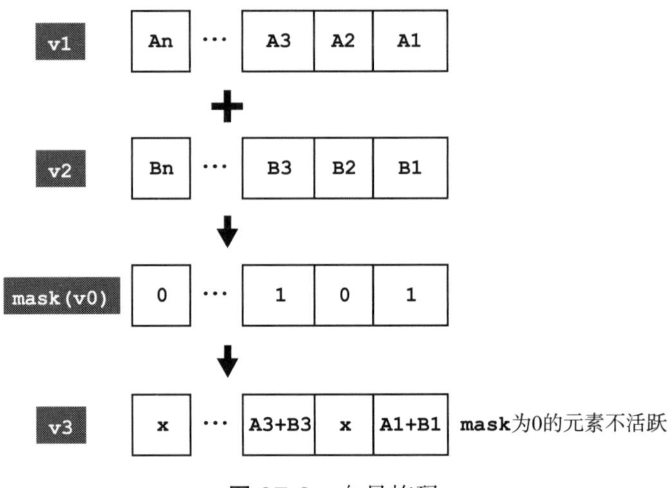

图 27.3　向量掩码

vta 和 **vma** 如果都为 0，则设置寄存器为 **undisturbed**（保持不变）；都为 1，设置寄存器为 **agnostic**（保持不变或全部更新为 1，具体根据硬件设计选择）。**vta** 和 **vma** 的具体设置见表 27.9 和表 27.10。

表 27.9　vta

vta	汇编描述	含　义
0	tu	尾部元素不变
1	ta	不考虑尾部元素

表 27.10　vma

vma	汇编描述	含　义
0	mu	掩码不变
1	ma	不考虑掩码

显式指定 **vta**、**vma** 的 **VSETVLI** 指令见清单 27.3。

清单27.3　显式指定vta、vma的VSETVLI指令

```
vsetvli rd, rs1, e32, m2, ta, ma
```

如果 **VSETVLI** 指令未指定 **vta**、**vma**，则隐式设置 **tu**、**mu**①。本书的 **tail** 元素均实现为 **undisturbed**，即均不掩码。

① 说明书V1.0将弃用不指定vta、vma的VSETVLI指令。

27.3　Chisel的实现

本次的实现文件以 **package vsetvli** 的形式保存在本书源代码文件中的 chisel-template/src/main/scala/10_vsetvli/ 目录下。

在本节的实现中，向量寄存器长度 **VLEN** = 128 位，见清单 27.4。

清单27.4　common/Consts.scala

```
val VLEN = 128
```

为了简化实现，**SEW** 限制为 **e8** ~ **e64**，**LMUL** 限制为 **m1** ~ **m8**。暂且不考虑上一章学习的流水线，在第Ⅱ部分 **package ctest** 的基础上增加向量指令。

27.3.1　指令位模式的定义

根据表 27.2“**VSETVLI** 的位配置（**I** 格式）”，对 Instructions.scala 定义 **VSETVLI** 指令的 **BitPat**，见清单 27.5。

清单27.5　chisel-template/src/common/Instructions.scala

```
val VSETVLI = BitPat("b?????????????????111?????1010111")
```

27.3.2　译码信号的生成（ID阶段）

在 ID 阶段定义用于 **VSETVLI** 指令的译码信号 **csignals**，见清单 27.6。

清单27.6　Core.scala

```
val csignals = ListLookup(inst,
               List(ALU_X, OP1_RS1, OP2_RS2, MEN_X, REN_X, WB_X , CSR_X),
  Array(
    ...
    VSETVLI -> List(ALU_X, OP1_X , OP2_X , MEN_X, REN_S, WB_VL, CSR_V)
  )
)
```

由于 **VSETVLI** 指令不使用 ALU，故将其写为 **ALU_X**。此外，增加 **WB_VL** 作为寄存器回写数据的 **VL**，增加 **CSR_V** 以控制向量 CSR 写入。

27.3.3 向量CSR的写入（MEM阶段）

VSETVLI 的运算与 **CSR** 指令同样记述在 MEM 阶段。

VLMAX的计算

VLMAX 的计算见清单 27.7。

清单27.7 Core.scala

```
val vtype = imm_i_sext
val vsew = vtype(4,2)
val vlmul = vtype(1,0)
val vlmax = ((VLEN.U << vlmul) >> (vsew + 3.U(3.W))).asUInt()
```

vlmul 原本包含 **vtype** 的第 5 位，但本书仅以 **m1** ~ **m8**（**LMUL**=0 ~ 3 个）为对象，仅提取 **vtype** 的低 2 位。

观察表 27.4 中的“**SEW**”、表 27.5 中的“**LMUL**”可知，$\mathbf{SEW} = 2^{(\mathtt{vsew}+3)}$，$\mathbf{LMUL} = 2^{\mathtt{vlmul}}$。因此 $\mathbf{VLMAX} = \mathbf{VLEN} \times \mathbf{LMUL/SEW} = \mathbf{VLEN} \times (2^{\mathtt{vlmul}})/(2^{(\mathtt{vsew}+3)})$，Chisel 可利用移位运算计算 **vlmax**。

此外，如 13.2.3“连接移位运算结果 @EX 阶段”所述，为了 **>>** 返回 **Bits** 型，用 **asUInt()** 将其转换为 **UInt** 型。

VL的计算

VL 的计算方法见表 27.7。当 **AVL** 在 **VLMAX**~**VLMAX** × **2** 时，**VL** 可以在 **AVL/2** ~ **VLMAX** 中任意设定，本书设 **VL=VLMAX**，始终令 **VL** 最大化，见清单 27.8。

清单27.8 Core.scala

```
val avl = rs1_data
val vl = MuxCase(0.U(WORD_LEN.W), Seq(
  (avl <= vlmax) -> avl,
  (avl > vlmax)  -> vlmax
))
```

向量CSR的写入

将值写入表 27.1 中的两个向量 **CSR**——**VL** 和 **VTYPE**，见清单 27.9 和清单 27.10。

清单27.9　Consts.scala

```
val VL_ADDR    = 0xC20
val VTYPE_ADDR = 0xC21
```

清单27.10　Core.scala

```
when(csr_cmd === CSR_V){
  csr_regfile(VL_ADDR)    := vl
  csr_regfile(VTYPE_ADDR) := vtype
}
```

27.3.4　VL的寄存器回写（WB阶段）

最后将计算的 **VL** 回写到寄存器，见清单 27.11。

清单27.11　Memory.scala

```
val wb_data = MuxCase(alu_out, Seq(
  ...
  (wb_sel === WB_VL) -> vl
))
```

VSETVLI 指令的 Chisel 实现到此结束！

27.4　运行测试

为了确认 **SEW** 和 **LMUL** 的行为差异，进行表 27.11 中的 3 组测试。

表 27.11　测试模式

测　试	SEW	LMUL
测试 1	e32	m1
测试 2	e64	m1
测试 3	e32	m2

27.4.1　e32/m1测试

首先对指定 **SEW = e32**、**LMUL = m1** 的 **VSETVLI** 指令进行测试。

▌创建用于测试的C程序

创建用于测试的 C 程序，见清单 27.12。

清单27.12 chisel-template/src/c/vsetvli.c

```
#include <stdio.h>

int main() 579
{
  unsigned int size = 5; // 想要计算的元素数
  unsigned int vl;

  // 循环，直至想要计算的元素数 size 变为 0
  while (size > 0)
  {
    // 将实际计算的元素数存储在变量 vl 中
    asm volatile("vsetvli %0, %1, e32, m1"
                 : "=r"(vl)
                 : "r"(size));

    size -= vl;

    // 该处加入某种向量运算
  }
  asm volatile("unimp");
  return 0;
}
```

使用 GCC 扩展汇编语法，可以使 C 程序中定义的变量在内联汇编中使用，见清单 27.13。

清单27.13 GCC扩展汇编语法

```
asm(" 汇编语言 "
  : 输出操作数
  : 输入操作数);
```

每个操作数以“约束文字”(变量名)的形式编写。约束文字 **r** 表示寄存器自动分配，**=** 表示输出操作数。例如，输出操作数 **=r**（**vl**）表示寄存器赋值给变量 **vl**，输入操作数 **r**（**size**）表示读取寄存器赋值给变量 **size**。

此外，汇编语言中的 **%0**、**%1** 分别代入用输出操作数、输入操作数分配的寄存器。也就是说，本次的内联汇编将存储变量 **size** 的寄存器作为 **rs1** 来运行 **VSETVLI**，与其结果相等的 **rd** 寄存器的值被写入变量 **vl**。

创建HEX文件和DUMP文件

创建 HEX 文件和 DUMP 文件的过程如图 27.4 所示。

```
$ cd /src/chisel-template/src/c
$ make vsetvli
```

图 27.4　在 Docker 容器中创建 HEX 文件和 DUMP 文件

创建的 DUMP 文件，见清单 27.14。

清单27.14　chisel-template/src/dump/vsetvli.elf.dmp

```
00000000 <main>:
   0:      00500793      li          a5,5
   4:      0087f757      vsetvli     a4,a5,e32,m1,tu,mu,d1
   8:      40e787b3      sub         a5,a5,a4
   c:      fe079ce3      bnez        a5,4 <main+0x4>
  10:      c0001073      unimp
```

地址 0 的 **li** 指令相当于 **unsigned int size = 5**，将变量 **size** 分配给寄存器 **a5**。从寄存器 4 的 **vsetvli** 指令中可以看出，变量 **vl** 设置在寄存器 **a4** 中。

用寄存器加载创建的HEX文件

用寄存器加载创建的 HEX 文件，见清单 27.15。

清单27.15　Memory.scala

```
loadMemoryFromFile(mem, "src/hex/vsetvli.hex")
```

运行测试命令的执行

创建仅将 FetchTest.scala 的 **package** 名修改为 **vsetvli** 的测试文件，见清单 27.16。运行 **sbt** 测试命令，如图 27.5 所示。

清单27.16　chisel-template/src/test/scala/VsetvliTest.scala

```
package vsetvli
...
```

```
$ cd /src/chisel-template
$ sbt "testOnly vsetvli.HexTest"
```

图 27.5　在 Docker 容器中运行 **sbt** 测试命令

I

II

III

IV

V

附录

测试结果如图 27.6 所示。

```
# 第 1 次 VSETVLI
-------
io.pc        : 0x000000004
inst         : 0x00087f757
rs1_addr     :  15              # a5
wb_addr      :  14              # a4
rs1_data     : 0x000000005      # AVL=5
wb_data      : 0x000000004      # VL=4
-------

# 第 1 次 SUB：计算剩余的目标计算元素数 size
-------
io.pc        : 0x000000008
inst         : 0x040e787b3
rs1_addr     :  15
rs2_addr     :  14
wb_addr      :  15
rs1_data     : 0x000000005
rs2_data     : 0x000000004
wb_data      : 0x000000001      # AVL-VL = 5-4 =1
-------

# 第 1 次 BNEZ：剩余的目标计算元素数 size ≠ 0，所以回到 4 号地址
-------
io.pc        : 0x00000000c
inst         : 0x0fe079ce3
rs1_addr     :  15
rs2_addr     :  0
wb_addr      :  25
rs1.data     : 0x000000001      # 剩余的目标计算元素数
-------

# 第 2 次 VSETVLI
-------
io.pc        : 0x000000004
inst         : Qx00087f757
rs1_addr     :  15
wb_addr      :  14
rs1_data     : 0x000000001      # AVL=1
wb_data      : 0x000000001      # VL=1
-------
```

图 27.6　测试结果

```
# 第二次 SUB：剩余的目标计算元素数 size 为 0
-------
io.pc        : 0x000000008
inst         : 0x040e787b3
rs1_addr     :  15
rs2_addr     :  14
wb_addr      :  15
rs1_data     : 0x000000001
rs2_data     : 0x000000001
wb_data      : 0x000000000      # AVL-VL =1-1=0
-------

# 第 2 次 BNEZ：剩余的目标计算元素数 size=0，所以不跳转→至 UNIMP 指令
-------
io.pc        : 0x00000000c
inst         : 0x0fe079ce3
rs1_addr     :  15
rs2_addr     :  0
wb_addr      :  25
rs1_data     : 0x000000000      # 剩余的目标计算元素数
```

续图 27.6

根据赋予的 **AVL** 计算 **VL**，循环至 **AVL** 归零，该过程到此结束。

27.4.2　e64/m1测试

接下来，测试将 **SEW** 修改为 **e64**（64 位）的 **VSETVLI** 指令，见清单 27.17。

清单27.17　chisel-template/src/c/vsetvli_e64.c

```
...
asm volatile("vsetvli %0, %1, e64, m1"
             : "=r"(vl)
             : "r"(size));
...
```

创建 HEX 文件和 DUMP 文件的过程如图 27.7 所示。

```
$ cd /src/chisel-template/src/c
$ make vsetvli_e64
```

图 27.7　在 Docker 容器中创建 HEX 文件和 DUMP 文件

用存储器加载创建的 HEX 文件，见清单 27.18。

清单27.18　Memory.scala

```
loadMemoryFromFile(mem, "src/hex/vsetvli_e64.hex")
```

VLEN=128 位中含有两个 **e64**。因此，处理 **size**=5 的向量时循环 3 次，即 2 个→ 2 个→ 1 个，如图 27.8 所示。

```
# 第 1 次 VSETLI
---------
io.pc      : 0x000000004
rs1_data   : 0x000000005 # AVL=5
wb_data    : 0x000000002 # VL=2
---------
...
# 第 2 次 VSETLI
---------
io.pc      : 0x000000004
rs1_data   : 0x000000003 # AVL=3
wb_data    : 0x000000002 # VL=2
---------
...
# 第 3 次 VSETLI
---------
io.pc      : 0x000000004
rs1_data   : 0x000000001 # AVL=1
wb_data    : 0x000000001 # VL=1
...
至 UNIMP 指令
```

图 27.8　测试结果

27.4.3　e32/m2测试

最后，将 **VSETVLI** 指令的 **LMUL** 修改为 **m2**（两个寄存器为一组），见清单 27.19。

清单27.19　chisel-template/src/c/vsetvli_m2.c

```
...
unsigned int size = 10;
...
asm volatile("vsetvli %0, %1, e32, m2"
             : "=r"(vl)
             : "r"(size));
...
```

用存储器加载创建的 HEX 文件，见清单 27.20。

清单27.20　Memory.scala

```
loadMemoryFromFile(mem, "src/hex/vsetvli_m2.hex")
```

创建 HEX 文件和 DUMP 文件的过程如图 27.9 所示。

```
$ cd /src/chisel-template/src/c
$ make vsetvli_m2
```

图 27.9　在 Docker 容器中创建 HEX 文件和 DUMP 文件

当 **VLEN**=128 位、**LMUL=m2** 时，一次运算可以处理 128 × 2=256 位。如果是 **e32**，则 **VLMAX**=8。

将应用向量长度修改为 10，循环两次，即 8 个→ 2 个，测试结果如图 27.10 所示。

```
# 第 1 次 VSETLI
---------
io.pc       : 0x000000004
rs1_data    : 0x00000000a # AVL=10
wb_data     : 0x000000008 # VL=8
---------
...
# 第 2 次 VSETLI
---------
io.pc       : 0x000000004
rs1_data    : 0x000000002 # AVL=2
wb_data     : 0x000000002 # VL=2
---------
...
至 UNIMP 指令
```

图 27.10　测试结果

至此，我们已经能够根据 **SEW** 和 **LMUL** 实现 **VSETVLI** 指令了。

I

II

III

IV

V

附录

第28章

向量加载指令的实现

在这一章，我们实现从向量寄存器读取存储器数据的向量加载指令。根据访存方法，向量加载指令分为以下3种。

· **unit-stride**：从基地址开始连续访问数据

· **strided**：从基地址开始以一定间隔递增地址访问

· **indexed**：针对基地址，对每个元素增加指定偏移量地址访问

其示意如图28.1所示。

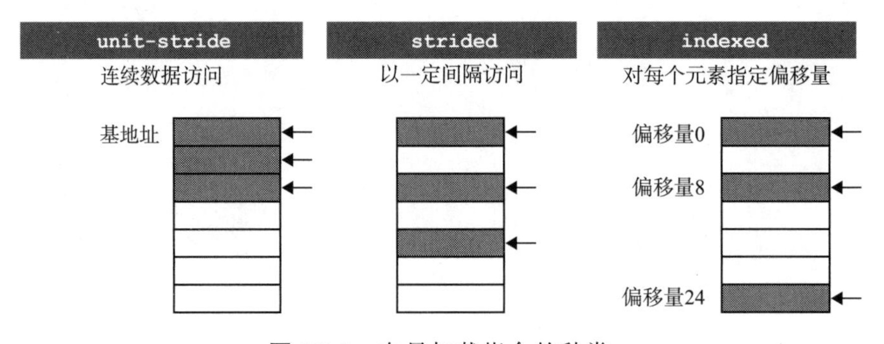

图28.1 向量加载指令的种类

如果二维数组数据通过行指向保存在存储器中，想要通过列指向进行访问，则要使用 **strided** 向量加载指令，如图28.2所示。

而对于任意数据访问，并非这种规则性访问，要使用 **indexed** 向量加载指令。

本书仅实现最简单的 **unit-stride** 向量加载指令。

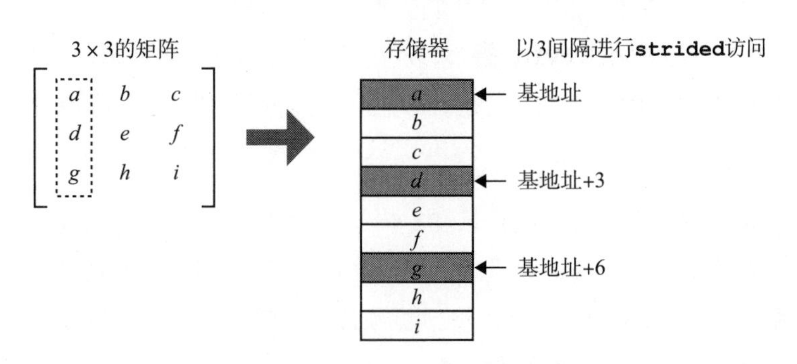

图 28.2　**strided** 访问

28.1　unit-stride向量加载指令定义

RISC-V 中的 **unit-stride** 向量加载指令（以下简称 **VLE** 指令），针对不同 **SEW** 定义了表 28.1 中指令[①]。

表 28.1　**VLE** 指令

指　令	SEW
VLE8.V	8 位
VLE16.V	16 位
VLE32.V	32 位
VLE64.V	64 位

VLE 指令的汇编描述见清单 28.1。

清单28.1　**VLE**指令的汇编描述

```
vle8. v vd, (rs1)
vle16.v vd, (rs1)
vle32.v vd, (rs1)
vle64.v vd, (rs1)
```

VLE 指令将保存在 **rs1** 中存储器地址的数据加载到向量寄存器 **vd**。

① **SEW**=128位以上的**VLE**指令被定义为保留，本书省略。

I II III IV V 附录

28.1.1 SEW和EEW

既然 **SEW** 是通过 **VSETVLI** 指令设置的，为什么还要用 **VLE** 指令将 **SEW** 编码为 **VLE32.V**、**VLE64.V**？这是因为有一种向量指令需要取不同 **SEW** 的操作数。

例如 **VWADD.WV** 指令，在定义 **SEW**=32 位的状态下，对 **vs1** 取元素宽度为 32 位的向量数据，对 **vs2** 取元素宽度为 64 位的向量数据作为操作数。如果仅用向量 **CSR** 的 **VTYPE** 进行 **SEW** 管理，则需要在 **vs1** 数据和 **vs2** 数据加载前发布两次 **VSETVLI** 指令。如果将 **SEW** 编码到加载指令中，就不需要每次执行 **VSEVLI** 指令，可以提高指令发布效率，见清单 28.2。

清单28.2　将SEW编码到VLE指令中的意义

```
// 不对 SEW 编码时（假设不对 SEW 编码的向量加载指令为 vl.v）
vsetvli rd, rs1, e64, m1
vl.v v2, (rs1) // SEW=64 位
vsetvli rd, rs1, e32, m1
vl.v v1, (rs1) // SEW=32 位
vwadd.wv v4, v2, v1

// 对 SEW 编码时
vsetvli rd, rs1, e32, m1
vle32.v v1, (rs1) // SEW=32 位
vle64.v v2, (rs1) // SEW=64 位
vwadd.wv v4,v2,v1
```

这样用 **VLE** 指令指定的 **SEW** 被称为 **EEW**[①]。在 **VSETVLI** 指令中，根据指定的 **SEW**，决定 **VLEN** 对应的 **VL**。而 **VLE** 指令用已经决定的 **VL** 乘以 **EEW**，决定加载的数据宽度。

例如，**VSETVLI** 指令中 **VL**=2 时，**VLE** 指令根据 **EEW** 有图 28.3 所示的区别。

假设 **VLEN**=128 位、**SEW**=32 位、**LMUL**=1、**VL**=4，执行 **VLE64.V** 指令，由于 **VL** 不变，加载数据宽度为 64×4=256 位，数据被加载到两个向量寄存器中。也就是说，有效 **LMUL** 为 2。有效 **LMUL** 被写作 **EMUL**[②]。

---

① **EEW**：effective element width，有效元素宽度。

② **EMUL**：effective LMUL，有效**LMUL**。

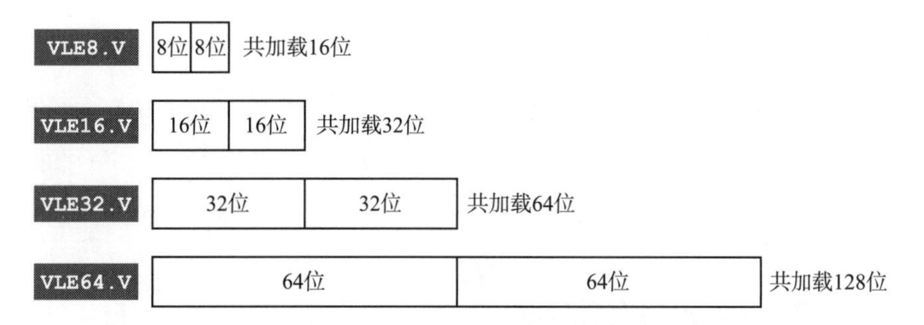

图 28.3　VL=2 时 VLE 指令的区别

但是本书不涉及 **VWADD.WV** 指令等取不同 **SEW** 操作数的指令，所以 **SEW=EEW**、**LMUL=EMUL** 始终成立。本书为了简化实现，不使用在 **VLE** 指令中编码的 **EEW**，始终参考 **VSETVLI** 指令定义 **SEW**。读者可以暂且忽略 **EEW** 和 **EMUL** 等复杂概念，理解将 **SEW** 编码在 **VLW** 指令中即可。

28.1.2　位配置

VLE 指令的位配置见表 28.2。

表 28.2　VLE 指令的位配置（I 格式）

31 ~ 29	28	27 ~ 26	25	24 ~ 20	19 ~ 15	14 ~ 12	11 ~ 7	6 ~ 0
nf	mew	mop	vm	lumop	rs1	width	vd	0000111

第 20 位以上的各变量与 **width** 分别编码了特定运算信息，本书仅介绍 **vm** 和 **width**。其他数据超出了本书范畴，在此省略讲解，均设为 0。

表示数据宽度的width

width 表示加载的向量数据的元素位宽（**EEW**），见表 28.3。

表 28.3　VLE 指令的 width

width	SEW
000	8 位
101	16 位
110	32 位
111	64 位

如上文所述，本书范围内不使用 **EEW**，因此 **width** 不具有实际意义。

表示是否使用掩码的vm

第 25 位的 **vm** 表示是否使用向量掩码。向量掩码在 **VSETVLI** 指令的介绍中出现过，它是通过掩码寄存器控制是否按元素执行运算的指令。本书始终设 **vm** 为 1，指定 **unmasked**（不使用掩码）。

28.2 Chisel的实现

本章的实现文件以 **package vle** 的形式保存在本书源代码文件中的 chisel-template/src/main/scala/11_vle/ 目录下。

28.2.1 指令位模式的定义

根据表 28.2，在 Instructions.scala 中定义 **VLE** 指令的 **BitPat**，见清单 28.3。

清单28.3　chisel-template/src/common/Instructions.scala

```
val VLE = BitPat("b000000100000?????????????0000111")
```

第 20 ~ 31 位的运算信息编码部分仅设 **vm** 为固定值 1。第 12 ~ 14 位的 **width** 均设为表示无关紧要的“?”以支持 **EEW**。

28.2.2 DmemPortIo的扩展

在数据存储器接口中，添加向量数据加载用的端口，见清单 28.4。端口的位宽对应 **VLEN** × 8 位，支持最多 **LMUL** = 8 个。

清单28.4　Memory.scala

```
class DmemPortIo extends Bundle {
  ...
  val vrdata = Output(UInt((VLEN*8).W))
}
```

这种一次传输大量向量数据的架构，虽然拥有强大的向量运算能力，但也需要很大的存储器带宽。本例中，针对标量处理器 32 位的存储器带宽，向量处理器扩展 32 倍，变为 128 × 8 = 1024 位。设计者必须始终权衡 CPU 计算能力和存储器带宽之间的关系。

28.2.3　添加向量寄存器

添加 32 个 **VLEN** = 128 位宽的寄存器，见清单 28.5。

清单28.5　Core.scala

```
val vec_regfile = Mem(32, UInt(VLEN.W))
```

28.2.4　译码信号的生成（ID阶段）

译码信号的生成见清单 28.6。

清单28.6　Core.scala

```
val csignals = ListLookup(inst,
  List(ALU_X , OP1_RS1, OP2_RS2, MEN_X, REN_X, WB_X, CSR_X),
  Array(
    ...
    VLE -> List(ALU_COPY1, OP1_RS1, OP2_X , MEN_X, REN_V, WB_MEM_V, CSR_X)
  )
)
```

将从存储器加载的向量数据回写至向量寄存器，添加 **REN_V** 作为 **rf_wen** 信号，**WB_MEM_V** 作为 **wb_sel** 信号。

28.2.5　向量加载数据的寄存器回写（WB阶段）

从存储器加载的数据为 **VLEN** × 8 位，而实际写入寄存器的数据宽度为 **SEW** × **VL**，见清单 28.7。超过 **VL** 范围的 **tail** 元素为 **undisturbed**（保持不变），需要进行一些复杂的处理。

清单28.7　Core.scala

```
val v_wb_data = io.dmem.vrdata

when(rf_wen === REN_S) {
  regfile(wb_addr) := wb_data
}.elsewhen(rf_wen === REN_V) {
  /* 使用 CSR 的 SEW，而不是在 VLE 指令编码的 EEW
     ∵本书范围内始终保持 SEW=EEW，简化实现 */
  val csr_vl = csr_regfile(VL_ADDR)
  val csr_vsew = csr_regfile(VTYPE_ADDR)(4,2)
  val csr_sew = (1.U(1.W) << (csr_vsew + 3.U(3.W))).asUInt()
  val data_len = csr_sew * csr_vl
```

```
/* 向使用的向量寄存器分配 0 ~ 7 的 id
   如果回写数据宽度为 288 位，则 last_reg_id=2.U */
val last_reg_id = data_len / VLEN.U

for(reg_id <- 0 to 7){ // reg_id=0 ~ 7，循环 8 次
  when(reg_id.U < last_reg_id){ // 向量寄存器的所有位都是写入对象
    vec_regfile(wb_addr + reg_id.U) := v_wb_data(VLEN* (reg_id+1)-1,
      VLEN*reg_id)
  }.elsewhen(reg_id.U === last_reg_id){ // tail 元素做 undisturbed 处理
    // 如果回写数据宽度为 288 位，则 remainder=32 位
    val remainder = data_len % VLEN.U
    val tail_width = VLEN.U - remainder
    val org_reg_data = vec_regfile(wb_addr + reg_id.U)

    /* remainder 部分归零
       [tail][xx···x] →逻辑右移→ [00···0][tail] →左移→ [tail][00···0] */
    val tail_reg_data = ((org_reg_data >> remainder) << remainder)(VLEN-1, 0)

    /* tail 部分归零
       [xx···x][remainder] →左移→ [remainder][00···0] →逻辑右移→ [00···0]
         [remainder]
       ">>" 为了返回 Bits 型，用 asUInt() 转换为 UInt 型 */
    val effective_v_wb_data = ((v_wb_data(VLEN*(reg_id+1)-1,
      VLEN*reg_id) << tail_width)(VLEN-1, 0) >> tail_width).asUInt()

    /*[   tail][00······0]
       OR
       [00···0][remainder]
     =[   tail][remainder] */
    val undisturbed_v_wb_data = tail_reg_data | effective_v_wb_data

    vec_regfile(wb_addr + reg_id.U) := undisturbed_v_wb_data
  }
 }
}
```

tail 元素为 **undisturbed** 时，进行的处理如图 28.4 所示。

如本章开头所述，为了简化实现，计算回写向量寄存器时写入的数据宽度 **data_len**，不使用编码在 **VLE** 指令中的 **EEW**，而参照向量 CSR 的 **SEW**。

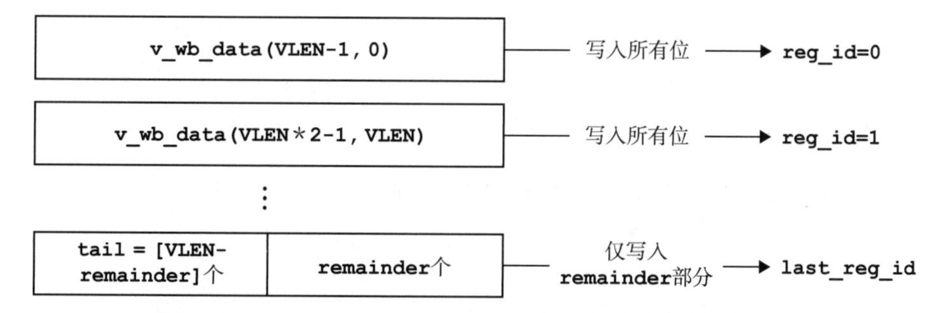

图 28.4　tail 元素为 undisturbed 时进行的处理

28.2.6　从存储器读取向量数据（使用Memory类）

最后，实现存储器端的向量数据读取，见清单 28.8。与标量加载不同的是读取位宽，要从 **WORD_LEN** 扩展至 **VLEN** × 8。对 **VLEN** × 8 位的读取进行硬编码较为困难，这里定义原始方法 **readData()**。

清单28.8　Memory.scala

```
def readData(len: Int) = Cat(Seq.tabulate(len / 8)(n =>
  mem(io.dmem.addr + n.U(WORD_LEN.W))).reverse)
io.dmem.rdata  := readData(WORD_LEN)
io.dmem.vrdata := readData(VLEN*8)

/*
例如：readData(32) 展开如下

Cat(Seq.tabulate(4)(n => mem(io.dmem.addr + n.U(WORD_LEN.W))).reverse)
↓
Cat(List(
  mem(io.dmem.addr + 0.U(WORD_LEN.W)),
  mem(io.dmem.addr + 1.U(WORD_LEN.W)),
  mem(io.dmem.addr + 2.U(WORD_LEN.W)),
  mem(io.dmem.addr + 3.U(WORD_LEN.W))
).reverse)
↓
Cat(List(
  mem(io.dmem.addr + 3.U(WORD_LEN.W)),
  mem(io.dmem.addr + 2.U(WORD_LEN.W)),
  mem(io.dmem.addr + 1.U(WORD_LEN.W)),
  mem(io.dmem.addr + 0.U(WORD_LEN.W))
))
*/
```

readData() 从 **io.dmem.addr** 开始，根据参数给出的 **Int bit** 读取存储器数据，返回 **UInt** 型。它使用了 3.3.3 节“集合：**Seq**”中介绍的 **tabulate()**、**reverse()** 方法，以及 3.4.11 节“位操作”中的 **Cat** 对象。

使用 **readData()** 可以简洁地描述标量加载和向量加载。这也是 Chisel 的优势之一，可以使用 Scala 的方法。

28.2.7 添加调试信号

最后，添加调试信号，见清单 28.9。最多输出 9 个 **vec_regfile** 数据，包括下一章所需的数据。

清单28.9　Core.scala

```
printf(p"dmem.vrdata       : 0x${Hexadecimal(io.dmem.vrdata)}\n")
printf(p"vec_regfile(1.U) : 0x${Hexadecimal(vec_regfile(1.U))}\n")
printf(p"vec_regfile(2.U) : 0x${Hexadecimal(vec_regfile(2.U))}\n")
printf(p"vec_regfile(3.U) : 0x${Hexadecimal(vec_regfile(3.U))}\n")
printf(p"vec_regfile(4.U) : 0x${Hexadecimal(vec_regfile(4.U))}\n")
printf(p"vec_regfile(5.U) : 0x${Hexadecimal(vec_regfile(5.U))}\n")
printf(p"vec_regfile(6.U) : 0x${Hexadecimal(vec_regfile(6.U))}\n")
printf(p"vec_regfile(7.U) : 0x${Hexadecimal(vec_regfile(7.U))}\n")
printf(p"vec_regfile(8.U) : 0x${Hexadecimal(vec_regfile(8.U))}\n")
printf(p"vec_regfile(9.U) : 0x${Hexadecimal(vec_regfile(9.U))}\n")
```

28.3 运行测试

与 **VSETVLI** 指令一样，根据 **SEW** 和 **LMUL** 的组合确定 3 种测试模式。

28.3.1 e32/m1测试

首先测试 **SEW=e32**、**LMUL=m1** 的 **VLE32.V** 指令。

创建用于测试的C程序

通过添加上文编写的 vsetvli.v 创建 vle32.c，见清单 28.10。

清单28.10　chisel-template/src/c/vle32.c

```
#include <stdio.h>
int main()
```

```
{
  unsigned int size = 5; // 想要计算的元素数

  unsigned int x[] = {
    0x11111111,
    0x22222222,
    0x33333333,
    0x44444444,
    0x55555555};
  unsigned int *xp = x;

  unsigned int vl;

  while (size > 0)
  {
    // 存储实际计算的元素数 vl
    asm volatile("vsetvli %0, %1, e32, m1"
                 : "=r"(vl)
                 : "r"(size));

    // 减少想要计算的元素数 size
    size -= vl;

    // 向量加载指令
    asm volatile("vle32.v v1,(%0)" ::"r"(xp));

    /* 添加指针。指针所指类型的大小对应一个单位。
       本次为 [int 型大小 ×vl]。 */
    xp += vl;
  }
  asm volatile("unimp");
  return 0;
}
```

下面对 C 语言数组中的指针行为进行补充说明。**unsigned int*xp=x;** 定义了指针 **xp** 指向数组 **x** 的起始地址。如果对该指针执行增加指针的操作，如 **xp+=1;**，则 **xp** 的值会增加数组 **x** 中一个元素的长度，见清单 28.11。

清单28.11　C语言数组中的指针行为

```
printf("%p\n", xp); // 0x7fff5ca92620
printf("%p\n", xp + 1); // 0x7fff5ca92624（增量 4 字节 =32 位）
```

也就是说，**xp+1** 表示数组 **x** 的第 2 元素的地址。本示例中，一次运算进行 **vl** 个处理，指针前进 **xp+vl**。

I
II
III
IV
V
附录

创建HEX文件和DUMP文件

创建 HEX 文件和 DUMP 文件，如图 28.5 所示。

```
$ cd /src/chisel-template/src/c
$ make vle32
```

图 28.5 在 Docker 容器中创建 HEX 文件和 DUMP 文件

创建的 DUMP 文件，见清单 28.12。

清单28.12 chisel-template/src/dump/vle32.elf.dmp（节选）

```
34:     00500713        li          a4,5
38:     008777d7        vsetvli     a5,a4,e32,m1,tu,mu,d1
3c:     40f70733        sub         a4,a4,a5
40:     02066087        vle32.v     v1,(a3)
44:     00279793        slli        a5,a5,0x2
48:     00f686b3        add         a3,a3,a5
4c:     fe071663        bnez        a4,38 <main+0x38>
50:     c0001073        unimp
```

用存储器加载创建的 HEX 文件，见清单 28.13。

清单28.13 Memory.scala

```
loadMemoryFromFile(mem, "src/hex/vle32.hex")
```

运行测试

创建仅将 FetchTest.scala 的 **package** 名修改为 **vle** 的测试文件，见清单 28.14，并执行 **sbt** 测试命令，如图 28.6 所示。

清单28.14 chisel-template/src/test/scala/VleTest.scala

```
package vle
...
```

```
$ cd /src/chisel-template
$ sbt "testOnly vle.HexTest"
```

图 28.6 在 Docker 容器中运行 **sbt** 测试命令

测试结果如图 28.7 所示。

```
# 第 1 次 x 向量加载 (vle32.v v1,(a3))
--------
io.pc              : 0x00000040
inst               : 0x0206e087
rs1_addr           :13 # a3
wb_addr            :1 # v1
dmem.vrdata        : 0x333333332222222211111111000080670201011300000513c00010
  73fe07166300f686b3002797930206e08740f70733008777d70050071300c1069300f12
  62300c1282300b1262300612c2300d12a23fe0101130107a7830047a6030007a58300c7
  a7030087a6830600079355555555444444443333333322222222 11111111
vec_regfile(1.U)  : 0x00000000 00000000 00000000 00000000
--------
io.pc              : 0x00000044
vec_regfil6(1.U)  : 0x44444444 33333333 22222222 11111111 # v1 加载 x 的开头四个元素
--------
...
# 第 2 次 x 向量加载
--------
io.pc              : 0x00000040
inst               : 0x02066087
dmem.vrdata        : 0x0000000000000000555555554444444433333333222222221111111
  10000806702010113000000513c0001073fe07166300f686b30027979302066087 40f707
  33008777d70050071300c1069300f1262300c1282300b1262300612c2300d12a23fe010
  1130107a7830047a6030007a58300c737030087a6830600079355555555
vec_regfile(1.U)  : 0x44444444 33333333 22222222 11111111
--------
io.pc              : 0x00000044
vec_regfile(1.U)  : 0x44444444 33333333 22222222 55555555
                    # 仅更新低 32 位，其他位 undisturbed
```

图 28.7　测试结果

对于 5 个 **SEW**=32 位的向量元素，一次运算可以计算的最大元素数 **VLMAX** 为 128/32=4，所以循环两次，即 4 个→ 1 个。

dmem.vrdata 为 **VLEN** × 8=1024 位，即 128 字宽，所以以十六进制数输出 256 位。其中向量寄存器第 1 次循环加载 4 个元素 =128 位，第 2 次循环加载 1 个元素 =32 位。

第 2 次加载时 **tail** 部分为 **undisturbed**，可以确认数值不变。

综上所述，当 **SEW=e32**、**LMUL=m1** 时，**VLE32.V** 指令能够按要求工作。

28.3.2 e64/m1测试

接下来执行 **SEW=e64**、**LMUL=1** 的测试。本书参照的是向量 **CSR** 的 **SEW**，而不是 **EEW**，尽管 **VLE32.V** 和 **VLE64.V** 的操作相同，但为了工整，此处采用 **VLE64.V**。

创建用于测试的C程序

创建用于测试的 C 程序，见清单 28.15。

清单28.15 chisel-template/src/c/vle64.c

```
...
unsigned long long x[] = {
  0x1111111111111111,
  0x2222222222222222,
  0x3333333333333333,
  0x4444444444444444,
  0x5555555555555555};
unsigned long long *xp = x;
...
while (size > 0)
{
  asm volatile("vsetvli %0, %1, e64, m1"
              : "=r"(vl)
              : "r"(size));
  size -= vl;
  asm volatile("vle64.v v1, (%0)" ::"r"(xp));
  xp += vl;
}
...
```

如 21.2 节所述，编译器选项中设定 ABI 为 **-mabi=ilp32**，所以 64 位是 **long long** 型。

创建HEX文件和DUMP文件

创建 HEX 文件和 DUMP 文件，如图 28.8 所示。

```
$ cd /src/chisel-template/src/c
$ make vle32
```

图 28.8 在 Docker 容器中创建 HEX 文件和 DUMP 文件

创建的 DUMP 文件见清单 28.16。

清单28.16　chisel-template/src/dump/vle64.elf.dmp（节选）

```
5c:      00500713    li        a4,5
60:      00c777d7    vsetvli   a5,a4,e64,m1,tu,mu,d1
64:      40f70733    sub       a4,a4,a5
68:      0206f087    vle64.v   v1,(a3)
6c:      00379793    slli      a5,a5,0x3
70:      00f686b3    add       a3,a3,a5
74:      fe0716e3    bnez      a4,60 <main+0x60>
78:      c0001073    unimp
```

将创建的 HEX 文件加载到存储器中，见清单 28.17。

清单28.17　Memory.scala

```
loadMemoryFromFile(mem, "src/hex/vle64.hex")
```

运行测试

执行 **sbt** 测试命令，如图 28.9 所示。

```
$ cd /src/chisel-template
$ sbt "testOnly vle.HexTest"
```

图 28.9　在 Docker 容器中运行 **sbt** 测试命令

测试结果如图 28.10 所示。

```
# 第 1 次 x 向量加载 (vle64.v v1,(a3))
--------
io.pc              : 0x00000068
inst               : 0x0206f087
rs1_addr           :  13 # a3
wb_addr            :   1 # v1
dmem.vrdata        : 0x02f1262302c1202300b1262300a12c2301012a230111282300612
  62301c1242302612423 02d12223fd0101130247a7830187a6030147a5830107a50300c7
  38030087a883004733030007ae030207a70301c7a683088007935555555555555555444
  4444444444444333333333333333322222222222222221111111111111111
vec_regfile(1.U) : 0x00000000 00000000 00000000 000000000
--------
io.pc              : 0x0000006c
vec_regfile(1.U) : 0x22222222 22222222 1111111111111111 # 向 v1 载入 x 开头两个元素
--------
```

图 28.10　测试结果

```
...
# 第 2 次 x 向量加载
--------
io.pc              : 0x00000068
inst               : 0x0206f087
rsl_addr           :  13
wb_addr            :   1
dmem.vrdata        : 0x40f7073300c777d700500713008106930 2f1262302c1202300b12
  62300a12c2301012a2301112823006126 2301c124230261242302d12223fd0101130247
  a7830187a6030147a5830107a50300c7a803008738830047a3030007ae030207a70301c
  7a6830880079355555555555555554444444444444444333333333333333
vec_regfiled.U)    : 0x22222222 22222222 11111111 11111111
io.pc              : 0x0000006c
vec_regfile(1.U)   : 0x44444444 44444444 33333333 33333333
                     # 向 v1 载入 x 第 3 ~ 4 个元素
--------
...
# 第 3 次 x 向量加载
--------
io.pc              : 0x00000068
inst               : 0x0206f087
rs1_addr           : 13
wb_addr            : 1
dmem.vrdata        : 0xfe07166300f686b3003797930206f08740f7073300c777d700500
  7130081069302f1262302c1202300b1262300a12c2301012a23011128230061262301c1
  24230261242302d12223fd0101130247a7830187a6030147a5830107a50300c73803008
  7a8830047a3030007ae030207a70301c7a683088007935555555555555555
vec_regfiled.U)    : 0x44444444 44444444 33333333 33333333
--------
io.pc              : 0x0000006c
vec_regfiled.U)    : 0x44444444 44444444 55555555 55555555
                     # 仅更新低 64 位（一个元素），其他位不变
```

续图 28.10

对于 5 个 **SEW**=64 位的向量元素，一次运算可计算的最大元素数 **VLMAX** 是 128/64=2，所以重复 3 次循环，即 2 个→ 2 个→ 1 个。可以确认用第 3 次的 **VLE64.V** 指令向低 64 位加载最后一个元素，高 64 位为 **undisturbed**，值不变。

由此可见，当 **SEW=64** 位、**LMUL=m1** 时，**VLE64.V** 指令能够按要求工作。

28.3.3 e32/m2测试

最后用 **SEW=e32**、**LMUL=m2** 进行测试。

超过两个 **LMUL** 需要横跨多个寄存器回写，要多加注意。具体来说，为了将两个寄存器设为一组，需要每隔一个寄存器指定操作数的向量寄存器。例如，**v2** 的加载指令使用 **v2** 和 **v3**，**v4** 的加载指令使用 **v4** 和 **v5**，见清单 28.18。

清单28.18　chisel-template/src/c/vle32_m2.c

```
...
unsigned int size = 10;
unsigned int x[] = {
  0x11111111,
  0x22222222,
  0x33333333,
  0x44444444,
  0x55555555,
  0x66666666,
  0x77777777,
  0x88888888,
  0x99999999,
  0xaaaaaaaa};
unsigned int *xp = x;
...
while (size > 0)
{
  asm volatile("vsetvli %0, %1, e32, m2"
              : "=r"(vl)
              : "r"(size));
  ...
  asm volatile("vle32.v v2, (%0)" ::"r"(xp));
  ...
}
...
```

创建的 DUMP 文件见清单 28.19。

清单28.19　vle32_m2.c chisel-template/src/dump/vle32_m2.elf.dmp（节选）

```
5c:     00a00713     li          a4,10
60:     009777d7     vsetvli     a5,a4,e32,m2,tu,mu,zdl
64:     40f70733     sub         a4,a4,a5
68:     0206e107     vle32.v     v2,(a3)
6c:     00279793     slli        a5,a5,0x2
70:     00f686b3     add         a3,a3,a5
74:     fe071663     bnez        a4,60 <main+0x60>
78:     c0001073     unimp
```

用存储器加载创建的 HEX 文件，见清单 28.20。

清单28.20 Memory.scala

```
loadMemoryFromFile(mem, "src/hex/vle32_m2.hex")
```

测试结果如图 28.11 所示。

```
# 第 1 次 x 向量加载 (vle32.v v2,(a3)>
--------
io.pc              : 0x00000068
inst               : 0x0206e107
rsl.addr           :  13 # a3
wb_addr            :   2 # v2
dmem.vrdata        : 0x02f1262302c1202300b1262300a12c2301012a2301112823006
   1262301c1242302612423 02d12223fd0101130247a7830187a6030147a5830107a50300
   c7a8030087a8830047a3030007ae030207a70301c7a68308800793aaaaaaa999999998
   88888887777777766666666555555554444444433333333222222221111111
vec_regfile(2.U)  : 0x 00000000 00000000 00000000 00000000
vec_regfile(3.U)  : 0x 00000000 00000000 00000000 00000000
--------
io.pc              : 0x0000006c
vec_regfile(2.U)  : 0x 44444444 33333333 22222222 11111111
                    # 向 v2 加载 x 的起始 4 个元素 (128 位)
vec_regfile(3.U)  : 0x 88888888 77777777 66666666 55555555
                    # 向 v3 加载 x 的接下来 4 个元素 (128 位)
--------
...
# 第 2 次 x 向量加载
--------
io.pc              : 0x00000068
inst               : 0x0206e107
dmem.vrdata        : 0xfe07166300f686b3002797930206e10740f70733009777d700a00
   7130081069302f1262302c1202300b1262300a12c2301012a23011128230061262301c1
   242302612423 02d12223fd0101130247a7830187360301 47a5830107a50300c73803008
   7a8830047330300 07ae030207a70301c7a68308800793aaaaaaa99999999
vec_regfile(2.U)  : 0x 44444444 33333333 22222222 11111111
vec_regfile(3.U)  : 0x 88888888 77777777 66666666 55555555
--------
io.pc              : 0x0000006c
vec_regfile(2.U)  : 0x 44444444 33333333 aaaaaaaa 99999999
                    # 加载下面 2 个元素 (64 位)，其他位不变
vec_regfile(3.U)  : 0x 88888888 77777777 66666666 55555555
```

图 28.11 测试结果

对于 10 个 **SEW**=32 位的向量元素，一次运算可计算的最大元素数 **VLMAX** 是 128 × 2/32=8，所以重复两次循环，即 8 个→ 2 个。

第 1 次 **VLE32.V** 指令对 **v2** 和 **v3** 两个向量寄存器加载 256 位的数据。第 2 次 **VLE32.V** 指令向 **v2** 的低 64 位加载最后两个元素，可以确认 **v2** 的高 64 位和 **v3** 的全部位为 **undisturbed**，值不变。

从上面内容可以看出，当 **SEW=e32**、**LMUL=m2** 时，**VLE32.V** 指令也能够按要求工作。

第29章 向量加法指令VADD.VV的实现

在这一章，我们实现向量加法指令。见清单26.3，向量之间的加法计算多用于深度学习。

29.1 RISC-V的VADD.VV指令定义

VADD.VV指令的汇编描述见清单29.1。

清单29.1 VADD.VV指令的汇编描述

```
vadd.vv vd,vs2,vs1
```

VADD.VV指令的位配置（**R**格式）见表29.1。

表29.1 VADD.VV指令的位配置（R格式）

31 ~ 26	25	24 ~ 20	19 ~ 15	14 ~ 12	11 ~ 7	6 ~ 0
000000	vm	vs2	vs1	000	vd	1010111

将**vs1**和**vs2**的加法结果写入向量寄存器**vd**。后缀“**.vv**”表示源操作数都是向量。与**VLE**指令一样，指令的第25位指定有无掩码，设为1表示禁用掩码。

不同**SEW**的向量加法差异如图29.1所示。

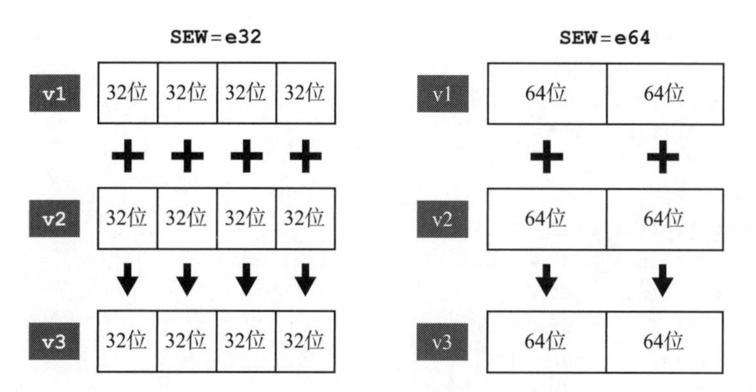

图 29.1　不同 SEW 的 VADD.VV 指令区别

29.2　Chisel的实现

本章的实现文件以 **package vadd** 的形式保存在本书源代码文件中的 chisel-template/src/main/scala/12_vadd/ 目录下。

29.2.1　指令位模式的定义

根据表 29.1，在 Instructions.scala 中定义向量加载指令的 **BitPat**，见清单 29.2。

清单29.2　chisel-template/src/common/Instructions.scala

```
val VADDVV = BitPat("b0000001??????????000?????1010111")
```

29.2.2　向量寄存器的读取（ID阶段）

向量寄存器的读取见清单 29.3。

清单29.3　Core.scala

```
val vs1_data = Cat(Seq.tabulate(8)(n => vec_regfile(rs1_addr + n.U)).reverse)
val vs2_data = Cat(Seq.tabulate(8)(n => vec_regfile(rs2_addr + n.U)).reverse)
/*
Cat(Seq.tabulate(8)(n => vec_regfile(rs1_addr + n.U)).reverse)
  = Cat(List(
    vec_regfile(rs1_addr + 0.U),
    vec_regfile(rs1_addr + 1.U),
    vec_regfile(rs1_addr + 2.U),
    vec_regfile(rs1_addr + 3.U),
```

```
    vec_regfile(rs1_addr + 4.U),
    vec_regfile(rs1_addr + 5.U),
    vec_regfile(rs1_addr + 6.U),
    vec_regfile(rs1_addr + 7.U)
  ).reverse)
= Cat(List(
    vec_regfile(rs1_addr + 7.U),
    vec_regfile(rs1_addr + 6.U),
    vec_regfile(rs1_addr + 5.U),
    vec_regfile(rs1_addr + 4.U),
    vec_regfile(rs1_addr + 3.U),
    vec_regfile(rs1_addr + 2.U),
    vec_regfile(rs1_addr + 1.U),
    vec_regfile(rs1_addr + 0.U)
  ))
*/
```

为了支持 **LMUL**=8，这里利用 **tabulate()**、**reverse()** 方法批量获取 **rs1_addr** ~ **rs1_addr+7.U** 这 8 个寄存器数据。

29.2.3 译码信号的生成（ID阶段）

译码信号的生成见清单 29.4。

清单29.4 Core.scala

```
val csignals = ListLookup(inst, List(ALU_X, OP1_RS1, OP2_RS2, MEN_X, REN_X,
  WB_X, CSR_X),
  Array(
    ...
    VADDVV -> List(ALU_VADDVV, OP1_X , OP2_X, MEN_X, REN_V, WB_ALU_V, CSR_X)
  )
)
```

新增 **ALU_VADDVV** 作为向量加法 ALU，以及新增 **WB_ALU_V** 用于向量运算结果回写。

29.2.4 添加向量加法器（EX阶段）

添加向量加法器，见清单 29.5。

清单29.5 Core.scala

```
// 从 WB 阶段移动到 EX 阶段
```

```
val csr_vsew = csr_regfile(VTYPE_ADDR)(4,2)
val csr_sew = (1.U << (csr_vsew + 3.U)).asUInt()

// 向量加法
val vaddvv = WireDefault(0.U((VLEN*8).W))
for(vsew <- 0 to 7){
  var sew = 1 << (vsew + 3)
  var num = VLEN*8 / sew // sew=32 则 num=32, sew=16 则 num=64
  when(csr_sew === sew.U){
    // 加法器的生成
    vaddvv := Cat(Seq.tabulate(num)(
      n => (vs1_data(sew * (n+1) - 1, sew * n) + vs2_data(sew * (n+1) - 1, sew * n))
    ).reverse)
  }
}

// 选择向量 ALU 输出信号的多路复用器
val v_alu_out = MuxCase(0.U((VLEN*8).W), Seq(
  (exe_fun === ALU_VADDVV) -> vaddvv
))
```

SEW信号的定义

在清单 29.5 的开头，为了在向量加法中使用 **SEW**，实现 **VLE** 指令时将 **WB** 阶段生成的信号 **csr_vsew** 和 **csr_sew** 移动到 EX 阶段。

每个SEW的加法器

向量加法部分的元素宽度 **SEW** 是可变的，为 8 ~ 1024 位（**vsew** 为 0 ~ 7），所以需要为每个 **SEW** 实现加法器[①]，如图 29.2 所示。因此，用 **for** 循环遍历 **vsew** 从 0 到 7，在 **for** 表达式中生成加法器。

在 **for** 式中，先用公式 2^{vsew+3} 将 **vsew** 转换为 **sew**。使用左移运算 **1<<(vsew+3)** 描述幂运算。

接着，输出计算元素数到 **num**。**tail** 元素的 **undisturbed** 处理在寄存器回写时执行，所以在加法器中不用在意 **tail** 元素，以 **SEW** 为单位对所有 **VLEN**×8 位宽度的数据做加法。进而，计算元素数可以用 **VLEN**×8/**SEW** 计算。

① 正如向量加载指令的说明，本书范围内只讨论SEW=64位的情况。但是，VADD.VV指令的Chisel代码几乎没有变化，所以SEW最多支持1024位。

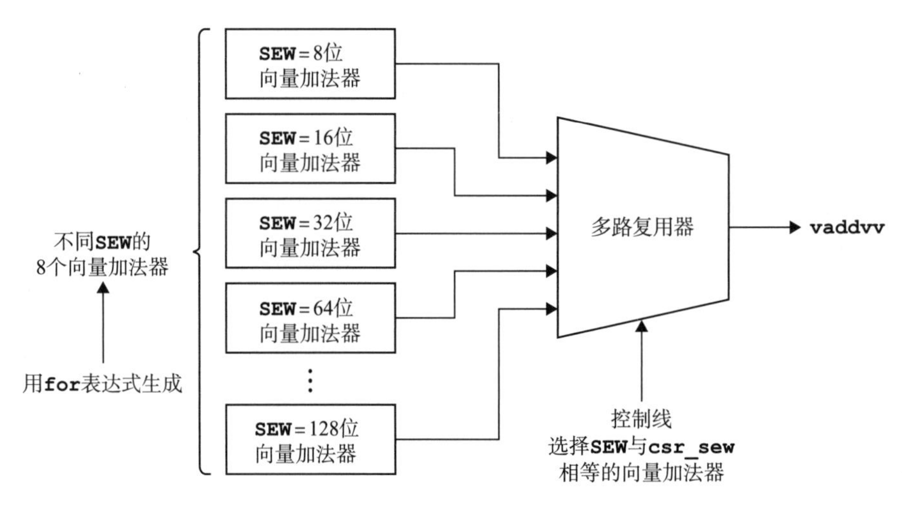

图 29.2　向量加法器的电路示意图

然后，使用 **sew** 和 **num** 生成不同 **SEW** 的向量加法器。例如，**sew**=16、**num**=64 的展开见清单 29.6。

清单29.6　不同**SEW**的向量加法器

```
// sew=16、num=64 的示例
Cat(Seq.tabulate(64)(n => (vs1_data(16 * (n+1) - 1, 16 * n) + vs2_
data(16 * (n+1) - 1, 16 * n))).reverse)

// ↓展开

Cat(List(
  (vs1_data( 15, 0) + vs2_data( 15, 0)),
  (vs1_data( 31, 16) + vs2_data( 31, 16)),
  (vs1_data( 47, 32) + vs2_data( 47, 32)),
  ...
  (vs1_data(1023, 1008) + vs2_data(1023, 1008))
).reverse)

// ↓展开

Cat(List(
  (vs1_data(1023, 1008) + vs2_data(1023, 1008)),
  ...
  (vs1_data( 47, 32) + vs2_data( 47, 32)),
  (vs1_data( 31, 16) + vs2_data( 31, 16)),
  (vs1_data( 15, 0) + vs2_data( 15, 0))
))
```

在 **for** 循环中，每个 **SEW** 生成 8 个加法器，用 **when** 对象选择一个连接 **vaddvv** 信号的加法器。

■ v_alu_out的多路复用器

最后，为向量 ALU 的输出信号 **v_alu_out** 生成多路复用器。本书仅实现 **VADD.VV** 指令，不需要 **v_alu_out**，但考虑到会增加其他向量运算指令，还是引入了多路复用器。

29.2.5　加法结果的寄存器回写（WB阶段）

根据 **wb_sel** 信号，向 **v_wb_data** 的连接信号添加 **v_alu_out**，见清单 29.7。

清单29.7　Core.scala

```
val v_wb_data = Mux(wb_sel === WB_MEM_V, io.dmem.vrdata, v_alu_out)
```

29.2.6　添加调试信号

最后，添加调试信号，见清单 29.8。

清单29.8　Core.scala

```
printf(p"v_alu_out : 0x${Hexadecimal(v_alu_out)}\n")
```

29.3　运行测试

与 **VSETVLI** 指令一样，根据 **SEW** 和 **LMUL** 的组合，进行 3 种测试。

29.3.1　e32/m1测试

首先，进行 **SEW=e32**、**LMUL=m1** 的测试。

■ 创建测试用C程序

以对上述 vle32.c 进行补充的形式创建 vadd.c，见清单 29.9。

清单29.9　chisel-template/src/c/vadd.c

```
#include <stdio.h>
```

```
int main()
{
  unsigned int size = 5; // 想要计算的元素数

  unsigned int x[] = {
    0x11111111,
    0x22222222,
    0x33333333,
    0x44444444,
    0x55555555};
  unsigned int *xp = x;

  unsigned int y[] = {
    0xbbbbbbbb,
    0xcccccccc,
    0xdddddddd,
    0xeeeeeeee,
    0xffffffff};
  unsigned int *yp = y;

  unsigned int vl;

  while (size > 0)
  {
    asm volatile("vsetvli %0, %1, e32, m1"
                 : "=r"(vl)
                 : "r"(size));
    size -= vl;

    asm volatile("vle32.v v1,(%0)" ::"r"(xp));
    xp += vl;

    asm volatile("vle32.v v2,(%0)" ::"r"(yp));
    yp += vl;

    asm volatile("vadd.vv v3,v2,v1");
  }

  asm volatile("unimp");
  return 0;
}
```

创建HEX文件和DUMP文件

创建 HEX 文件和 DUMP 文件，如图 29.3 所示。创建的 DUMP 文件见清单 29.10。

```
$ cd /src/chisel-template/src/c
$ make vadd
```

图 29.3　在 Docker 容器中创建 HEX 文件和 DUMP 文件

清单29.10　chisel-template/src/dump/vadd.elf.dmp

```
60:     00500713        li        a4,5
64:     008777d7        vsetvli   a5,a4,e32,m1,tu,mu,d1
68:     40f70733        sub       a4,a4,a5
6c:     0206e087        vle32.v   v1,(a3)
70:     00279793        slli      a5,a5,0x2
74:     00f686b3        add       a3,a3,a5
78:     02066107        vle32.v   v2,(a2)
7c:     00f60633        add       a2,a2,a5
80:     022081d7        vadd.vv   v3,v2,v1
84:     fe071063        bnez      a4,64 <main+0x64>
88:     c0001073        unimp
```

用存储器加载创建的 HEX 文件，见清单 29.11。

清单29.11　Memory.scala

```
loadMemoryFromFile(mem, "src/hex/vadd.hex")
```

运行测试

创建一个仅将 FetchTest.scala 的 **package** 名改为 **vadd** 的测试文件，见清单 29.12。执行 **sbt** 测试命令，如图 29.4 所示。

清单29.12　chisel-template/src/test/scala/VaddTest.scala

```
package vadd
...
```

```
$ cd /src/chisel-template
$ sbt "testOnly vadd.HexTest"
```

图 29.4　在 Docker 容器中运行 **sbt** 测试命令

测试结果如图 29.5 所示。

```
# 第 1 次 VADD.VV 指令 (vadd.w v3zv2,v1)
--------
io.pc              : 0x00000080
inst               : 0x022081d7
rsl_addr           : 1 # v1
rs2_addr           : 2 # v2
wb_addr            : 3 # v3
v_aIu_out          : 0x000000000000000000000000000000000000000000000000000000
  000000000000000000000000000000000000000000000000000000000000000000000000
  000000000000000000000000000000000000000000000000000000000000000000000eee
  eeeeeddddddddccccccccbbbbbbbb3333333211111110eeeeeeeecccccccc
vec_regfile(1.U)   : 0x 44444444 33333333 22222222 11111111
vec_regfile(2.U)   : 0x eeeeeeee dddddddd cccccccc bbbbbbbb
vec_regfile(3.U)   : 0x 00000000 00000000 00000000 00000000
--------
io.pc              : 0x00000084
vec_regfile(1.U)   : 0x 44444444 33333333 22222222 11111111
vec_regfile(2-U)   : 0x eeeeeeee dddddddd cccccccc bbbbbbbb
vec_regfile(3.U)   : 0x 33333332 11111110 eeeeeeee cccccccc
                     # 向 v3 回写 VADD 结果（高位 2 元素的加法结果溢出）
--------
...
# 第 2 次 VADD.VV 指令
--------
io.pc              : 0x00000080
inst               : 0x022081d7
v_aIu一out          : 0x000000000000000000000000000000000000000000000000000000
  000000000000000000000000000000000000000000000000000000000000000000000000
  00000000000000000000000000000000000003333333211111110eeeeeeeecccccccc222
  22220eeeeeeedbbbbbbacccccccb3333333211111110eeeeeeee55555554
vec_regfile(1.U)   : 0x 44444444 33333333 22222222 55555555
vec_regfile(2.U)   : 0x eeeeeeee dddddddd cccccccc ffffffff
vec_regfile(3.U)   : 0x 33333332 11111110 eeeeeeee cccccccc
--------
io.pc              : 0x00000084
vec_regfile(1.U)   : 0x 44444444 33333333 22222222 55555555
vec_regfile(2.U)   : 0x eeeeeeee dddddddd cccccccc ffffffff
vec_regfile(3.U)   : 0x 33333332 11111110 eeeeeeee 55555554
                     # 向 v3 的低 32 位回写 VADD 结果（溢出）。tail 元素不变。
```

图 29.5　测试结果

对于 5 个 **SEW**=32 位的向量元素，一次运算可计算的最大元素数 **VLMAX** 为 128/32=4，所以循环两次：4 个→ 1 个。

第 1 次 **VADD.VV** 指令，**v1** 和 **v2** 两个向量寄存器以 32 位为单位的加法结果被写入 **v3**。第 2 次 **VADD.VV** 指令，只有 **v1** 和 **v2** 低 32 位的加法结果被写入 **v3**。可以确认 v3 的高 96 位为 **undisturbed**，值不变。

尽管发生了几次溢出，但可以看出 **VADD.VV** 指令能按要求工作。

29.3.2　e64/m1测试

接着，将 **SEW** 改为 **e64** 并测试，见清单 29.13。

清单29.13　chisel-template/src/c/vadd_e64.c

```
...
unsigned long long x[] = {
  0x1111111111111111,
  0x2222222222222222,
  0x3333333333333333,
  0x4444444444444444,
  0x5555555555555555};
unsigned long long *xp = x;

unsigned long long y[] = {
  0xbbbbbbbbbbbbbbbb,
  0xcccccccccccccccc,
  0xdddddddddddddddd,
  0xeeeeeeeeeeeeeeee,
  0xffffffffffffffff};
unsigned long long *yp = y;
...
while (size > 0)
{
  asm volatile("vsetvli %0, %1, e64, m1"
              : "=r"(vl)
              : "r"(size));
  ...
  // 修改为 vle64.v
  asm volatile("vle64.v v1, (%0)" ::"r"(xp));
  ...
  asm volatile("vle64.v v2, (%0)" ::"r"(yp));
  ...
}
...
```

I

II

III

IV

V

附录

创建HEX文件和DUMP文件

创建 HEX 文件和 DUMP 文件，如图 29.6 所示。创建的 DUMP 文件见清单 29.14。

```
$ cd /src/chisel-template/src/c
$ make vadd_e64
```

图 29.6　在 Docker 容器中创建 HEX 文件和 DUMP 文件

清单29.14　chisel-template/src/dump/vadd_e64.elf.dmp（节选）

```
c4:     00500713        li        a4,5
c8:     00c777d7        vsetvli   a5,a4,e64,m1,tu,mu,d1
cc:     40f70733        sub       a4,a4,a5
d0:     0206f087        vle64.v   v1,(a3)
d4:     00379793        slli      a5,a5,0x3
d8:     00f686b3        add       a3,a3,a5
de:     02067107        vle64.v   v2,(a2)
e0:     00f60633        add       a2,a2,a5
e4:     022081d7        vadd.vv   v3,v2,v1
e8:     fe0710e3        bnez      a4,c8 <main+0xc8>
ec:     c0001073        unimp
```

用存储器加载创建的 HEX 文件，见清单 29.15。

清单29.15　Memory.scala

```
loadMemoryFromFile(mem, "src/hex/vadd_e64.hex")
```

sbt 测试命令如图 29.7 所示。

```
$ cd /src/chisel-template
$ sbt "testOnly vadd.HexTest"
```

图 29.7　在 Docker 容器中运行 **sbt** 测试命令

测试结果如图 29.8 所示。

对于 5 个 **SEW**=64 位的向量元素，一次运算可计算的最大元素数 **VLMAX** 为 128/64=2，所以循环 3 次：2 个→ 2 个→ 1 个。

第 1 次和第 2 次 **VADD.VV** 指令，**v1** 和 **v2** 两个向量寄存器以 64 位为单位的加法结果被写入 **v3**。第 3 次 **VADD.VV** 指令，只有 **v1** 和 **v2** 低 64 位的加法结果被写入 **v3**。可以确认，**v3** 的高 64 位为 **undisturbed**，值不变。

```
# 第 1 次 VADD.VV 指令
--------
io.pc              : 0x00000064
inst               : 0x022081d7
vec_regfile(1.U)   : 0x 2222222222222222 1111111111111111
vec_regfile(2.U)   : 0x cccccccccccccccc bbbbbbbbbbbbbbbb
vec_regfile(3.U)   : 0x 0000000000000000 0000000000000000
--------
io.pc              : 0x000000e8
vec_regfile(1.U)   : 0x 2222222222222222 1111111111111111
vec_regfile(2.U)   : 0x cccccccccccccccc bbbbbbbbbbbbbbbb
vec_regfile(3.U)   : 0x eeeee6666666eeee cccccccccccccccc # 以 64 位为单位做加法
--------
...
# 第 2 次 VADD.VV 指令
--------
io.pc              : 0x000000e4
inst               : 0x022081d7
vec_regfile(1.U)   : 0x 4444444444444444 3333333333333333
vec_regfile(2.U)   : 0x eeeee666666eeeee dddddddddddddddd
vec_regfile(3.U)   : 0x eeeeeeeeeeeeeeee cccccccccccccccc
--------
io.pc              : 0x000000e8
vec_regfile(1.U)   : 0x 4444444444444444 3333333333333333
vec_regfile(2.U)   : Ox eeeeeeeeeeeeeeee dddddddddddddddd
vec_regfile(3.U)   : 0x 3333333333333332 1111111111111110 # 以 64 位为单位做加法
--------
...
# 第 3 次 VADD.VV 指令
--------
io.pc              : 0x000000e4
inst               : 0x022081d7
vec_regfile(1.U)   : 0x 4444444444444444 5555555555555555
vec_regfile(2.U)   : Ox eeeeeeeeeeeeeeee ffffffffffffffff
vec_regfile(3.U)   : 0x 3333333333333332 1111111111111110
--------
io.pc              : 0x0QQ000e8
vec_regfile(1.U) 0x 4444444444444444 5555555555555555
vec_regfile(2.U)   : Ox eeeeeeeeeeeeeeee ffffffffffffffff
vec_regfile(3.U)   : 0x 3333333333333332 5555555555555554
                     # 仅为低 64 位做加法。高 64 位不变。
```

图 29.8　测试结果

由此可见，**SEW=e64**、**LMUL=m1** 的 **VADD.VV** 指令也可以按要求工作。

29.3.3 e32/m2测试

最后，将 **LMUL** 改为 **m2**（两个寄存器为一组）并测试。

创建测试用C程序

创建测试用 C 程序，见清单 29.16。

清单29.16 chisel-template/src/c/vadd_m2.c

```
...
unsigned int size = 10; // 想要计算的元素数
unsigned int x[] = {
  0x11111111,
  0x22222222,
  0x33333333,
  0x44444444,
  0x55555555,
  0x66666666,
  0x77777777,
  0x88888888,
  0x99999999,
  0xaaaaaaaa};
unsigned int *xp = x;

unsigned int y[] = {
  0xbbbbbbbb,
  0xcccccccc,
  0xdddddddd,
  0xeeeeeeee,
  0xffffffff,
  0x11111111,
  0x22222222,
  0x33333333,
  0x44444444,
  0x55555555};
unsigned int *yp = y;
...
while (size > 0)
{
  asm volatile("vsetvli %0, %1, e32, m2"
              : "=r"(vl)
              : "r"(size));

  ...
  asm volatile("vle32.v v2, (%0)" ::"r"(xp));
```

```
  ...
  asm volatile("vle32.v v4,(%0)" ::"r"(yp));
  ...
  asm volatile("vadd.vv v6,v4,v2"); // LMUL=m2，每次使用两个向量寄存器
  ...
}
...
```

创建HEX文件和DUMP文件

创建 HEX 文件和 DUMP 文件，如图 29.9 所示，创建的 DUMP 文件见清单 29.17。

```
$ cd /src/chisel-template/src/c
$ make vadd_m2
```

图 29.9　在 Docker 容器中创建 HEX 文件和 DUMP 文件

清单29.17　chisel=tenplate/src/dump/vadd.m2.elf.dmp（节选）

```
c4:     00a00713        li       a4,10
c8:     009777d7        vsetvli  a5,a4,e32,m2,tu,mu,d1
cc:     40f70733        sub      a4,a4,a5
d0:     0206f107        vle64.v  v2,(a3)
d4:     00279793        slli     a5,a5,0x2
d8:     00f686b3        add      a3,a3,a5
de:     02067207        vle64.v  v4,(a2)
e0:     00f60633        add      a2,a2,a5
e4:     02410357        vadd.vv  v6,v4,v2
e8:     fe071063        bnez     a4,c8 <main+0xc8>
ec:     c0001073        unimp
```

用存储器加载创建的 HEX 文件，见清单 29.18。

清单29.18　Memory.scala

```
loadMemoryFromFile(mem, "src/hex/vadd_m2.hex")
```

运行测试

sbt 测试命令如图 29.10 所示。

```
$ cd /src/chisel-template
$ sbt "testOnly vadd.HexTest"
```

图 29.10　在 Docker 容器中运行 **sbt** 测试命令

测试结果如图 29.11 所示。

```
# 第 1 次 VADD.VV 指令
--------
io.pc              : 0x000000e4
inst               : 0x02410357
vec_regfile(2.U)   : 0x 44444444 33333333 22222222 11111111 # x 的起始 4 个元素
vec_regfile(3.U)   : 0x 88888888 77777777 66666666 55555555 # x 的接下来 4 个元素
vec_regfile(4.U)   : 0x eeeeeeee dddddddd cccccccc bbbbbbbb # y 的起始 4 个元素
vec_regfile(5.U)   : 0x 33333333 22222222 11111111 ffffffff # y 的接下来 4 个元素
--------
io.pc              : 0x000000e8
vec_regfile(6.U)   : 0x 33333332 11111110 eeeeeeee cccccccc
                     # 起始 4 个元素之间的 VADD.VV 结果
vec_regfile(7.U)   : 0x bbbbbbbb 99999999 77777777 55555554
                     # 接下来 4 个元素之间 VADD.VV 结果

--------
...
# 第 2 次 VADD.VV 指令
--------
io.pc              : 0x000000e4
inst               : 0x02410357
vec_regfile(2.U)   : 0x 44444444 33333333 aaaaaaaa 99999999
                     # x 的最后 2 个元素存储在低 64 位
vec_regfile(3.U)   : 0x 88888888 77777777 66666666 55555555
vec_regfile(4.U)   : 0x eeeeeeee dddddddd 55555555 44444444
                     # y 的最后 2 个元素存储在低 64 位
vec_regfile(5.U)   : 0x 33333333 22222222 11111111 ffffffff
--------
io.pc              : 0x000000e8
vec_regfile(6.U)   : 0x 33333332 11111110 ffffffff dddddddd
                     # 最后 2 个元素之间的 VADD.VV 结果存储在低 64 位。高 64 位不变。
vec_regfile(7.U)   : 0x bbbbbbbb 99999999 77777777 55555554 # 所有位不变
```

图 29.11　测试结果

对于 10 个 **SEW**=32 位的向量元素，一次运算可计算的最大元素数 **VLMAX** 为 $128 \times 2/32=8$，所以循环 2 次：8 个→ 2 个。

第 1 次 **VADD.VV** 指令，起始 8 个元素的向量加法结果被写入 **v6** 和 **v7**。第 2 次 **VADD.VV** 指令，最后 2 个元素的向量加法结果被写入 **v6**。可以确认，**v6** 的高 64 位和 **v7** 的所有位为 **undisturbed**，值不变。

由此可见，**SEW=e32**、**LMUL=m2** 的 **VADD.VV** 指令也可以按要求工作。

第30章 向量存储指令的实现

最后实现将向量寄存器数据写入存储器的向量存储指令。与向量加载指令一样，向量存储指令也有 **unit-stride**、**strided**、**indexed** 3 种访存方法，这里仅实现最简单的 **unit-stride** 向量存储指令。

30.1 unit-stride向量存储指令定义

RISC–V 中的 **unit-stride** 向量存储指令（以下作 **VSE** 指令），针对不同 **SEW**（**EEW**）定义表 30.1 中的指令。

表 30.1　VLE 指令

指　令	SEW
VSE8.V	8 位
VSE16.V	16 位
VSE32.V	32 位
VSE64.V	64 位

VSE 指令的汇编描述见清单 30.1。

清单30.1　VSE指令的汇编描述

```
vse8.v  vs3, (rs1)
vse16.v vs3, (rs1)
vse32.v vs3, (rs1)
vse64.v vs3, (rs1)
```

VSE 指令将向量寄存器 **vs3** 中的数据写入 **rs1** 保存的存储器地址。根据

EEW 写入数据宽度的变化，通过向量 CSR 的 VL × VSE 指令编码的 EEW 进行计算。但请注意，与 VLE 指令一样，本书范围内不使用 EEW，而使用向量 CSR 的 SEW 进行代替。

VSE 指令的位配置见表 30.2。

表 30.2　VSE 指令的位配置（I 格式）

31 ~ 29	28	27 ~ 26	25	24 ~ 20	19 ~ 15	14 ~ 12	11 ~ 7	6 ~ 0
nf	mew	mop	vm	sumop	rs1	width	vs3	0100111

第 20 ~ 31 位的各种运算信息基本与 VLE 指令的相同。本书仅将第 25 位的 vm 设为 1，不使用向量掩码。

第 12 ~ 14 位 width 也与 VLE 指令的相同，为存储用向量数据的 EEW 编码，指定 32 位的为 110，指定 64 位的为 111。由于本书范围内不使用 EEW，因此 width 没有实际意义。

30.2 Chisel的实现

本章的实现文件以 package vse 的形式保存在本书源代码文件中的 chisel-template/src/main/scala/13_vse/ 目录下。

30.2.1 指令位模式的定义

根据表 30.2，在 Instructions.scala 中定义向量存储指令的 BitPat，见清单 30.2。

清单30.2　chisel-template/src/common/Instructions.scala

```
val VSE = BitPat("b000000100000?????????????0100111")
```

30.2.2 DmemPortIo的扩展

在 DmemPortIo 类中添加向量存储数据端口 vwdata，见清单 30.3。与向量加载端口 vrdata 一样，设为 VLEN × 8 位宽，以支持最大 LMUL=8 个。

在 VLEN × 8 位数据添加端口 data_len，以传递实际应该写入的有效数据宽度。使用该 data_len 进行存储器的写入处理，详见后述。

清单30.3　Memory.scala

```
class DmemPortIo extends Bundle {
  ...
  val vwdata   = Input(UInt((VLEN*8).W))
  val data_len = Input(UInt(WORD_LEN.W))
}
```

30.2.3　译码信号的生成，存储数据的读取（ID阶段）

对于 **csignals**，我们直接将 **rs1_data** 传递到 MEM 阶段，以指定 **ALU_COPY1**，见清单 30.4。此外，还要新增 **MEN_V**，进行向量数据的存储器写入。

清单30.4　Core.scala

```
val csignals = ListLookup(inst,
  List(ALU_X, OP1_RS1, OP2_RS2, MEN_X, REN_X, WB_X, CSR_X),
  Array(
    ...
    VSE -> List(ALU_COPY1, OP1_RS1, OP2_X, MEN_V, REN_X, WB_X, CSR_X)
  )
)
```

存储数据 **vs3_data** 的读取与 **vs1** 和 **vs2** 的相同，见清单 30.5。**vs3** 寄存器编号为 **inst(11,7)**，位址与 **wb_addr** 相同。

清单30.5　Core.scala

```
val vs3_data = Cat(Seq.tabulate(8)(n => vec_regfile(wb_addr + n.U)).reverse)
```

30.2.4　存储数据的连接（MEM阶段）

将信号连接到存储器输出端口 **vwdata**、**data_len**，见清单 30.6。

清单30.6　Core.scala

```
io.dmem.vwdata := vs3_data

val csr_vl   = csr_regfile(VL_ADDR)
val data_len = csr_sew * csr_vl
io.dmem.data_len := data_len
```

csr_vl 和 **data_len** 是在 **VLE** 指令的 **WB** 阶段添加的信号，为了方便使用，这里将它们移至 MEM 阶段（用于计算 **data_len** 的 **csr_sew** 原本应使用 **VSE** 指令编码的 **EEW**，本书参考向量 **CSR** 的 **SEW**）。

30.2.5 向量数据存储器的写入（使用Memory类）

实现向量数据的存储器写入，见清单 30.7 和清单 30.8。

之前 **DmemPortIo** 的 **wen** 信号只有 **0.U** 和 **1.U**，一直作为 **Bool** 型信号处理，这里添加了 **MEN_V**，因此需要改为 **UInt** 型。

清单30.7 Consts.scala

```
val MEN_LEN = 2
val MEN_X   = 0.U(MEN_LEN.W)
val MEN_S   = 1.U(MEN_LEN.W) // 标量指令用
val MEN_V   = 2.U(MEN_LEN.W) // 向量指令用
```

清单30.8 Memory.scala

```
class DmemPortIo extends Bundle {
  ...
  // val wen = Input(Bool())
  val wen = Input(UInt(MEN_LEN.W))
}
```

标量数据和向量数据的写入处理方法不同，故根据 **io.dmem.wen** 的值进行分支处理，见清单 30.9。

清单30.9 Memory.scala

```
switch(io.dmem.wen){
  is(MEN_S){ // 标量数据的写入
  mem(io.dmem.addr)        := io.dmem.wdata( 7, 0)
  mem(io.dmem.addr + 1.U) := io.dmem.wdata(15, 8)
  mem(io.dmem.addr + 2.U) := io.dmem.wdata(23,16)
  mem(io.dmem.addr + 3.U) := io.dmem.wdata(31,24)
  }
  is(MEN_V){ // 向量数据的写入
    val data_len_byte = io.dmem.data_len / 8.U
    for(i <- 0 to VLEN - 1){ // 最大 [VLEN*8] 位 = VLEN 字节
      when(i.U < data_len_byte){
        mem(io.dmem.addr + i.U) := io.dmem.vwdata(8*(i+1)-1, 8*i)
      }
    }
  }
}
```

与向量寄存器的回写一样，超过 **vl** 的 **tail** 元素设为 **undisturbed**，仅

将 **data_len** 范围内的数据写入存储器。例如，当 **data_len**=128 位时，**for** 表达式的展开见清单 30.10。

清单30.10　**data_len**=128位时**for**表达式的内容

```
// val data_len_byte = 16

// 以下 16 字节的写入在 when 时有效
mem(io.dmem.addr)          := io.dmem.vwdata( 7, 0)
mem(io.dmem.addr + 1.U)    := io.dmem.vwdata( 15, 8)
mem(io.dmem.addr + 2.U)    := io.dmem.vwdata( 23, 16)
...
mem(io.dmem.addr + 15.U)   := io.dmem.vwdata(127,120)

/* 以下 tail 元素的写入在 when 时无效
mem(io.dmem.addr + 16.U)   := io.dmem.vwdata( 135, 128)
...
mem(io.dmem.addr + 127.U) := io.dmem.vwdata(1023,1016)
*/
```

30.3　运行测试

与 **VSETVLI** 指令一样，根据 **SEW** 和 **LMUL** 的组合，进行 3 种测试。

30.3.1　e32/m1测试

首先，执行 **SEW=e32**、**LMUL=m1** 的测试。

■ 创建用于测试的C程序

以对上述 vadd.c 进行补充的形式创建 vse32.c，见清单 30.11。

清单30.11　chisel-template/src/c/vse32.c

```
#include <stdio.h>

int main()
{
  ...
  // 定义保存加法结果的数组 z
  unsigned int z[size];
  unsigned int *zp = z;
  ...
```

```
  while (size > 0)
  {
    asm volatile("vsetvli %0, %1, e32, m1"
                 : "=r"(vl)
                 : "r"(size));

    size -= vl;

    asm volatile("vle32.v v1,(%0)" ::"r"(xp));
    xp += vl;

    asm volatile("vle32.v v2,(%0)" ::"r"(yp));
    yp += vl;

    asm volatile("vadd.vv v3,v2,v1");
    asm volatile("vse32.v v3,(%0)" ::"r"(zp));
    asm volatile("vle32.v v4,(%0)" ::"r"(zp)); // 验算
    zp += vl;
  }
  ...
}
```

通过 **VSE32.V** 指令，将向量加法结果 **v3** 写入数组 **z**。出于验算目的，在向量存储指令之后插入向量加载指令，并将写入的数据写回 **v4**。

创建HEX文件和DUMP文件

创建 HEX 文件和 DUMP 文件，如图 30.1 所示。创建的 DUMP 文件见清单 30.12。

```
$ cd /src/chisel-template/src/c
$ make vse32
```

图 30.1　在 Docker 容器中创建 HEX 文件和 DUMP 文件

清单30.12　chisel-template/src/dump/vse32.elf.dmp

```
68:    0086f7d7    vsetvli    a5,a3,e32,m1,tu,mu,d1
6c:    40f686b3    sub        a3,a3,a5
70:    0205e087    vle32.v    v1,(a1)
74:    00279793    slli       a5,a5,0x2
78:    00f585b3    add        a1,a1,a5
7c:    02066107    vle32.v    v2,(a2)
80:    00f60633    add        a2,a2,a5
84:    022081d7    vadd.vv    v3,v2,v1
```

```
88:     020761a7        vse32.v     v3,(a4)
8c:     02076207        vle32.v     v4,(a4)
90:     00f70733        add         a4,a4,a5
94:     fc069ae3        bnez        a3,68 <main+0x68>
98:     c0001073        unimp
```

用存储器加载创建的 HEX 文件，见清单 30.13。

清单30.13　Memory.scala

```
loadMemoryFromFile(mem, "src/hex/vse32.hex")
```

运行测试

创建一个仅将 FetchTest.scala 的 **package** 名改为 **vse** 的测试文件，执行 **sbt** 测试命令，见清单 30.14。

清单30.14　chisel-template/src/test/scala/VseTest.scala

```
package vse
...
```

sbt 测试命令如图 30.2 所示，测试结果如图 30.3 所示。

```
$ cd /src/chisel-template
$ sbt "testOnly vse.HexTest"
```

图 30.2　在 Docker 容器中运行 **sbt** 测试命令

```
# 第 1 次向量存储指令 (vse32.v v3,(a4))
--------
io.pc            : 0x000000088
inst             : 0x0020761a7
rs1_addr         :  14 # a4
wb_addr          :   3 # v3
vec_regfile(3.U) : 0x3333333211111110eeeeeeeecccccccc # 存储数据
vec_regfile(4.U) : 0x00000000000000000000000000000000
--------
...
# 第 1 次验算用向量加载指令 (vle32.v v4,(a4))
--------
io.pc            : 0x00000008c
inst             : 0x002076207
--------
```

图 30.3　测试结果

```
io.pc            : 0x000000148
vec_regfile(3.U) : 0x3333333211111110eeeeeeeecccccccc
vec_regfile(4.U) : 0x3333333211111110eeeeeeeecccccccc
                   # 与存储数据相同的值已加载到 v4
--------
...
# 第 2 次向量存储指令 (vse32.v v3,(a4))
--------
io.pc            : 0x000000088
inst             : 0x0020761a7
vec_regfile(3.U) : 0x3333333211111110eeeeeeee55555554 # 存储数据（仅低 32 位）
vec_regfile(4.U) : 0x3333333211111110eeeeeeeecccccccc
--------
...
# 第 2 次验算用向量加载指令 (vle32.v v4,(a4))
--------
io.pc            : 0x00000008c
inst             : 0x002076207
--------
io.pc            : 0x000000090
inst             : 0x000f70733
vec_regfile(3.U) : 0x3333333211111110eeeeeeee55555554
vec_regfile(4.U) : 0x3333333211111110eeeeeeee55555554 # 仅低 32 位加载到 v4
```

续图 30.3

对于 5 个 **SEW**=32 位的向量元素，一次运算可计算的最大元素数 **VLMAX** 为 128/32=4，所以循环两次：4 个→ 1 个。

由此可见，**SEW=e32**、**LMUL=m1** 时的 **VADD.VV** 指令可以按要求工作。

30.3.2 e64/m1测试

接着，执行 **SEW=e64**、**LMUL=m1** 的测试。

创建测试用C程序

基于 vadd_e64.c 创建测试用 C 程序，见清单 30.15。

清单30.15 chisel-template/src/c/vse64.c

```
#include <stdio.h>

int main()
{
```

```
  ...
  unsigned long long z[size];
  unsigned long long *zp = z;
  ...
  while (size > 0)
  {
    asm volatile("vsetvli %0, %1, e64, m1"
                 : "=r"(vl)
                 : "r"(size));

    ...
    asm volatile("vse64.v v3, (%0)" ::"r"(zp));
    asm volatile("vle64.v v4, (%0)" ::"r"(zp)); // 验算
    zp += vl;
  }
  ...
}
```

创建HEX文件和DUMP文件

创建 HEX 文件和 DUMP 文件，如图 30.4 所示，创建的 DUMP 文件见清单 30.16。

```
$ cd /src/chisel-template/src/c
$ make vse64
```

图 30.4　在 Docker 容器中创建 HEX 文件和 DUMP 文件

清单30.16　chisel-template/src/dump/vse64.elf.dmp（节选）

```
cc:     00c6f7d7        vsetvli   a5,a3,e64,m1,tu,mu,d1
d0:     40f686b3        sub       a3,a3,a5
d4:     0205f087        vle64.v   v1,(a1)
d8:     00379793        slli      a5,a5,0x3
de:     00f585b3        add       a1,a1,a5
e0:     02067107        vle64.v   v2,(a2)
e4:     00f60633        add       a2,a2,a5
e8:     022081d7        vadd.vv   v3,v2,v1
ec:     020771a7        vse64.v   v3,(a4)
f0:     02077207        vle64.v   v4,(a4)
f4:     00f70733        add       a4,a4,a5
f8:     fc069ae3        bnez      a3,cc <main+0xcc>
fc:     c0001073        unimp
```

用存储器加载创建的 HEX 文件，见清单 30.17。

清单30.17　Memory.scala

```
loadMemoryFromFile(mem, "src/hex/vse64.hex")
```

运行测试

执行 **sbt** 测试命令，如图 30.5 所示。

```
$ cd /src/chisel-template
$ sbt "testOnly vse.HexTest"
```

图 30.5　在 Docker 容器中运行 **sbt** 测试命令

测试结果如图 30.6 所示。

```
# 第 1 次向量存储指令 (vse64.v v3,(a4))
--------
io.pc             : 0x000000ec
inst              : 0x020771a7
rs1_addr          : 14 # a4
wb_addr           : 3 # v3
vec_regfile(3.U)  : 0x eeeeeeeeeeeeeeee cccccccccccccccc 存储数据 (2 个元素 )
vec_regfile(4.U)  : 0x 0000000000000000 0000000000000000
--------
...
# 第 1 次验算用向量加载指令 (vle64.v v4,(a4))
--------
io.pc             : 0x000000f0
inst              : 0x02077207
io.pc             : 0x000000f4
vec_regfile(3.U)  : 0x eeeeeeeeeeeeeeee cccccccccccccccc
vec_regfile(4.U)  : 0x eeeeeeeeeeeeeeee cccccccccccccccc
                    # 与存储数据相同的值已加载到 v4
--------
...
# 第 2 次向量存储指令 (vse64.v v3, (a4))
--------
io.pc             : 0x000000ec
inst              : 0x020771a7
vec_regfile(3.U)  : 0x 3333333333333332 1111111111111110 # 存储数据 (2 个元素 )
vec_regfile(4.U)  : 0x eeeeeeeeeeeeeeee cccccccccccccccc
--------
...
```

图 30.6　测试结果

```
# 第 2 次验算用向量加载指令 (vle64.v v4,(a4))

--------
io.pc             : 0x000000f0
inst              : 0x02077207
--------
io.pc             : 0x000000f4
vec_regfile(3.U)  : 0x 3333333333333332 1111111111111110
vec_regfile(4.U)  : 0x 3333333333333332 1111111111111110
                    # 与存储数据相同的值已加载到 v4
--------
...
# 第 3 次向量存储指令 (vse64.v v3,(a4))
--------
io.pc             : 0x000000ec
inst              : 0x020771a7
vec_regfile(3.U)  : 0x 3333333333333332 5555555555555554
                    # 存储数据 ( 低 32 位 ,1 个元素 )
vec_regfile(4.U)  : 0x 3333333333333332 1111111111111110
--------
...
--------
# 第 3 次验算用向量加载指令 (vle64.v v4,(a4))
io.pc             : 0x000000f0
inst              : 0x02077207
--------
io.pc             : 0x000000f4
vec_regfile(3.U)  : 0x 3333333333333332 5555555555555554
vec_regfile(4.U)  : 0x 3333333333333332 5555555555555554
                    # 与存储数据相同的值已加载到 v4
```

续图 30.6

对于 5 个 **SEW**=64 位的向量元素，一次运算可计算的最大元素数 **VLMAX** 为 128/64=2，所以循环 3 次：2 个→ 2 个→ 1 个。

由此可见，**SEW=64** 位、**LMUL=m1** 时的 **VSE64.V** 指令可以按要求工作。

30.3.3　e32/m2测试

最后是 **SEW=e32**、**LMUL=m2** 的测试，检查 **v6**、**v7** 两个寄存器的存储情况。

▌创建测试用C程序

以补充 vadd_m2.c 的形式创建 vse32_m2.c，见清单 30.18。

清单30.18 chisel-template/src/c/vse32_m2.c

```
#include <stdio.h>

int main()
{
  ...
  while (size > 0)
  {
    asm volatile("vsetvli %0, %1, e32, m2"
                 : "=r"(vl)684
                 :: "r"(size));

    ...
    asm volatile("vse32.v v6, (%0)" ::"r"(zp));
    asm volatile("vle32.v v8, (%0)" ::"r"(zp)); // 验算
    zp += vl;
  }
  ...
}
```

创建HEX文件和DUMP文件

创建 HEX 文件和 DUMP 文件，如图 30.7 所示。创建的 DUMP 文件见清单 30.19。

```
$ cd /src/chisel-template/src/c
$ make vse32_m2
```

图 30.7 在 Docker 容器中创建 HEX 文件和 DUMP 文件

清单30.19 chisel-template/sc/dump/vse_m2.elf.dmp（节选）

```
cc:     0096f7d7        vsetvli  a5,a3,e32,m2,tu,inuzd1
d0:     40f686b3        sub      a3,a3,a5
d4:     0205e107        vle32.v  v2,(a1)
d8:     00279793        slli     a5,a5,0x2
de:     00f585b3        add      a1,a1,a5
e0:     02066207        vle32.v  v4,(a2)
e4:     00f60633        add      a2,a2,a5
e8:     02410357        vadd.vv  v6,v4,v2
ec:     02076327        vse32.v  v6,(a4)
f0:     02076407        vle32.v  v8,(a4)
f4:     00f70733        add      a4,a4,a5
f8:     fc069ae3        bnez     a3,cc <main+0xcc>
fc:     c0001073        unimp
```

用存储器加载创建的 HEX 文件，见清单 30.20。

清单30.20　Memory.scala

```
loadMemoryFromFile(mem, "src/hex/vse32_m2.hex")
```

运行测试

sbt 测试命令如图 30.8 所示。

```
$ cd /src/chisel-template
$ sbt "testOnly vse.HexTest"
```

图 30.8　在 Docker 容器中运行 **sbt** 测试命令

测试结果如图 30.9 所示。

```
# 第 1 次向量存储指令 (vse32.v v6,(a4))
--------
io.pc              : 0x000000ec
inst               : 0x02076327
rs1_addr           :  14 # a4
wb_addr            :   6 # v6
vec_regfile(6.U) : 0x 33333332 11111110 eeeeeeee cccccccc # 存储数据低 128 位
vec_regfile(7.U) : 0x bbbbbbbb 99999999 77777777 55555554 # 存储数据高 128 位
vec_regfile(8.U) : 0X 00000000 00000000 00000000 00000000
vec_regfile(9.U) : 0x 00000000 00000000 00000000 00000000
--------
...
# 第 1 次验算用向量加载指令 (vle32.v v8,(a4))
--------
io.pc              : 0x000000f0
inst               : 0x02076407
--------
io.pc              : 0x000000f4
vec_regfile(5.U) : 0x 33333333 22222222 11111111 ffffffff
vec_regfile(6.U) : 0x 33333332 11111110 eeeeeeee cccccccc
vec_regfile(7.U) : 0x bbbbbbbb 99999999 77777777 55555554
vec_regfile(8.U) : 0x 33333332 11111110 eeeeeeee cccccccc
                   # 加载与存储数据 (v6) 相同的值
vec_regfile(9.U) : 0x bbbbbbbb 99999999 77777777 55555554
                   # 加载与存储数据 (v7) 相同的值
--------
...
```

图 30.9　测试结果

```
# 第 2 次向量存储指令 (vse32.v v6,(a4))
--------
io.pc             : 0x000100ec
inst              : 0x02076327
vec_regfile(6.U)  : 0x 33333332 11111110 ffffffff dddddddd # 存储数据低 64 位
vec_regfile(7.U)  : 0x bbbbbbbb 99999999 77777777 55555554
vec_regfile(8.U)  : 0x 33333332 11111110 eeeeeeee cccccccc
vec_regfile(9.U)  : 0x bbbbbbbb 99999999 77777777 55555554
--------
...
# 第 2 次验算用向量加载指令 (vle32.v v8,(a4))
--------
io.pc             : 0x000000f0
inst              : 0x02076407
io.pc             : 0x000000f4
vec_regfile(6.U)  : 0x 33333332 11111110 ffffffff dddddddd
vec_regfile(7.U)  : 0x bbbbbbbb 99999999 77777777 55555554
vec_regfile(8.U)  : 0x 33333332 11111110 ffffffff dddddddd
                    # 加载与存储数据 (v6) 相同的值
vec_regfile(9.U)  : 0x bbbbbbbb 99999999 77777777 55555554
```

续图 30.9

对于 10 个 **SEW** = 32 位的向量元素，一次运算可计算的最大元素数 **VLMAX** 为 128 × 2/32=8，所以循环 2 次：8 个→ 2 个。

由此可见，**SEW=e32**、**LMUL=m2** 时的 **VSE32.V** 指令也可以按要求工作。

至此，我们实现了向量指令的设定指令、加载 / 存储指令、加法指令。本书未涉及其他向量运算指令，但是减法、逻辑运算、移位运算等标量指令实现的运算，也可以在向量运算中实现。读者如有兴趣，请务必挑战！

第 V 部分

自定义指令的实现

第31章 自定义指令的意义

RISC-V 的特征之一就是可以自由实现自定义指令。我们在第V部分将讲解自定义指令的实现，在讲解具体实现之前，我们先了解一下实现自定义指令的重要性，如图 31.1 所示。

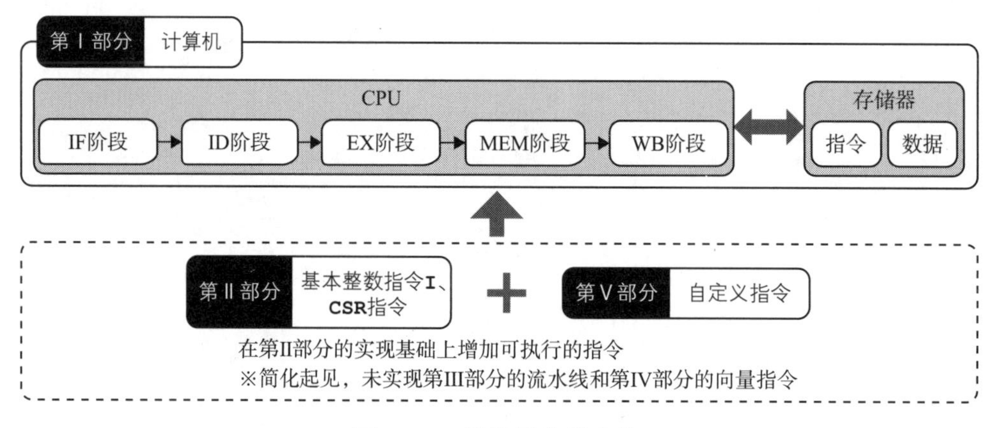

图 31.1　第V部分的定位

31.1　单核的性能提升和极限

本书实现的是只有一个内核的 CPU，就是所谓的“单核 CPU”。CPU 的历史就是从单核的性能提升开始的。

31.1.1　摩尔定律

1965 年，戈登 · 摩尔（后来创立 Intel）提出“经验法则”：集成电路上的晶体管密度每 1.5 年翻一番。这就是“摩尔定律”。实际上，1980 ~ 2000 年处理器性能每年提升约 50%，证明摩尔定律大致适用。

31.1.2　登纳德定律

1974 年，IBM 的罗伯特 · 登纳德表示，即便晶体管数量增加，只要芯片面积一定，功耗也会保持不变。这就是登纳德（缩放）定律。例如，将晶体管数量增至 4 倍（性能提升 4 倍），但不改变芯片面积（晶体管密度增至 4 倍），令人惊讶的是功耗没有变。

半导体产业的发展符合摩尔定律，晶体管密度约每 2 年提升 2 倍。这意味着每瓦特功率对应的数据处理能力每 2 年提升 2 倍（库梅定律）。如此，功耗得到了控制，我们可以通过增加晶体管数量来提升性能。

31.1.3　登纳德定律的崩溃

然而，自 2000 年下半年起，处理器性能的增长率每年下降 20% ~ 25%。以下两个主要原因导致登纳德定律不再适用。

· 为了维持晶体管 0 和 1 的电位变化精度，无法继续降低电压

· MOSFET 器件关断时的漏电流大到无法忽略

功耗与电流和电压成正比，上述两个问题会导致电源效率恶化。一直追求晶体管密度的 CPU 行业至此迎来了单核的性能极限。

31.2　多核并行处理的效率提升和极限

在追求单核性能遇到瓶颈时，CPU 行业开始采用新策略——多核化。

31.2.1　转向多核

多核 CPU 通过将可并行处理的任务分配给多个内核来提高吞吐量，减少延迟。向量指令中出现的 **SIMD** 指令也是一种并行处理，但是 **SIMD** 对数据并行性也有效。另外，多核 CPU 使用多个含有控制单元和运算单元的独立内核，能够同时执行不同的指令（**MISD**、**MIMD**）。

通过多核并行处理提高效率，处理器的性能在 2004 ~ 2010 年持续以每年约 20% 速度提升。到现在，内核数还在增加。例如，普通计算机的 CPU，Intel Core i9-10900K 是 10 核的，AMD Ryzen 9 3950X 是 16 核的。

降低功耗的措施

降低单核 CPU 功耗的措施有很多。例如，用时钟门控关闭未用模块的时钟，用电源门控技术使芯片在“低功耗模式”和“正常模式”之间切换，用 DVFS① 技术根据工作量动态调整时钟频率和电源电压等。

31.2.2 并行处理的效率提升极限

随着处理器行业的多核化发展，CPU 性能增长率在 2010 年上半年约为 10%，2015 年以后降至 3.5% 左右。这是因为并行处理的效率已近瓶颈。若可并行处理任务的占比达 50%，那么无论怎样提高并行处理效率，也不可能将总体处理时间减少 50% 以上。这就是阿姆达尔定律，提高计算机的并行度时，无法并行处理（串行处理）的占比将成为瓶颈。

具体来说，设可并行处理的占比为，并行处理的性能提升率为，则整体性能提升率为

$$\frac{1}{(1-P)+\frac{P}{S}}$$

即使并行处理的性能提升率无限大，整体性能提升率也不会超过。也就是说，无论怎样提升并行处理速度，只要存在串行处理部分，整体性能提升率就是有限的。

① DVFS：dynamic voltage frequency scaling，动态电压频率调整。

31.3 DSA的可能性

对于可并行处理的任务，提高并行度可以提升处理速度，但是不能并行化的串行处理仍然依赖单核性能。

专门为特定领域设计的 DSA 处理器可能会打破这种局面。DSA 可以通过为处理内容构建专用电路，在低功耗的前提下实现串并行处理的高速化，使芯片有可能突破阿姆达尔定律。

支持 DSA 的设备主要有 ASIC 和 FPGA 两种，二者的主要区别在于电路结构是否可编程。

31.3.1 ASIC

ASIC[①] 是为特定用途设计的专用电路。较为知名的有 Google 开发的 TPU[②]，专门用于机器学习。其中，边缘设备专用的 Edge TPU 以用 Chisel 语言设计而闻名。

ASIC 与 CPU 同样是将电路刻在硅片上，在芯片制造后无法修改电路。

31.3.2 FPGA

FPGA[③] 具有用户可编程的逻辑电路，和 ASIC 一样，可以实现特定用途的专用电路。与 ASIC 不同的是，它在实现后可以修改电路，灵活性较高。

FPGA 通过连接多个被称为 LUT[④] 的 SRAM 来构建可编程电路，SRAM 记忆了输入对应的全部输出模式。通过修改 SRAM 指定输入对应的输出值，可以描述任意输入输出的真值表，也就是任意电路。

在 FPGA 上实现 DSA，可以提高处理性能，将功耗降至通用 CPU 水平。Microsoft 的 Catapult 便是在 FPGA 上实现 DSA 的著名例子。Catapult 被部署在数据中心，用于提高搜索引擎 Bing 的响应速度。

---

①ASIC：application specific integrated circuit，专用集成电路。

②TPU：tensor processing unit：张量处理器。

③FPGA：field programmable gate array，现场可编程门阵列。

④LUT：lookup table，查找表。

然而，与 ASIC 相比，FPGA 的晶体管利用效率较低，电源效率和处理性能都稍逊一筹。一般来说，1 位 SRAM 由 6 个晶体管组成，与普通 CMOS 电路相比，FPGA 需要约 10 倍数量的晶体管才能描述相同的逻辑电路。所以，从性能和功耗的角度来说，ASIC 的性价比高于 FGPA。

此外，FPGA 配备了大量 SRAM，容易发生由辐射引发的存储器错误（SEU[①]）。

31.3.3 DSA的缺点

DSA 在性能上有优势，主要缺点是生产成本高。通用 CPU 可以使用市面上的既有产品，而属于 DSA 的 ASIC 和 FPGA 需要自行设计电路，费时费力。而且，ASIC 在自行设计电路的成本基础上增加了晶圆厂制造芯片的工程成本，从初期开发成本（NRE[②]）来看，实现难度极大。

就目前的半导体芯片生产环境来看，DSA 十分适合有较大使用量和销售量的芯片，以便根据 NRE 收回芯片成本。也就是说，我们要想好是否应该为目标应用制造 DSA，以及用 ASIC 还是 FGPA 实现。

31.4 DSA和RISC-V

RISC-V 在 DSA 设计方向有两大价值贡献。

· 自由的架构设计

· 自定义指令

31.4.1 自由的架构设计

使用开源的 RISC-V 作为指令集，DSA 设计在内核实现和数量有着极大的自由度，就算架构 100 个自定义内核也不成问题。

DSA 表示 CPU 和存储器等架构上的优化，并非都涉及指令集。但是，CPU 内部及其结构能够自由地自定义，得益于 RISC-V 是开源指令集。

① SEU：Single Event Upsets，单粒子翻转。

② NRE：non-recurring engineering，一次性工程费用。

31.4.2　自定义指令

RISC-V 为 DSA 提供的另一个价值便是自定义指令。有些处理对于通用指令来说处理速度过慢，自定义指令就是为了高速执行这些处理而为 CPU 添加的专用指令。RISC-V 提供了大量的自定义指令用的指令代码。

例如，FFT（快速傅里叶变换）的计算处理需要位反转操作，将某个数字的二进制数描述位列的顺序反转（按顺序将低位映射到高位）。对 32 位值进行这种处理时，仅用 **RV32I** 指令实现时需要 30 个循环。如果自定义位反转指令并实现处理它的硬件，则只需要 1 个循环。在这种情况下，电路非常简单，将输入信号线的顺序反转并连接到输出即可，不会增加循环时间。

再举一个例子，通信处理中的计算检错 / 纠错符号时，需要进行种群统计（population count）操作，统计一个数的二进制表示中“1”的位数。对 32 位的值进行该处理时，仅用 **RV32I** 指令实现时需要 20 个循环，如果实现自定义指令和专用电路，用 1 个循环即可处理。和位反转一样，这也可以用相对简单的电路实现。

以这种方式添加专用于特定处理的自定义指令，与 RISC-V 标准指令相比，实现相同功能的循环数更少，处理时间更短。

顺便一提，具有专门为特定用途设计的自定义指令集的处理器被称为 DSP[①] 或 ASIP[②]。Synopsys 公司的 ASIP Designer 和 Codasip 公司的 Codasip Studio 是有名的 DSP 设计辅助工具，它们原本是为自家 CPU 开发的自定义指令，而近年来的发展，使其逐步基于 RISC-V 发挥作用，这让 RISC-V 的用途越来越广。

此外，Apple 公司自研的 CPU——M1 芯片的高性能引起了广泛关注，也大致能归到 DSA 范畴。由此可见，这种定制 DSA 尽管有实现难度高的缺点，但也具备潜在的高性能，瑕不掩瑜。

下一章将具体讲解自定义指令的实现方法，这是用 RISC-V 实现 DSA 的要素。

---

① DSP：domain-specific processor，领域特定处理器。

② ASIP：application specific instruction-set processor，专用指令集处理器。

I II III IV V 附录

加速器

自定义指令的一个缺点是，它不适合嵌入大规模运算电路。例如本书中创建的 5 个阶段流水线的 CPU 内核，专用指令的运算电路配置在 EX 阶段。专用指令的运算电路过大，会增大 EX 阶段的电路规模，导致 EX 阶段的处理时间比其他阶段长。这会影响整个 CPU 内核，拉长一个循环的周期，导致工作频率下降。

因此，在专用指令运算电路变大的情况下，不建议在 CPU 内部添加自定义指令，而是在 CPU 外部连接加速器。

例如，卷积神经网络（CNN[①]）的推理处理专用加速器，通常会使用 GPU。CNN 的推理处理需要大量的矩阵运算，将其分担给擅长并行处理（尤其是 **SIMD**）的 GPU 可以实现更高的处理速度。用高频 CPU 执行串行处理，用频率相对较低但内核较多的 GPU 执行并行处理，这样就能各取所长，实现异构计算。

微控制器等小规模嵌入式 SoC[②] 在需要 CNN 的推理处理时，受尺寸限制，有时无法外接 GPU。这时除了使用 CPU 内核，还可以在 SoC 内配置 CNN 专用加速器。例如，Canaan 公司的 K210 在 RV64GC 的 CPU 内核之外配置了 CNN 加速器和 FFT 加速器，单片 MCU 支持最大 0.5TOP 的神经网络（NN）运算。此外还有 ARM 公司提供的 Ethos-U 系列 NN 推理加速器，配套自家的 Cortex-M 系列嵌入式内核。

说到 RISC-V 和加速器的关系，加速器本身是基于 RISC-V 设计的。我们可以基于 RISC-V 设计控制加速器的协处理器，再添加加速器控制自定义指令。

①CNN：convolutional neural network。

②SoC：system on a chip，片上系统。

究竟采用外部加速器还是自定义指令，需要权衡性能和电路规模，根据系统做出选择。一般来说，如上文提到的位反转和种群统计，尽管用硬件实现很容易（电路规模小），但是仅用通用指令时需要多个循环的处理，采用自定义指令就简单多了。

本书不涉及加速器的设计，感兴趣的读者可以充分运用在本书中学到的 CPU 设计和自定义指令，尝试实现特定领域加速器。

第32章

种群统计指令的实现

本章以上一章提到的种群统计为例，介绍特定处理自定义指令的实现。

32.1 什么是种群统计指令

种群统计指令是计数操作数位列中“1”的位数的指令，见表32.1。

表32.1 种群统计指令的运算示例

目标数据	处理结果
1111	4
1110	3
0101	2
0100	1
0000	0

收发数据的检错是种群统计指令的典型应用实例。以发送下列数据为例。

① 在收发之间规定“在发送数据的末尾添加奇偶校验位，使种群统计值为奇数”。

② 发送方在要发送的数据“1110”的末尾添加0作为奇偶校验位。

③ 发送方发送“11100”。

这时，如果接收端接收到“10100”，则种群统计值为2，是偶数，就可以检测到错误。但要注意，尽管可以对奇数位反转检错，但无法检测出偶数位反转（这种问题可以用其他检错算法解决）。针对发送数据“111000”的接受方检错模式，见表32.2。

表 32.2　针对发送数据“11100”的接收方检错模式

接收数据	与原始数据不同的位数	种群统计值	检　错
10100	1	2	可
10000	2	1	不可
00000	3	0	可
00010	4	1	不可

32.2　不实现自定义指令时的种群统计程序

种群统计算法有好几种，标准的 C 程序见清单 32.1。

清单32.1　chisel-template/src/c/pcnt_normal.c

```
int popcount(unsigned int x)
{
  int c = 0;
  for (; x != 0; x >>= 1) // 只要 x 不为 0，就将 x 右移 1 位，如此循环
  {
    if (x & 1) // x 的最低位为 1 时为真
    {
      c++;
    }
  }
  return c;
}
```

编译该 C 程序，生成 DUMP 文件，如图 32.1 和图 32.2 所示。

```
$ cd /src/chisel-template/src/c
$ make pcnt_normal
```

图 32.1　编译 C 程序及生成 DUMP 文件

```
00000000 <popcount>:
  0:     00050793        mv      a5,a0
  4:     00000513        li      a0,0
  8:     00078c63        beqz    a5,20 <popcount+0x20>
  c:     0017f713        andi    a4,a5,1
  10:    0017d793        srli    a5,a5,0x1
  14:    00e50533        add     a0,a0,a4
  18:    fe079ae3        bnez    a5,c <popcount+0xc>
  1c:    00008067        ret
```

图 32.2　chisel-template/src/dump/pcnt_normal.elf.dmp

用基本指令进行种群统计时，要充分利用分支、移位、**AND**、**ADD** 指令，逐位执行 **for** 循环。然而，通过实现种群统计自定义指令，一条指令就能完成相同的运算。

本章按照下列步骤在自制 CPU 中实现种群统计指令。

① 自定义指令编译器（汇编器）实现。

② Chisel 实现。

③ 运行 ChiselTest，确认结果是否符合预期。

32.3 自定义指令编译器（汇编器）实现

首先，将本次实现的自定义指令的助记符（**ADD/SUB** 等操作码对应的汇编描述）作为 **PCNT**[①]，定义操作数，见清单 32.2。

清单32.2 PCNT指令的汇编定义

```
pcnt rd, rs
```

PCNT 指令将 **rs** 数据的种群统计输出保存在 **rd** 中。

本书的 **PCNT** 指令和向量指令类似，作为内联汇编嵌入 C 程序。因此，需要添加将汇编语言翻译为机器语言的汇编器部分的实现。

32.3.1 GNU Assembler概要

GCC 的汇编器被称为 GNU Assembler（通称 GAS），源代码保存在 Docker 容器的 /opt/riscv/riscv-gnu-toolchain/riscv-binutils/gas/ 目录下。

从结论来看，GAS 支持自定义指令，只需在 riscv-opcodes 数组中添加一个自定义指令信息的结构体。为了探究其原因，我们仅从理解概要的角度梳理 GAS 的处理流程（不感兴趣的读者请略过），省略具体源代码的解读。

▌md_assemble

GAS 的 **main** 函数在 gas/as.c 中定义，gas/read.c 作为源文件读取程序需

① population count，种群统计。

另外编写。read.c 调用 **md_assemble** 函数，将一条指令行作为参数，见清单 32.3。

清单32.3　riscv–binutils/gas/read.c

```
#define assemble_one(line) md_assemble(line)
assemble_one(s); /* Assemble 1 instruction. */
```

RISC–V 的 **md_assemble** 函数在 gas/config/tc-riscv.c 中定义。前缀“**tc**”是“target cpu”的缩写，CPU 架构固有的函数分别以“tc-[CPU 名].c”文件定义，见清单 32.4。

清单32.4　riscv–binutils/gas/config/tc–riscv.c

```
void md_assemble(char *str)
{
  ...
  const char *error = riscv_ip(str, &insn, &imm_expr, &imm_reloc, op_hash);
  ...
}
```

md_assemble 函数还会进一步调用 **riscv_ip** 函数。该函数定义了具体的汇编处理。

op_hash

在查看 **riscv_ip** 函数的具体内容之前，我们先确认 **riscv_ip** 函数的最后一个参数 **op_hash**。**op_hash** 在初始化处理函数 **md_begin** 中定义，见清单 32.5。

清单32.5　riscv–binutils/gas/config/tc–riscv.c

```
void md_begin(void)
{
  ...
  op_hash = init_opcode_hash(riscv_opcodes, FALSE);
  ...
}
```

变量 **riscv_opcodes** 哈希化后保存在 **op_hash** 中。

riscv_opcodes

riscv_opcodes 在 riscv-binutils/opcodes/riscv-opc.c 中定义，见清单 32.6。

清单32.6 riscv-binutils/opcodes/riscv-opc.c

```
const struct riscv_opcode riscv_opcodes[] =
{
/* name, xlen, isa, operands, match, mask, match_func, pinfo. */
{"unimp", 0, INSN_CLASS_C, "", 0, 0xffffU, match_opcode, INSN_ALIAS},
{"unimp", 0, INSN_CLASS_I, "", MATCH_CSRRW | (CSR_CYCLE << OP_SH_CSR),
0xffffffffU, match_opcode, 0}
...
}
```

riscv_opcodes 的结构体定义见单 32.7。

清单32.7 riscv-binutils/include/opcode/riscv.h

```
struct riscv_opcode
{
  /* The name of the instruction. */
  const char *name;

  /* The requirement of xlen for the instruction, 0 if no requirement. */
  unsigned xlen_requirement;

  /* Class to which this instruction belongs. Used to decide whether or
    not this instruction is legal in the current -march context. */
  enum riscv_insn_class insn_class;

  /* A string describing the arguments for this instruction. */
  const char *args;

  /* The basic opcode for the instruction. When assembling, this
    opcode is modified by the arguments to produce the actual opcode
    that is used. If pinfo is INSN_MACRO, then this is 0. */
  insn_t match;

  /* If pinfo is not INSN_MACRO, then this is a bit mask for the
    relevant portions of the opcode when disassembling. If the
    actual opcode anded with the match field equals the opcode field,
    then we have found the correct instruction. If pinfo is
    INSN_MACRO, then this field is the macro identifier. */
  insn_t mask;

  /* A function to determine if a word corresponds to this instruction.
    Usually, this computes ((word & mask) == match). If the constraints
    checking is disable, then most of the function should check only the
    basic encoding for the instruction. */
  int (*match_func) (const struct riscv_opcode *op, insn_t word,
```

```
    int constraints);

  /* For a macro, this is INSN_MACRO. Otherwise, it is a collection
     of bits describing the instruction, notably any relevant hazard
     information. */
  unsigned long pinfo;
};
```

目前不需要掌握 **riscv_opcodes** 的细节，只需要理解它是包含不同指令信息的结构体。

▌riscv_ip

再回到 **riscv_ip** 函数的话题，**riscv_ip** 函数基于定义为 **riscv_opcodes** 的结构体信息，将指定的汇编语言翻译为机器语言，见清单 32.8。

清单32.8　riscv-binutils/gas/config/tc-riscv.c

```
static const char *
  riscv_ip(char *str, struct riscv_cl_insn *ip, expressionS *imm_expr,
    bfd_reloc_code_real_type *imm_reloc, struct hash_control *hash)
{
  ...
  // 以汇编语言助记符为 Key，从指令哈希表中获取信息
  insn = (struct riscv_opcode *)hash_find(hash, str);
  ...
  // 根据哈希表信息执行汇编处理
  // 例：操作数的处理
  for (args = insn->args;; ++args)...
}
```

也就是说，要想汇编器支持自定义指令，在 **riscv_opcodes** 中添加指令数据即可。

32.3.2　添加PCNT指令到GAS

下面，将 **PCNT** 指令信息添加到 **riscv_opcodes** 中，见清单 32.9。

清单32.9　riscv-binutils/opcodes/riscv-opc.c

```
#include "opcode/riscv.h"
...
const struct riscv_opcode riscv_opcodes[] =
{
  ...
```

```
  /* name, xlen, isa, operands, match, mask, match_func, pinfo */
  {"pcnt", 0, INSN_CLASS_I, "d,s", MATCH_PCNT, MASK_PCNT, match_opcode,
    0}, // 添加
  ...
}
```

出现的常量 **MATCH_PCNT** 和 **MASK_PCNT** 在 riscv-opc.h 中定义。riscv-opc.h 包含在 riscv.h 中，而 riscv.h 包含在 risv-opc.c 中，分别见清单 32.10 和清单 32.11。

清单32.10 riscv-binutils/include/opcodes/riscv.h

```
#include "riscv-opc.h"
```

清单32.11 riscv-binutils/include/opcode/riscv-opc.h

```
#define MATCH_PCNT 0x600b // 添加
#define MASK_PCNT 0xfff0707f // 添加
```

按顺序补充 **riscv_opcode** 的各元素。

name

第 1 个元素 **name** 指定助记符（将机器语言指令转换为便于人类理解的字符串），这里以 **pcnt** 为例。

在汇编语言中发现助记符 **pcnt** 时，以助记符“**pcnt**”为关键字查找并获取 **riscv_opcodes** 中定义的信息，见清单 32.12。

清单32.12 riscv-binutils/gas/config/tc-riscv.c

```
/* hash 保存 riscv_opcodes 哈希化后的信息，
  str 保存汇编目标的指令助记符（pcnt）。
  hash_find 函数以 str 为 Key，从 hash 获取该指令信息 */
insn = (struct riscv_opcode *)hash_find(hash, str);
```

xlen_requirement

第 2 个元素 **xlen_requirement** 指定指令可使用的架构位宽。这里指定 0，表示在 32 位、64 位、128 位的架构中都可以使用（当然也可以指定为 32），见清单 32.13。

清单32.13 riscv-binutils/gas/config/tc-riscv.c

```
  for ( ; insn && insn->name && strcmp (insn->name, str) == 0; insn++)
  {
```

```
// 若 xlen_requirement 不为 0，且目标架构的位数与 xlen_requirement 不同，则继续查
  找哈希表
if ((insn->xlen_requirement != 0) && (xlen != insn->xlen_requirement))
  continue;
...
}
```

即使指令助记符相同，**riscv_opcodes** 也因会架构位宽和 ISA 的差异而含有多种数据。因此，要在从助记符获取的哈希表信息（**insn**）中进一步查找与 **xlen_requirement** 一致的指令数据。

insn_class

第 3 个元素 **insn_class** 表示所属的指令集，这里指定基本整数指令集 **I**。**PCNT** 指令可以通过在汇编器命令 **riscv-unknown-elf-gcc** 选项 **march** 中指定 ISA 中包含 **I** 来使用，见清单 32.14。

清单32.14　riscv-binutils/gas/config/tc-riscv.c

```
for (; insn && insn->name && strcmp(insn->name, str) == 0; insn++)
{
  ...
  // 若目标 CPU 不支持 insn_class，则继续查找哈希表
  if (!riscv_multi_subset_supports(insn->insn_class)) continue;
  ...
}
```

args

第 4 个元素 **args** 用字符串定义了取操作数的方法。不同操作数类型对应不同的字符，见清单 32.15。

清单32.15　riscv-binutils/gas/config/tc-riscv.c

```
for (args = insn->args;; ++args)
{
  ...
  case 's':
    INSERT_OPERAND(RS1, *ip, regno);
    break;
  case 'd':
    INSERT_OPERAND(RD, *ip, regno);
    break;
  case 't':
```

```
    INSERT_OPERAND(RS2, *ip, regno);
    break;
  ...
  case 'j': /* 符号扩展立即数 */
    p = percent_op_itype;
    *imm_reloc = BFD_RELOC_RISCV_LO12_I;
    goto alu_op;
  ...
  case 'p': /* PC 相对偏差 */
    branch:
      *imm_reloc = BFD_RELOC_12_PCREL;
      my_getExpression(imm_expr, s);
      730 s = expr_end;
      continue;
  case 'u': /* 低 20 位 */
    p = percent_op_utype;
    if (!my_getSmallExpression(imm_expr, imm_reloc, s, p))
    {
      if (imm_expr->X_op != O_constant)
        break;
      if (imm_expr->X_add_number < 0 || imm_expr->X_add_number >=
        (signed)RISCV_BIGIMM_REACH)
        as_bad(_("lui expression not in range 0..1048575"));
      *imm_reloc = BFD_RELOC_RISCV_HI20;
      imm_expr->X_add_number <<= RISCV_IMM_BITS;
    }
    s = expr_end;
    continue;
```

上述代码为节选内容，不需要掌握细节，理解用 **case** 语句执行不同操作数的汇编处理即可。这里使用 **rd**、**rs1**，所以指定“**d,s**”。此外，还有 **rs2=t**、**imm_i=j**、**imm_b=p**、**imm_u=u** 等关键字可用。

▌match

第 5 个元素 **match** 指定用于指令识别的指令位列的 12 ~ 14 位对应 **funct3**，0 ~ 6 位对应 **opcode**，见表 32.3。这里为 **PCNT** 指令定义常量 **MATCH_PCNT**。**0x600b** 直接使用了一开始就为自定义指令保留的值 **MATCH_CUSTOM0_RD_RS1(=0x600b=110000000001011)**，只在位列不与其他指令冲突，在汇编器中都没有问题（当然，为了提高译码器效率，最好使用标准位配置）。

表 32.3　**MATCH_PCNT** 定义的位配置

31 ~ 20	19 ~ 15（**rs1**）	14 ~ 12（**funct3**）	11 ~ 7（**rd**）	6 ~ 0（**opcode**）
000000000000	00000	110	00000	0001011

mask

第 6 个元素 **INSN_MASK** 是用于检查使用的位是否正确分配掩码，操作数以外（固定值）的位址设为 1。这里，用于 **PCNT** 的掩码常数 **MASK_PCNT** 应设为 1 的位址见表 32.4。

表 32.4　**MASK_PCNT** 的位配置

31 ~ 20	19 ~ 15（**rs1**）	14 ~ 12（**funct3**）	11 ~ 7（**rd**）	6 ~ 0（**opcode**）
111111111111	00000	111	00000	1111111

MASK_PCNT 的十六进制表示为 **fff0707f**。

match_func

match_func 指定指令识别函数，但基本上会指定 **match_opcode**，见清单 32.16。

清单32.16　/opt/riscv/riscv-gnu-toolchain/riscv-binutils/opcodes/riscv-opc.c

```
static int
match_opcode(const struct riscv_opcode *op,
  insn_t insn,
  int constraints ATTRIBUTE_UNUSED)
{
  return ((insn ^ op->match) & op->mask) == 0;
}
```

match_opcode 函数的指令位列与 **match** 指定的 **opcode** 和 **funct3** 一致，且操作数配置也与 **mask** 指定一致时，返回 **true**。对于 **insn^op** → **match**，**XOR** 指令对不同的位返回 1，对指令位列和 **MATCH_PCNT** 进行 **XOR** 运算会提取 **rs1**、**rd** 操作数。相对地，对操作数部分均为 0 的 **MASK_PCNT** 执行 **AND** 运算时，所有位为 0。

上述 **match**、**mask**、**match_func** 在汇编器中处理见清单 32.17。

清单32.17　riscv-binutils/gas/config/tc-riscv.c

```
for (args = insn->args;; ++args)
```

```
{
  s += strspn(s, " \t");
  switch (*args)
  {
    case '\0': /* 参数结束 */
      if (insn->pinfo != INSN_MACRO)
      {
        // 如指令与match和mask不符，要case语句break，汇编失败
        if (!insn->match_func(insn, ip->insn_opcode, riscv_opts.check_
          constraints))
          break;
        ...
      }
      ...
      // 如果match_func没有break，则汇编成功
      /* 成功汇编 */
      error = NULL;
      insn_with_csr = FALSE;
      goto out;
```

pinfo

pinfo 是除 **INSN_MACRO** 外的反汇编（从机器语言转换为汇编语言）信息，在普通运算指令中指定为 0。

INSN_MACRO 在 **TAIL** 指令中的应用见清单 32.18。

清单32.18　riscv-binutils/opcodes/riscv-opc.c

```
{"tail", 0, INSN_CLASS_I, "c", (X_T1 << OP_SH_RS1), (int)M_CALL, match_
never, INSN_MACRO},
```

TAIL 指令是转换为 **AUIPC** 和 **JALR** 指令的伪指令，汇编器要将 **TAIL** 指令作为宏指令进行特殊处理，见清单 32.19。

清单32.19　riscv-binutils/gas/config/tc-riscv.c

```
void md_assemble(char *str)
{
  ...
  if (insn.insn_mo->pinfo == INSN_MACRO)
    macro(&insn, &imm_expr, &imm_reloc); // Expand RISC-V assembly macros in
      to one or more instructions.
  ...
}
```

此外，**pinfo** 还有反汇编的伪指令（**INSN_ALIAS**）、分支跳转指令（**INSN_BRANCH**、**INSN_JSR**、**INSN_CONDBRANCH**）等指令类型。本书省略这些 **pinfo** 的处理，实现特殊类型的自定义指令时可以参考类似指令的 **riscv_opcode** 定义。

32.3.3　编译器的二次构建

根据修改后的汇编器源代码，对编译器进行二次构建，如图 32.3 所示。

```
$ cd /opt/riscv/riscv-gnu-toolchain/build
$ make clean
$ make
```

图 32.3　在 Docker 容器中对编译器进行二次构建

32.3.4　PCNT指令的编译

使用支持自定义指令的编译器，对 **PCNT** 指令进行编译测试，见清单 3.20 和图 32.4。

清单32.20　chisel-template/src/c/pcnt.c

```c
#include <stdio.h>

int main()
{
  unsigned int x = 0b1111000011110000;
  unsigned int y = 0b1111000000000000;
  asm volatile("pcnt a0, %0" ::"r"(x));
  asm volatile("pcnt a1, %0" ::"r"(y));
  asm volatile("unimp");
  return 0;
}
```

```
$ cd /src/chisel-template/src/c
$ make pcnt
```

图 32.4　在 Docker 容器中编译

查看生成的 DUMP 文件可知，编译已按照汇编器的 **riscv_opcodes** 定义进行，如图 32.5 和表 32.5 所示。

```
00000000 <main>:
   0:    0000f7b7     lui    a5,0xf
   4:    0f078713     addi   a4,a5,240 # f0f0 <main+0xf0f0>
   8:    0007650b     pcnt   a0,a4
   c:    0007658b     pcnt   a1,a5
  10:    c0001073     unimp
```

图 32.5　chisel-template/src/dump/pcnt.elf.dmp

表 32.5　**PCNT** 指令的位列

inst	funct7	rs2	rs1	funct3	rd	opcode
0007650b	0000000	00000	01110（14 = a4）	110	01010（10 = a0）	0001011
0007e58b	0000000	00000	01111（15 = a5）	110	01011（11 = a1）	0001011

32.4　Chisel的实现

本章的实现以 **package pcnt** 的形式保存在本书源代码文件中的 chisel-template/src/main/scala/14_pcnt/ 目录下。

32.4.1　指令列的定义

首先，定义指令列，见清单 32.21。

清单32.21　Instructions.scala

```
val PCNT = BitPat("b000000000000?????110?????0001011")
```

32.4.2　译码信号的生成（ID阶段）

接着，在 ID 阶段定义 **csignals**，见清单 32.22。

清单32.22　Core.scala

```
val csignals = ListLookup(inst,
  List(ALU_X, OP1_RS1, OP2_RS2, MEN_X, REN_X, WB_X, CSR_X),
Array(
  ...
  PCNT -> List(ALU_PCNT, OP1_RS1, OP2_X, MEN_X, REN_S, WB_ALU, CSR_X)
  )
)
```

新增 **ALU_PCNT**，指定 **PCNT** 用的 ALU。

32.4.3　添加ALU（EX阶段）

在 ALU 中需要分别对所有 32 位进行计数，其实可以直接使用 Chisel3.util 定义的 **PopCount** 对象，见清单 32.23 和清单 32.24。

清单32.23　PopCount对象的使用示例

```
PopCount("b1011".U) // 3.U
PopCount("b0010".U) // 1.U
```

清单32.24　Core.scala

```
alu_out := MuxCase(0.U(WORD_LEN.W), Seq(
  ...
  (exe_fun === ALU_PCNT) -> PopCount(op1_data)
))
```

32.5　运行测试

用存储器加载 HEX 文件见清单 32.25。

清单32.25　Memory.scala

```
loadMemoryFromFile(mem, "src/hex/pcnt.hex")
```

创建一个仅将 FetchTest.scala 的 **package** 名改为 **pcnt** 的测试文件，见清单 32.28，并执行 **sbt** 测试命令，如图 32.6 所示，测试结果如图 32.7 所示。

清单32.26　chisel-template/src/test/scala/PcntTest.scala

```
package pcnt
...
```

```
$ cd /src/chisel-template
$ sbt "testOnly pcnt.HexTest"
```

图 32.6　在 Docker 容器中运行 **sbt** 测试命令

```
# pent a0,a4
io.pc       : 0x000000008
inst        : 0x00007650b
rs1_addr    :  14 # a4
wb_addr     :  10 # aO
```

图 32.7　测试结果

```
wb_data    : 0x000000008 # pcnt(x)
--------
# pent a1,a5
io.pc      : 0x00000000c
inst       : 0x00007658b
rs1_addr   :  15 # a5
wb_addr    :  11 # a1
wb_data    : 0x000000004 # pcnt(y)
```

续图 32.7

PCNT 指令计算的数据都保存在 **wb_data** 中。

实际上，本书实现的 **PCNT** 指令是在 RISC-V 的位运算扩展（执笔时为 V0.9）中正式定义的。这种使用频率较高的指令通常作为扩展指令实现。

RISC-V 规范以外的纯原创指令的实现也大同小异，按照本章的步骤，可以实现目标应用所需的运算专用硬件，并执行自定义指令。也就是说，读懂本书的读者已经能够设计自己的 DSA 了，这正是 RISC-V 的价值所在！

附　录

RISC-V的价值

本书着眼于利用RISC-V制作CPU，介绍了计算机的基本架构，以及RISC-V（指令集）在 CPU 中的作用。下面，我们归纳一下 RISC-V 的价值。

A.1　开源ISA的重要性

RISC-V 源自 2010 年加利福尼亚大学伯克利分校 Krste Asanovic 教授领衔开发的 Raven-1。Raven-1 的开发目标是在节能的同时提升性能，但结论是既有 ISA 难以实现。

当时主宰 ISA 市场的是 Intel 的 x86 和 ARM 的 ARMv7。但是，就成本和可定制性而言，x86 和 ARMv7 并不适合这个项目。x86 根本不会授权，ARMv7 的许可费用极高，而且两种 ISA 均不支持指令集本身的修改。

鉴于此，Asanovic 教授决定从零开始，开发一套新的指令集。这就是后来众所周知的 RISC-V。

大多数计算机领域存在广泛普及的标准和开放接口。例如，网络方面有 Ethernet 和 TCP/IP，操作系统方面有 Posix，数据库方面有 SQL，图形库方面有 OpenGL。围绕这些接口，出现了免费 / 付费、开放 / 封闭实现方式。然而，软件和硬件的重要接口——ISA 并没有这样的标准且开放的规范。为此，开发者不得不面对多种 ISA 和周边生态系统的评估、选择、开发。

为了让 RISC-V 担此大任，Asanovic 教授领导坚持以开源（BSD 证书）的方式推进开发，并于 2014 年 5 月冻结了用户级基本指令集（不再修改）。ISA 不变意味着规范稳定，RISC-V 社区的参加者会加速相关技术的开发。例如，GCC（编译器）和 Linux 核等相关技术已支持 RISC-V。本书中的自制 CPU 能如此轻松地运行 C 程序，是由于编译器已经开发完成，否则自制 ISA 免不了要开发编译器。

随着 RISC-V 在 ISA 行业崭露头角，RISC-V 基金会（现 RISC-V International）于 2015 年 8 月成立，Google、IBM、Microsoft、Nvidia、Oracle、Qualcomm 等知名 IT 企业纷纷加入。2018 年，RISC-V 基金会正式与 Linux 基金会合作。

商用化方面，Asanovic 教授创立了 Sifive 公司。SiFive 公司于 2016 年推出配备 RISC-V 处理器的评估板 HiFive1，为 RISC-V 相关的开源做出了贡献，引领了 RISC-V 生态系统的发展。特别是 2020 年，Nvidia 企图收购 ARM，导致 ARM 的中立性受到质疑，RISC-V 显得更加难能可贵。

开放、免费、中立，甚至可能成为标准的 ISA，正在吸引了越来越多的开发者，整个生态系统正在朝高性能、低开发成本迈进。

A.2 RISC-V的应用目标

在此列举一下 RISC-V 生态系统的优点。

· ISA 免版税

· ISA 可任意自定义

· 周边技术除付费服务外，还有免费且实用的芯片设计数据（IP：Intellectual Property）、开发辅助工具

应用以上特征，RISC-V 的应用目标有以下 3 个。

① 兼顾高性能和低成本的 DSA

② 廉价的通用 CPU

③ 任何人都能轻松学习、实践的教育环境，如本书

A.2.1 兼顾高性能和低成本的DSA

DSA 能够带来性能上的突破，但是它的设计和制造并不容易。设计 DSA 有 3 种方法。

一是与 ARM 这类销售指令集和外围架构知识产权的公司签约，以构建 SoC。不过，使用他们的知识产权需要支付高昂的费用。

二是完全自主设计处理器，移植编译器和库。自然，这将花费大量的时间。

三是使用开源指令集，其中最先进的就是 RISC-V。RISC-V 是开源的，自然可以免费使用 ISA。此外，我们在自定义指令的实现部分也曾提及，其指令代码空间有留白，可以添加 DSA 所需的自定义指令代码。此外，还有许多收费 / 免费的 IP 内核和开发辅助软件，可以缩短 SoC 设计者的开发时间。

I
II
III
IV
V
附录

3 种方法各有利弊，但是只有 RISC-V 具备兼顾成本低、开发工作量、高性能的潜力。

A.2.2 廉价的通用CPU

除了追求性能的 DSA，RISC-V 还可用于廉价的通用 CPU。特别是随着 DSA 异构化的发展，协调多个 DSA 的 CPU 不再依赖高性能。当 CPU 的性能无追赶 Intel 或 ARM 时，就可以用仅实现必要指令或降低性能的 RISC-V 通用 CPU 替代，以节省版税，降低生产成本。

A.2.3 任何人都能轻松学习、实践的教育环境

RISC-V 具有完备 ISA 和编译器、开发环境等周边技术，对于想要学习 CPU 原理、自主设计 CPU 的我们，十分难得。

作为基础的 ISA 本身不需要版税，但是基于它开发的 IP 内核和设计工具未必免费，以 SiFive 公司为首的商业 IP 开发厂商正日渐增多。好在 Rocket 和 BOOM 等 IP 核，Chipyard 等设计工具都是开源的，这对初学者来说太重要了。

本书能够出版，也正因为 RISC-V 及周边软件是开源的。

A.3 芯片制造的成本壁垒及未来

CPU 的物理生产成本之高是众所周知的。要想降低芯片单价，就得量产，RISC-V 有望加速应用于量产的早期阶段。不过，半导体制造成本正在走低也是事实。例如“多项目晶圆”：在一片晶圆上实现多个 LSI（TSMC 已商用 16nm 工艺）。此外，与 Google 合作的 SkyWater 公司首次以开源形式公开了 PDK①，剑指低价芯片开发。使用该 PDK 可以在 SkyWater 公司的半导体工厂制造真实的芯片。SkyWater 致力于降低晶体管的细微化要求，采用低性能半导体工厂设备，以降低芯片制造成本。

Google 公司投资的 Efabless 公司提供云端自定义芯片设计工具，以全面支

① PDK：process design kit，工艺设计工具包。

持代工。在 Google 的支持下，SkyWater 公司的代工厂免费为 Efabless 公司设计的测试芯片打样。

由此可见，自定义芯片设计和制造的开放会越来越快，未来半导体制造成本将越来越低。换句话说，从长远来看，RISC-V 生态系统为我们实现“自定义 SoC”提供了工具。

感谢 RISC-V 为我们提供 CPU 制作的各种学习机会，笔者就此搁笔。